国外城市设计丛书

共 享 空 间

——关于邻里与区域设计

[美] 道格拉斯·凯尔博 著

吕 斌 覃宁宁 黄 翊 译

中国建筑工业出版社

著作权合同登记图字：01-2002-3298 号

图书在版编目(CIP)数据

共享空间——关于邻里与区域设计/(美)凯尔博著；吕斌等译. —北京：中国建筑工业出版社，2006(2021.3 重印)

(国外城市设计丛书)

ISBN 978-7-112-08825-6

Ⅰ.共… Ⅱ.①凯…②吕… Ⅲ.社区-城市空间-空间规划 Ⅳ.TU984.11

中国版本图书馆 CIP 数据核字(2006)第 133144 号

Common Place：Toward Neighborhood and Regional Design by Douglas Kelbaugh

Copyright© 1997 University of Washington Press
© 2006 China Architecture & Building Press. The translated Chinese edition is published by permission of the University of Washington Press，through from vantage Copyright Agency of China.
All rights reserved.

本书由美国华盛顿大学出版社授权翻译出版

责任编辑：程素荣
责任设计：郑秋菊
责任校对：李志立　王雪竹

国外城市设计丛书

共享空间
——关于邻里与区域设计

[美] 道格拉斯·凯尔博　著
吕　斌　覃宁宁　黄　翊　译
＊
中国建筑工业出版社出版、发行 (北京西郊百万庄)
各地新华书店、建筑书店经销
北京嘉泰利德公司制版
北京建筑工业印刷厂印刷
＊
开本：787×1092 毫米　1/16　印张：21¼　字数：500 千字
2007 年 3 月第一版　2021 年 3 月第三次印刷
定价：**78.00**元
ISBN 978-7-112-08825-6
　　　　(37270)

目　录

第三部分 政 策

序

　　这本书在我国城市与区域发展的关键时刻问世了，我们正处于一个区域社会发展的分界线上。今天我们所作的决策，将决定美国的城市在未来能否避免掉入日益严重的城市蔓延、拥挤、污染和社会孤立（social isolation）的陷阱中。显然，为了保护各个地方的资源财富，为了给我们和我们的后代创造一个更加美好的未来，当前社区建设的实施办法必须得到改进。

　　《共享空间》一书为各个层次的规划提供了有用的工具。理论部分解释了我们是如何走到当前所面临的尴尬处境中的。其中反城市蔓延的案例说明了采取适当的措施制止城市蔓延已是刻不容缓。这本书并非是对20世纪规划设计理论的简单概括。作为一名建筑师、一名城市设计师、一名教育家，道格拉斯·凯尔博通过论述如何在现实的物质世界中体现社区的利益与要求，为生活在城市中的人们提供了宝贵的资料。这本书强调并且面向市民的中心利益：我们应当把自己看作城市的保护人，置身于一个具有很高的保护价值的自然环境中。

　　我一贯主张规划应该从整体上对社区的利益和要求进行深刻的探讨。在西雅图总体规划的编制过程中我们的这种探讨就经历了几年的时间。在这种情况下，我们的社区开始面临各方面的转变，与未来的各种不确定性因素作斗争。这种讨论之所以有效，是因为它们涉及的主要项目，如康芒斯（Commons）、沙点（Sand Point）、因特湾（Interbay）、大学区（University District）和"穹隆之王"（Kingdome）等都对城市与区域的发展有重要的影响。讨论会的形式允许不同背景的市民都可以参与设计城市的未来。

　　社区中的各种群体通常要在他们不愿意看到的问题上达成共识，例如邻里解体、被替代和对汽车的持续依赖等，更为困难的是要建立起一个他们理想中的未来的共享景观。这本书阐述了创造共享景观或社区更美好未来的设计与想像的力量。这是一本权威而易读的书，能够激发起市民们对社区美好未来的向往。

西雅图市市长

诺曼·B·莱斯（Norman B．Rice）

美国市长联合会主席

引 言

"进步并没有错，只是它发展得太快了。"

——一个肯塔基州的农民

我本想以说明本书是对美国大城市的拯救来开篇，但那样会造成读者对本书的误解。书中阐述了如何保持和改善美国的城市化以及美国最好的城市之一的步骤，并用相等的篇幅描述了对国家的热爱和国家面临的危机。其中有西雅图人的自豪与期望，也有不安和分裂。西雅图地区，特别是其周边地区正在经历每一个美国大城市都必然经历的道路。现代技术，主要是汽车以及现代的经济、文化和社会力量持续地侵蚀着这个城市并蔓延开来。不仅是现代化的大城市，就连现代化本身都面临着深刻的危机。

本书为社区及其与邻里、区域的一致性赋予了更为广泛的意义。它支持那些比大范围的郊区蔓延和未充分利用的城市区域更多样化、更可持续和更明了的物质空间结构。还有关于我们的社会形态的内容以及对建筑、社区含义的理解，并且涉及到商业和如何调整市场经济使其能够像过去那样创造出真正的财富。还有地方特质的问题，即一个地方如何在建筑形式上既能够整体协调又能够突显地方特色；象征性的问题，就是一个如何形成易懂的、具有凝聚力的自然空间的问题，是个人生活的先决条件和我们生活中的共识。书中还提到了后现代城市理论、设计和实践的问题，特别是新城市主义理论问题。最后，作者用一系列的设计和讨论说明了以上的问题，其中对西雅图的建议也是对其他的城市地区的总论。

《共享空间》一书收集了许多相关的论文、设计项目和政策建议。它就像一个三明治，两边的切片比中间部分的理论性更强，在写作方面更能体现个人的观点，是对特定项目的真实描述和一些设计师的观点的概述。这些论文在几年的时间里被反复修改和重写，听取了许多专家的意见和建议，包括城市设计师、建筑师、规划师、景观建筑师、土地开发商、交通规划者、房地产顾问、能源顾问、市政府官员、环境保护主义者、规划委员会委员、市政工程师、银行家、律师、从事涉及教育的工作者以及相关的市民。因为这本书是写给不同层次的读者的，所以一些人会感到其中的不均衡。有评论家在读过书稿后认为最好将其分为两本书，一本给学术界的专家和设计专业人士；另一本则面向广大市民和社区管理者。对我而言，不论结果如何，试图在这两个群体间建立沟通与联系的举动都是非常有意义的，那些能够减小理论与实践、专业与非专业人士差距的书籍在今天显得尤为重要。当科学和技术学科对普通市民来说变得越来越神秘，当政府和各种组织机构变得越来越开放和提倡平等，对奥秘通俗化和通俗理论化的要求也越来越迫切。

在学术界或在市井中，一些讨论会的成果摘要还被通过一定的途径发表出来。其中的创新点和特别有趣的地方在于书中的素材被反复地提及，综合了各方观点。这些观点曾一度被教条分割、被媒体报道。我尽量地理清思路从而得出综合性的观点、理论和结构，并尽可能地用简明易懂的文字和图片将其描述出来。

简而言之，第一部分的观点、原则和理论为第二部分具体的设计案例做好了铺垫，第三部分较短，是关于要实现前两部分的观点和案例所必需的政策支持，附录A为在实践中如何组织各种讨论会提供了参考意见。一些读者也许只对其中的部分章节感兴趣；来自西方国家的专业设计师则会钟情于第一和第二部分；西雅图的读者们也许能够从第二部分中体会到更多的东西。决策者、当选的官员、立法者和感兴趣的市民，包括那些自认为是环境保护主义者的人们，都能够从第一、第四和第十章中受益，他们还会细读第二部分和附录A中的内容。那些阅读完每个章节的读者会发现他们对美国大城市的总体情况和西雅图的具体情况有了更全面的了解和更开阔的想像空间。

关于本书的题目

题目中词语是本书中被筛选得最为慎重的词语。之所以命名为"Common Place"是为了能够让读者产生不同层次的理解。"Common"一词有很多含义，从"共有的"到"熟悉的"、从"原生的"到"普通的"。"Place"则是一个抽象的词，含义更丰富，其中的一些是与自然空间中的特定区位相关联的。这两个词构成了一个自然区域的概念，不管是大众的还是私有的，都能得到居住在其中的居民的理解和认同，并赋予其特殊的含义。如果将这两个词合并起来成为"commonplace"，就会得出一种完全不同的解释："一般的"、"不值一提的"甚至是"平庸的"。这种双重含义对于本书是很有意义的，因为无论是日常的还是具有代表性的、里程碑式的事件，无疑都可以从一般的角度对其加以观察和评论。

本书是关于西雅图的"区域"设计，同时也是关于"地方特质"的设计，即一个区域如何经历一个理解、规划、设计和发展的过程。但并非要从本质上找到万能的、适用于全球的解决办法，正如W·贝里（Wendell Berry）所说："严格地说，从全球范围的角度进行思考是不可能的"。[1]本书是从家庭、邻里和区域的角度告诉我们应该如何安排自己的工作和生活。它还提醒我们，尽管每一个人都生活在一个区域里，但只有一部分人能够有幸生活在一个"邻里"中，这就是为什么用"toward"这个介词的原因。

邻里（Neighborhood）是城市的重要组成部分。缺少了邻里的城市无论多么美丽，都将是缺乏凝聚力和不适宜居住的城市。邻里综合了人们日常生活中一天的所有活动功能——居住、工作、娱乐、上学、礼拜等，特别是购物的功能。在它们的中心和边界上，形成了一个地方社会生活的自然焦点和公共场所。如果说建筑单体是街道的支撑体，街道是邻里的支撑体，那么邻里则是城市的支撑体。邻里对于城市中的社区来说是必不可少的。它们已经在人类社会中存在了很长一段时间，在某些事件和地点上有特定的名称，如区、行政区、管辖区或功能区。经过了大范围的地方、文化和时间的洗礼，邻里的概念得到了认同和定量化——约在边长为0.5英里（约800m）或150英亩（约60hm²）的范围内。邻里的人口数在不同的地方可能相差10倍以上，例如美国的邻里不足2000人，而巴黎的邻里则达到了20000人。然而在以下的两方面现在的邻里依然秉承传统：邻里的范围大小由适宜步行的范围所确定，还有邻里在各个方面都存在普遍性的特点。

本书既涉及一个特定的区域，也谈到了各地的地方特质问题。有别于这个领域中出版的其他图书，本书追求的是能够获得从来自特定的都市区域的广大读者群到全国各领域专家的理解。为了它的这个首要目标，书中随处可见西雅图的人名和地名，尽管带上了地方性的色彩，但也为其他地区的读者提供了了解的渠道。

"design（设计）"这个词被放在了最后，因为在书中它的含义并不是很明确。当它被"区域的（regional）"一词修饰时，本书的题目就可以故意地以另一种方式来理解。区域设计可以看作是区域内的建筑等表征地域特征的设计，也可以理解为区域规划等各层次的区域发展布局。这两种含义分别被应用到了第二章批判的地方主义和第二部分的设计项目中。之所以用"design（设计）"而不用"planning（规划）"是为了要表达一种观点，即一个区域要从三维而不仅仅是二维的角度上来进行自然空间的设计。城市可以看作是一个巨大的设计难题，就像一座大型建筑一样。正如建筑史学家文森特·斯库利（Vincent Scully）所指出的，设计城市应该像设计房子一样，考虑人的尺度和感受。一个区域也应该是清晰易辨的，有明确的边界和中心。要一次走遍整个西雅图的城市区域，哪怕是坐着飞机，也是非常困难的。但你可以知道自己与自然山水、城市中心和开敞空间的相对位置。

使用"design（设计）"一词是因为本书要反映的是建筑师、城市设计师而非城镇或区域规划师的工作。尽管景观建筑师（景观设计师）和他们的学生们在后来也加入了进来，但大部分的讨论会成员——教授、教师或学生都是建筑设计者。还有很多城市设计方面的教师和学生，偶尔还有开发商和艺术家。虽然从根本上缺少了从事实践工作的城市规划者的参与，但是许多讨论会涉及的项目尺度从中世纪开始就被认为是属于城市规划而不是建筑学的范畴。在此之前建筑师们就已经涉足了这种尺度的问题——从文艺复兴、巴洛克式的城镇规划到20世纪初托尼·加尼耶（Tony Garnier）的工业城市（Cité Industrielle）、弗兰克·劳埃德·赖特（Frank Lloyd Wright）的广亩城市（Broadacre City）和勒·柯布西耶（Le Corbudier）的光明之城（Radiant City）。景观设计师也开始在更大的尺度上进行思考和设计，包括动植物的生长、栖息地、生态系统和生态区域。

城市规划者们受过制图学、人口统计学、统计学、交通、土地利用和经济学方面的训练。在20世纪70年代，许多从事规划教育的学校开始从教授如何在三维空间中塑造自然环境转向了规划分析与政策研究。规划者们能够很好地回答关于在什么地方发展的区域问题，而建筑师和城市设计师们则能更好地解决以什么形式来发展的设计问题。景观设计师们通常对于区位和设计的问题都能做出回答，因为他们在从宏观到微观的各个层次上理解了自然。他们能够了解从湿地到分水岭等各种区域和开敞空间，在理解环境的保护和恢复方面起到了关键性的领导作用。

建筑学、景观设计、城市设计与城市规划有着本质上的区别，因为它们是三维的。书中有许多二维的总体规划，但并不是通常意义上城市规划者们镶嵌的土地利用色块，而是描绘了目标建筑的真实印迹（和投影）。这种印迹代表了建筑师们最为熟悉的建筑样式。同样的，书中许多三维的图画、渲染和模型都具有设计师而非规划师的特点。实际上这样的图片是为了使专业和非专业的人士都能够理解那些被提议的规划并提出自己的见解。当然，这些图片是在最近关于管理和综合性规划的讨论迅速升温后才开始大量出现的。

设计师们在视觉上是充满想像力和创造性的。他们能够对一个全新的地方运用丰富的想像并用非设计人员的语言将其描述出来。因为对于一个建筑的设计，他们必须详细到1/8英寸（约3mm）的尺度，还有每一种材料及其成分，所以建筑师的视野在实际中通常可以达到一定的深度和精度。设计者们还习惯于在缺乏全部数据的情况下进行权衡、估量成本与收益。衡量一个好设计师的标准不同于衡量科学家，一个好的设计师要在没有全部精确信息的前提下依然能够做出最终的决策，因为这些信息几乎不可能在适当的时间段内完全获得。所有必要的数据也是如此，因为好的设计就是要使大部分的答案尽可能准确，而并不需要尽善尽美。在尽可能长的时期内使用那些待定的设计变量并在最后的时刻将它们综合起来是设计师必须具备的技巧和能力，尤其是在各种讨论会中。

关于本书的潜在价值

对于一个研究的潜在价值的论述是很基本的问题，却时常被人们所忽略。在这里至少有三个基本的价值和观念构成了本书的主要框架。

第一个是社区。如果没有社区，我们注定要生活在自私和没有关爱的私有世界中。当社会变得更加利己化，文化变得更加以自我为中心，人们对于参与到个人自身范围以外的渴求也变得越来越强烈。有组织的宗教活动和个人精神上的完善响应了这一需求。对于一些人来说，归属于一个社区甚至是他们精神需求的最高形式。人是社会动物，需要分享和关爱，因此社区就成为了人们生存的要素。另一方面，人也有在心理上、社会上表达个性化的需求，要使自己与众不同、在人群中脱颖而出。一个社区必须同时培养对集体观念的尊重和对个人的性格，甚至是古怪性格的包容。这是社区的一对矛盾，要在不断的重新调整中得以发展和前进。

没有人会否认社区和相互尊重、相互包容的价值，但一些当代的名人对社区的理念提出了质疑。他们认为以利益为基础的社区，包括现代的电子社区可以取代过去那种以邻近地域为基础的社区。在美国，这并不是第一次有人提出这样的观点。亚历克西·德·托克维尔（Alexis de Tocqueville）在他19世纪早期的著作《美国的民主政治》(Democracy in America) 中提到："各个年龄段、不同性格的美国人都在不断地组成各种团体……宗教的、道德的、意义重大的、空泛的、非常广泛的和有限的、很大的和很小的。"

不可否认，远程通信和计算机在许多领域上改变了我们的生活，但并不说明它们削弱了我们在物质实体上对社区的需求。诚然，终日面对电脑屏幕、电话始终不离耳边，再加上收音机或CD机的背景音乐，还是无法取代物质实体上的社区。就像诗人、学者加里·斯奈德（Gary Snyder）所说的那样，互联网不是社区，因为你无法在其中拥抱任何一个人。万维网可以通过在瞬间为广大群众提供他们无法想像的资源来与传统的社区抗衡，因为从来没有一股隐藏的力量能够接触到那么多的人。信息高速公路上的电子碎片（Electronic snipping）并不是一种通俗的说法，一个网站也不是一个意大利式的露天广场。无论如何，电子通信还是增加了人们对传统邻里的需求，即使那里可能有令人讨厌的房子和让你头疼的邻居。

引用耶鲁大学前任校长、全美棒球联盟前任主席巴特·吉阿马蒂（Bart Giamatti）的一段话：

> 几千年来，对平衡私人需求和公众义务、个人欲望和公共责任、在个人与集体的利益中寻求共同点并达成共享协议的谈判，已经成为了一种文化。那是约束我们的某种公共形式。之所以能够达到这种状态是因为城市中的居民以个人或家庭或集体为单位，使得私人的欲望去配合、至少是去适应其他市民的需求，其间并未发生过度的摩擦，也没有能够造成严重伤害的尖锐矛盾。个人的这种能力在过去的每一天都在不断地形成，即时的协商使拥挤的城市生活避免成为无止境的争吵或推搡比赛。[2]

全社会都应该为包容与和平而努力，从而使那些少数派和亚文化群体能够光明正大地与其他社会成分和平共处。经过了几个世纪的斗争，美国人终于发现要达到这样的包容程度是说着容易做着难。这在越来越多的美国人在成长过程中缺乏对于城市生活的亲身经验和技巧的情况下就更加困难了。"现在已经有好几代美国人对于隐含在高密度邻里或社区中的那种包容性缺乏了解和经验了。"[3]

社区建设必须面对人类的各种天性，包括其自身的阴暗面。如果我们把自己的病状丢给外界的敌人或那些倍受指责的少数派，那我们就无法勇敢地面对自己，还处在不断地拒绝自我的状态中。进而，建设社区团结的同时也会为自己制造敌人，如果那些有偏见、不平等所导致的连锁反应继续下去，那么这些反对社区建设的敌人们必将对社区施以报复。这些问题在人类的生存环境中都是必然存在的。"什么样的尺度对社会和政治团结是最有利的、又是对敌人最不利的"呢？我们可以看到，在这本书中列举的案例说明了对于不断涌现的美国大都市区的联合与管理来说，邻里和区域是最合理和公平的尺度范围。

第二个基本的价值观念是**可持续性**。它一直是那些无可辩驳的概念中最简明的一个，很难将其精确地定义，只能说是一种能够让后代子孙享有充裕生活的生活方式。可持续性还包含了对生活本身的尊重，因为无数的生物经过了无数年的进化，也因为各种动植物间神奇的网络是它们相互协调、共生的结果。保护所有的生物并不是人类的责任，但至少人类不应该去破坏它们。人类在很久以前就已经成为了自然的主宰，现在人类的技术和人口的增长是如此的迅猛，使得人类本身成为了对这个星球最大的威胁。毫不夸张地说，地球上除人类之外的所有物种的数量都在下降。扰乱世界的不是动植物，而是放纵、贪婪的人类习性。

我们并不是要改变人类的天性，然而，我们可以改变人类的价值观、习惯和规章制度，也可以改变典范和文化。在其他急需的转变中，我们必须首先使得工商业能够与自然环境和平共处。正如"绿色"建筑师威廉·麦克多诺（William McDonough）所说，我们需要第二次工业革命。只有在市场经济开始将商品的所有成本纳入价格之后这样的革命才可能成功。否则，从市场中得到的错误线索和被歪曲了的信息将在不知不觉中残酷地加速我们的灭亡。

只有可持续性还远远不够。保罗·霍肯（Paul Hawken）在《商业生态学》（The Ecology of Commerce）一书中说过："环境决定论的缺陷在于可持续性并不是一种充分的目标……也许我们已经过了要用现有的资源养活40年后的人口的时刻，任何一个可行的经济计划都要将资源的时钟反转，积极地恢复被损害的系统，恢复比数量上的可持续性更具有强制性。"[4]我们还必须将人口的时钟反转，在今后的30年中地球上又将迎来40亿个新生婴儿。在某种程度上我们将面临人口过剩，这也许是人类将要面对的最后的问题。西雅图市布利特（Bullitt）委员会的一位人口控制方面的发言人，丹尼斯·海斯（Denis Hayes），就曾经提出过一个能在21世纪使世界人口减少的国际通用的出生率指标。

我们必须依靠现有的可利用的资源，即在太阳和各种植物所提供的能量的兴衰中有效率地生活。保持现有生活方式的关键在于继承原来美国新英格兰人的智慧和简朴。用最少的石子打最多的鸟（或许我要说的是用最少的胶卷拍下最多的鸟，但这听起来很别扭）是我的效率准则。这就是我从1972年的石油禁运到1985年搬到多云的西雅图的这段时间里，一直居住在那座被动式（passive）太阳能房屋的原因。被动地依靠太阳能供热、制冷和照明是一种整体的、自然的、调节早晚和四季气候循环的方法。被动式太阳能设备与建筑物是一个整体，而不是建筑物的附加。我与这些设备一起住了20年，它为我支撑屋顶，提供暖气。在这整个系统中可移动的部分只有太阳和房屋的居住者。这种原始却高雅、朴素的风格促进了简单的建筑和生活方式。

另一个同时期多价值、高效率的设计案例是"绿色廊道（greenway）"。这种河岸边的走廊地带和冲积平原能够同时实现我们很多的目标。它们可以是城市的边缘，提供散步道、自行车道、林荫道、户外活动空间和风景等社区娱乐和休闲场所；充当野生动物的栖息地通道和控制洪水的延缓、预留地；作为被排放的污染物的过滤系统；成为水域、美观和充满活力的源泉。[5]能够产生这种综合效应的例子还包括那种带车库的公寓之间的小巷，它提供给住户们可以负担的住房、提供给业主们第二收入来源，供给居民们停车的场所、街道的监管、公共设施配置和垃圾收集的通道以及玩耍和工作的场所。对我而言，这样的思路和设计手法是充满智慧的、让人振奋和可持续的。

第三个基本观念是**秩序**。人类在世界上的一个主要作用，也许是惟一的主要作用就是维持世界的秩序并赋予其不同的含义。当在能量与物质平均扩散后的宇宙使整个物质世界衰落与枯竭的时候，能否有一种能够与之相对的生命力量来创造秩序？如果有，那么这种无形的、精神上的秩序能让人类投入并信赖于它吗？还是说那只是一种物质秩序？它是被发现的还是被创造出来的？尽管这些问题还没有答案，但它们已经给予了我们足够的间歇去认识到人类及其他智力生命也许在宇宙中共同扮演了一个关键性的角色。如果这是事实，我们就应该为世界创造秩序，正如无数的其他生物在忠实地、完美地做好它们的工作一样。没有任何东西的力量能够大于自然，自然那超凡的效率看上去是永无止境的。我们无法为规范建筑工程、城市设计和规划要求一个更好的模型。发现和创造秩序的本质就是探求它的含义。人们不仅在寻求是什么促使了事物的发展，而且还要知道为什么它们要发展，为什么它们的发展对人类有重大的意义。人类一直在寻找问题及其答案，就像在对生命的含义进行永不停歇的精神追求。

尽管城市天生就是杂乱的，并且在各个历史时期都在不断变化，但给城市带来秩序在很大程度上就是给世界带来秩序。大多数人都将在这些城市中居住。经过了几千年前世界人口都是农村人口到近几百年来农村人口占世界人口的大多数，再到21世纪初大部分的人口将居住在城市当中，联合国预计2025年世界人口将有60%住在城市。[6]城市化进程中的这一历史性时刻——城市与农村人口的平衡——它必然能够帮助我们更好地理解、规划、设计和建设城市。

有时候城市的秩序可以突然地向前发展一大步，但通常它的发展是缓慢的，并伴随着许多次的尝试与失败。一个城市需要许多小的变化，同时也需要一些大型的创意。不可能所有的变化都是大型的、里程碑式的。西雅图，与许多网格状的城市一样，是在一个过大的模式下开始建设的，但后来被分解成了一个个有机的小部分。在现行的政治经济体制下这种有机的城市化不失为一种适宜的发展模式，只有通过对重点中心区、区域、走廊、轴线和边界的精心设计才能得以实现。本书旨在为重点地段带来更为良好的秩序。

渐进式的改革有时比快速的或剧变式的革命还要困难。例如建筑的维护就不如重建那样富有创意和让人兴奋。然而，无论是社会中的还是物质空间中的渐变，都比激进的、革命式的变化更为持久。总的来说我相信，对于美国的大部分地区和西雅图地区来说，这是一种社会进步的适宜模式。对于一个城市，尤其是对于住宅邻里来说也是一种正确的发展态势。与20世纪盛行的设计与规划理论相反，人们居住的地方并不是前卫或激进的试验地。在本质上居住是一种传统的活动，邻里则是一种不稳定的状态。既然它们对人们是有利的、有希望的，那么我们就应该谨慎地、仔细地维护和改变人们的居住和邻里环境。

我想我忽略了另外一个有价值的基本理论。解放或自由是神圣不可侵犯的，但我并没有对它们做出详细的论述。平等是美国人价值观的基础之一，我想也是最难以捉摸的。确保在法律面前人人平等并不困难，困难的是在他人的心目中确立人人平等的观念。人类在维护自身或本团体的优势地位时是非常谨慎而又坚忍不拔的。人人平等的概念比社区、可持续性、秩序和解放等更为抽象，如果用历史来作为一种量度，那么人人平等将是最难以实现的价值观。保持真正的政治和社会平等需要不断地提高警惕。

以上这些都是人们在生活中被有意识地灌输和学习的价值观念。还有一些价值观的传输被家庭无意识地忽略了，直到进入社会后人们才有机会接触到它们。我是一名加尔文教徒，崇尚工业、繁荣和现代化的观念是从父母和祖父母那里自然地继承而来的。这种人生观的基本是诚信与公平，因为没有市场上的信誉和政府的诚信，商业就不可能持续地发展。[7]新教徒的身上反射着节俭和朴素的光辉。舒适固然好，但过分地奢侈和放纵就不对了。

关于这本书

现在，随着设计与规划专业人士日益增多，环保主义者和大批对当代都市区的评论抱有一致意见的政府官员和开发商不断涌现，他们已经帮助组织和参与了很多设计项目。有的人已经在社区活动和改革观念的设计运动中做了很长时间的工作，很多设计小组的领导从20世纪60年代就开始从事社区设计，还有70年代的能源规划和80年代的城镇体系规划。到了90年代，他们活动的中心领域又增加了城市设计和城市规划。在近30年中这些人组成了一个整合的圈子，并以同心圆状的模式不断地扩展着自身的研究领域。这可以说是越战时期，即60年代反战和公民权利运动取代艾森豪威尔的自满时代成长起来的那一代人的一个巨大的进步。70年代的能源和环境保护运动又取代了公民权利运动。80年代的能源价格下降和经济繁荣从人们的心理上驱走了能源运动的阴云，加速了崇尚消费的生活方式的盛行。妇女和同性恋的权利运动成为了最引人关注的事件。90年代，就在各部门强调郊区发展的成本和在城市中心撤出投资的时候，信用卡后遗症和政府财政赤字所引起的裁员从私有企业扩散到了政府部门。

　　这能说是一次处在上层的中产阶级的解放运动吗？城市中的贫民从很久以前就开始面对经济、社会和环境方面的各种问题，这些问题直至今日仍然困扰着城市的发展。这些城市中的居民必然要问，为什么郊区的居民直到今天才开始抱怨这些问题。在郊区还没有受到基础设施老化、噪声、犯罪、路网分隔和低工资等问题影响之前，那里很少能够得到处在上层的中产阶级的关注。生活在城市中处于较低阶层的人们无疑是给郊区的居民做出了榜样，将谦逊植入他们心中，这对后来控制犯罪、缓解交通拥挤、降低噪声和增加就业机会等问题起到了积极的作用。这些生活在城市中的下层人民不应该继续被忽视，因为政治组织和资金都已经向郊区转移，这种利益的驱动就是一个历史机遇。现在，处在不同阶层的人们都要共同面对更多的问题，为建立更广泛的联系和社区团结创造了条件。尽管社会公平尚未实现，环保时钟急促的滴答声和消除污染这个定时炸弹都是摆在人们面前需要合力完成的紧迫任务，但是面对这诸多的问题，每个人都有了共同的感受。

　　在美国历史的这一时刻，专业设计师们得到了一个令人关注的消息。由于各种政策和政治长期以来都没有涉及现实的设计，设计者们已经变得越来越武断且不切实际。在西雅图，要求在设计师、政府官员、大学教师和学生、环保团体、社区组织和一些开发商中进行改革的呼声越来越高。国家、各个州和城市政府的立法和行政机构都积极地采取了更为有效的管理措施。每一个可以像华盛顿州一样颁布一个雄心勃勃的"管理发展议案"的州，每一个可以进行像"展望2020"那样引人注目的研究的地区，每一个可以制定像西雅图市一样革命性的城市总体规划的城市，对于城市未来发展变化的态度都是非常严肃、认真的。

设计专项组（The Design Charrette）

　　"Charrette"来自法语，原意是四轮马车，被巴黎美术学校（old Ecôle des Beaux Arts）建筑系的学生们赋予了新的含义。学生们整日整夜地赶作业直至最后期限，甚至要追着跳上教授来学生宿舍收作业的马车才能赶上交作业。En Charrette就意味着画到最后时刻。近年来这个词被用来形容集中解决特定问题并公开发表他们的成果和建议的设计小组。在早年华盛顿大学的设计专项组中，我几乎要向每一个人解释这个词语，包括对设计的专业人士。现在这个词在西雅图已经被普遍使用，甚至有被滥用和模糊含义的趋势。有时会出现在每一个超过四小时的设计会上。

到底什么是设计专项组？简单地说就是一种成果可以发表出来的研讨集体。华盛顿大学的解释比较复杂，是指通过五天的集中工作，在教授的带领下由优秀学生组成的竞争小组分别做出对同一项目的不同方案并公开发表。这里的教授和学生来自建筑与城市规划学院的建筑、景观设计、城市设计和规划专业。设计专项组处理的问题通常是对社会和市民具有重要意义的城市设计问题。这些问题可以分为以下三类：一是在实地上检验的公共政策和设计方案；二是回应那些提出要求帮助的邻里或组织机构；三是在一个特定的地点上发现一些亟待解决的问题。还有一些设计专项组除外，例如在一块未完全开发的土地上检验一个新的设想，他们只是为了提高方案的可行性，而不是为了给实际的客户或使用者解决问题，也不是为老师和学生提供理论或教学上的实践机会。

作为一所公立大学，华盛顿大学的设计专项组经常为公共机构、组织或研究所服务而谢绝私人的邀请。工作大都集中在西雅图地区，也有两个项目是在意大利。项目的地点通常是未开发或未完全开发的土地，面积在5~500英亩（约2~200hm²）范围内，这为我们的设计在各个尺度上发挥想像力和创造力提供了空间。与已有的邻里存在的地方相比，这些地方很少在政治上或空间上出现问题。这个群体在不断地创造出富有想像力的方案或建议，这些是传统的设计咨询部门所无法比拟的。

设计专项组对于每个项目都要做出四套方案的图件、演示稿、一本项目文本和包括一个上百名市民和政府关于参加的公众展示会在内的项目宣传产品。公众展示会的地点通常是在校园里或者是在建设项目的实地上，依据区位条件和主办方的意愿来决定。公众展示会后还有进而深入到社区团体的展示会。设计专项组的工作得到了媒体的广泛宣传。这种宣传有时还能够使得设计专项组得到更多的调研或实际项目的委托。但在大多数情况下，设计专项组的方案都是为公众提供讨论和宣传的素材。

设计专项组从组织、策划到公证就需要5000~50000美元的费用，公共和私人的基金为设计专项组提供了资金支持。特别是，有4～8名客座设计专家还被邀请到学校里来主持4个设计专项组的工作。华盛顿大学为设计专项组的工作提供了管理、研究的工作人员和可供使用的设备。另外，一些教员和50名学生还将春季学期第一个星期的时间投入到了设计专项组的工作中。

有关设计专项组的组织和运行细节参见附录 A。

也许对于设计专项组在何地、何时以及为何发生等问题的回答能够使我将本书庞杂的内容更好地向读者做出介绍。

什么地点?

虽然其中的许多观点都可以用在其他地方,但这本书仍然是关于西雅图地区的。之所以选择西雅图是因为这里还有可能变成一个适宜居住的、可持续发展的都市区。西雅图还有时间去避开那些曾经破坏了美国许多城市与区域的灾难性的发展模式。正如"世界瞭望"研究会(Worldwatch Institution)主席莱斯特·布朗(Lester Brown)曾经断言的那样:"西北太平洋地区是可持续发展——不损害地球的人类发展模式的实验场。"[8]

西雅图地区覆盖的范围很大。它从最南端的奥林匹亚(Olympia)到最北端的阿灵顿(Arlington)的距离为 100 英里(约 160km)车程,从东边的北本德(North Bend)到西边的布雷默顿(Bremerton)有 50 英里(约 80km)的公路和水运路程。这个地区被山脉与河流所分割,远看呈现出南北向的纹路。这样的地形使得人们很难东西向地穿越城市,也促使了西雅图发展成为在南北方向上的线性的集合型大都市。塔科马(Tacoma)和奥林匹亚是否包含在这个地区里面还是一个有争议的问题。美国人口统计局(The U. S. Census Bureau)将它们与西雅图划分在了同一个联合都市统计区(Consolidated Metropolitan Statistical Area)中,但在历史上它们的地位足以使它们拥有独立的地名(至少西雅图不是惟一能够代表它们的地名)。"普吉特湾地区"(Puget Sound Region)或"普吉特湾盆地"(Puget Sound)(但请勿称之为"普吉特城")可以是一个非正式的概念,但不是这个地区在国内或国际上通用的名称。不论是从发音还是从人口统计的角度来说,将这个地区称为"西雅图—塔科马(Seattle-Tacoma)"或"西塔科(Sea-Tac)"都不好(考虑到这两个地方在经济影响、文化活动和人口方面的差别)。另一方面,西雅图市的人口目前只占整个西雅图地区人口的 20%,而且这个比例最终将下降到 10%。这种不平衡的状况在另外两个以它们的中心城市而闻名的美国最适宜居住的地区——波士顿和匹兹堡已很普遍。每一个地区都需要有一个清楚的名称。"西雅图地区(Seattle Region)"看来是最简洁、最好的名称了。

西雅图地区堪称是实践地方主义最好的地方。它的面积广大,但还没有大到让人觉得无边无际。西雅图—塔科马—布雷默顿联合都市统计区的人口众多并且多样化。它拥有 330 万人口,统计区包含的六个县[(金(King)、皮尔斯(Pierce)、斯诺霍米什(Snohomish)、瑟斯顿(Thurston)、基察普(Kitsap)

和艾兰（Island）县]的人口将在下一两代人之后达到500万。这么多的人口足以支持高质量的市民、文化、医疗和教育机构，还有专业的体育运动、出色的芭蕾舞表演、歌剧、交响乐、剧场、现代舞表演、大众艺术、艺术馆、画廊、古玩馆、书店和餐馆等设施的经营和运作。

最重要的是，这里的国际贸易促使了各种文化的交流与持续繁荣。西雅图港和塔科马港（二者之间的关系与其说是竞争不如说是合作）的成功延续了这个地区的贸易传统。这些港口的地理位置优越，是全世界航海与航空贸易进入亚洲的标志。

这里还有能够保持文化繁荣的雄厚的经济基础。许多大公司都将公司总部设在西雅图地区，波音、Weyerbaeuser、微软只是其中最著名的几个。西雅图的繁荣也得益于大量的中小企业。在28个主要的棒球俱乐部所在的城市中，西雅图所拥有的超过500人的大公司的数量位居倒数第二。[9]软件、制药研究、生物技术、微波技术、食品加工、影视制作和制衣等中小企业都是推动地区经济多元化发展的强劲动力。其中的一些企业，如软件和生物制药公司从小型的地方性企业发展成为了国家或世界级的大型企业。就连西雅图的啤酒、面包等工业也在逐渐地向全国各地扩张。替代进口和制造出口是一个地区经济健康发展的标志（尽管这是以牺牲其他地区的经济为代价的），它将全面推动这个地区的经济发展浪潮。在繁荣的经济中诞生了许多年轻的百万富翁，他们中的一些人经常从事慈善活动，这种博爱的精神是这个地区长久以来所缺少的。

既然拥有了这么多的财富，那么奇特的自然景观和丰富的资源在这里必定是不可少的了。这里有三个国家公园。纯净的水域、山脉和大片的荒野为人们提供了健康的生态环境、娱乐、休闲场所和美丽的风景。我们必须警惕，不要让那些企业（或专业运动俱乐部的老板们）像他们曾经开采煤矿、砍伐树木那样地开发这个地区，而是要使这里变得越发翠绿和富有生机。也许，西雅图地区的居民可以运用20世纪的自然资源来开拓21世纪的物质和精神生活方式。

大面积风景秀丽的自然区域使我们的城市明显地有别于其他的地区。波特兰、西雅图和温哥华之间的距离使这些都市区不至于像东海岸的波士顿和华盛顿都市区那样出现重合和边界混淆。这个区域是从北加利福尼亚到不列颠哥伦比亚，从太平洋到落基山脉范围内的生物气候区的组成部分。然而，卡斯凯迪亚（Cascadia）地区[或佐治亚盆地（Georgia Basin）]被山脉与其他的地方隔开，东边到内陆地区，南边到加利福尼亚都还有很长的距离。因此，我们的地理和资源优势只有在有意识地将温哥华、西雅图和波特兰这几个地区连在一起后才能得到大幅度的增强。

设计专项组既要利用西雅图地区中的一些机会也要填补其中的很多空白。每一个项目都是经过慎重考虑的，有的时候由于资金的问题也许在某些年份中要做一些特定选题的项目。选择项目的标准因时而异，但有一些原则是必须坚持的：设计专项组处理的问题必须涉及足够的深度和广度以确保消耗的设计师和物质资源不被浪费；项目的选题和区位在环境和区域规划专业中必须是有意义的；项目的资助者的动机必须是非营利性质的。若是社会急需解决的问题或是具有广阔的前景，或者如果设计专项组的工作能够影响到实际的开发过程，那就更好了。外界的资助也是一个必要的前提。近年来，自愿资助者比过去多了，因为很多对此感兴趣的社区和机构都争先恐后地想要成为华盛顿大学设计专项组的研究对象。

设计专项组的研究范围涉及各个领域。他们提出了当地的发展中存在的许多问题（"穹隆之王"专项组），指出一些有待开发、利用的地区[雷西设计工作室（the Lacey Studio）、西雅图康芒斯设计专项组、沙点设计专项组、温斯洛（Winslow）设计专项组和大学区专项组]，还有一些存在全新机遇的未开发土地[因特湾和新社区（New Communities）专项组]。随着组织起来的设计专项组的逐渐增多，我们逐渐明白了不同类型的项目问题需要不同的解决方法，现在的填充式的发展（进一步的建设或发展）战略和过去的空地/城市更新的战略是完全不同的，以下的分类结果是针对西雅图地区的，但对美国的其他大都市地区也有借鉴作用。以下五种分类构成了本书第二部分的内容：

1.城市中心（City Center）：城市的中心商务区（CBD）或中心区，例如西雅图、塔科马、贝尔维尤（Bellevue）、布雷默顿和埃弗里特（Everett）等。在第二部分中有两个关于市中心区的设计专项组研究。

2.城市邻里（Urban Neighborhood）：例如西雅图的议会山（Capitol Hill）、哥伦比亚城（Columbia City）和巴拉德（Ballard）；塔科马的北端（North End）和希尔托普（Hilltop）等。在有的地方城市邻里还包括有轨电车经过的郊区，也叫做一环（first-ring）郊区。在过去的20年中，华盛顿大学的许多设计工作室已经对这些邻里中的问题与机遇进行了大量的研究，特别是对于其中的商业中心。在第二部分中将对一个有关大学区的设计专项组及相关的工作室做出介绍。

3. 郊区（Suburb）：从雷西到林伍德（Lynnwood），从希尔弗代尔（Silverdale）到萨马米什（Sammanish）的范围。第二部分记录了研究郊区的一个设计专项组和两个工作室的工作情况[在我写的1989年由普林斯顿建筑出版社出版的《行人袖珍读本》（The Pedestrian Pocket Book）一书中，对另一个华盛顿大学的设计专项组做了介绍，并对郊区的填充策略做了详细的探讨。

4. **小城镇**（Small Town）：例如门罗（Monroe）、奥本（Auburn）和斯泰拉霍姆（Steilacoom）。这些过去的农业地区现在已经变成了大都市的卫星城。有关小城镇的设计专项组重点研究了班布里奇岛（Bainbridge Island）的商业中心温斯洛。[都市区外的农业地区不在本书的讨论范围内，关于农业地区及其小城镇的发展问题请参见兰德尔·阿伦特（Randall Arendt）、罗伯特·亚罗（Robert Yaro）、威廉·莫里什（William Morrish）和凯瑟琳·布朗（Catherine Brown）的著作。]

5. **新城**（New Town）：例如米尔克利克（Mill Creek）、西北坪（Northwest Landing）和其他一些过大或距离城市过远的独立的社区。新城通常是建立在城市区域以外的卫星城镇，这种开发模式比填充式的开发更为理想。然而，新城也可以建在城市中存在的大片空地上，有时也叫做"城中新城（new-town-in-town）"。第二部分中介绍了两个研究新城的设计专项组和一个工作室的情况。一个新城位于西雅图市区，另一个位于城市发展的边界以外的地区。

尽管还有很多种方法来划分大都市区（最简单的就是分为城市地区、郊区和城市外地区等），很多设计专项组和工作室的专家都认为这种分类方法能为理解、设计、规划这个区域提供更多的帮助，因为这种分类方法适用于北美的许多大城市。在一些地方，也许要根据具体的情况来进行解释。

什么时间？

华盛顿大学的设计专项组始建于 1985 年[由约瑟夫·伊舍里克（Joseph Esherick）、海宁·拉森（Henning Larson）和卢西恩·克罗尔（Lucien Kroll）带领，致力于解决无家可归者的居住问题，但由于缺乏资料，所以无法在本书中记录他们的工作背景和过程]。从那时起，每个春季学期的第一个星期都有设计专项组成立，除了在 1987 年夏天在意大利的巴尼奥雷焦地区奇维塔（Civita di Bagnoregio）成立的专项组。所有设计专项组都在第二部分中做了介绍，但不包括 1986 年和 1987 年在意大利、1988 年的行人主导的社区（Pedestrian Pocket）设计专项组和 1989 年西雅图市中心的公共卫生间的设计专项组。

各个设计专项组的规划期范围从 20 年到 30 年不等，所做的设计方案可以马上、也可以尽快、当然也可以最后实施。以上提到的五种发展类型已经在全国的范围内出现。城市中心区的填充和再开发[曾经被称为城市复兴

(urban renewal) 或模型城市 (model cities)] 也在二战后全面进行，但并没有使城市中存在的问题得到解决。邻里的进一步开发建设也在一些地方持续地进行，特别是在邻里的商业片区 (neighborhood commercial zones) 中。我们提出的郊区发展和再开发模式现在已经在萨克拉门托 (Sacramento) 以西的拉古纳 (Laguna)、华盛顿特区外的肯特兰 (Kentland)、孟菲斯 (Memphis)的哈伯镇 (Harbor Town) 和华盛顿州与杜邦 (DuPont) 相邻接的西北坪 (Northwest Landing) 实施。那些有详细功能分区的郊区再开发计划并不多见，因为其中的购物中心或办公园区等最终都会变为新一批的高密度开发。小城镇的填充发展和再开发一直在不断地进行，但经常采用随机的方式。新城，是一个历史悠久的、乌托邦式的美国传统。然而与欧洲相比二战后美国新城的发展道路并不平坦。尽管如此，新城在实现大都市区计划的过程中还是扮演了全新的角色。

为什么？

之所以将这些设计专项组都汇编到一本书里，其原因正如在书中设计专项组第一次出现的时候所说的那样：一个地区的区域规划在其形成阶段需要富有创造力的空间设计。邻里、乡镇、城市和区域的规划在只有律师、法规制订者和官员们抽象的政策和方案而没有设计专家帮助的情况下不能进行，哪怕只是功能分区也不行。这样的方法使得一个地方的分区编号和当地的电话号码一样多。另外，这些编号在无意中阻碍了传统乡镇和邻里的建设，现在在美国的许多城镇中建设类似于"主要大街"或"榆树大街"实际上是违法的！

区域规划允许修正；那是一个互动的过程，包括实施之前在时间上和空间上对规划中提出的政策和法规的检验和例证。这不只是设计者和规划者如何使规划政策和法规生效的问题，这还是如何使设计明确地叙述政策的问题。设计决不仅仅是一些可以提供的服务和在解决问题的过程中适当的时候加进来的时间和插件。由于设计本身具有强大的综合性和系统性，所以只有在所有的政策和程序都到位之后设计的工作才能展开。

设计专项组的特征

设计专项组可以在所有潜在的、必然的可能性下对一个问题进行集体讨论。他们可以分析出一个项目的选址和计划的目的，同时说明特定的利益集团和股东们的利益之所在。因为设计专项组能够从整体上看待问题，所以他们的设计成果不会受某种思潮和政治家意见所左右。他们能够做到"一石多鸟"；他们帮助社区解决问题并使居民们取得共识；他们为社区验证来自社区的居民们、设计专家和高校的新想法、新措施；他们能够从被人们遗忘的角落中抓住新的机会；他们让社区的居民们对自己的社区有了更深的理解；那些由学校资助的设计专项组，他们能够请来城市或高校里权威的设计专家，鼓励师生们利用学校的设备和专业知识为社区服务。

设计专项组可以由社区团体、高等院校以及其他的机构来主持。由高等院校及其建筑与规划学院来组织设计专项组最为合适，因为那里有专门的工作室、设备以及大批热情的学生。设计和规划专业的学生也可以加入那些由校外团体主办的设计专项组，温斯洛专项组就是这样。在任何情况下，设计专项组的工作都不是学术活动。他们直接面对的是现实——现实的地点、现实的邻里、现实的时段以及现实的约束条件。在工作中他们能运用起地方和国内最好的人才和智力资源。

设计者们出色的能力大大提高了设计专项组的工作效率。在几天时间内，来自不同学科的团队参与、制定了设计工作中一系列的决策。设计工作的最后期限保证了决策制定的及时性，不像在其他类型的设计工作中通常要等到别的部门做出了决策才开始设计工作。在一个理想的设计专项组中，所有的部门都应该在一起工作。几乎毫无例外地，这些小组都能够在很短的时间内完成大量的工作。当然，设计专项组的工作是短期的，它们的期限有时候还要取决于那些由于工作的节奏过快而导致的、影响思路的、致命的错误。社区的参与有时候也是一种激励。这种感觉在研究空地或未开发土地的时候尤为明显，因为那里没有强大、可靠的邻里居民的支持。在很多设计案例中，社区的代表们都参与到了设计团队中。

在设计专项组中，与本组成员合作，与其他的小组竞争，这样之间不断变化的相互关系比那些慢节奏的线性设计方法更能激发设计者的灵感。只要有充裕的时间，设计专项组忙碌的工作状态就是培育创造性的沃土。设计专项组的设计构思有好有坏，我们必须详细地审查那些精简而富有创造力的工作成果。从根本上看，设计专项组更倾向于创造一种完全无障碍的工作方式，因为他们专注于研究一个特定的地方并要确保分析到各种情况，但在某些时候设计团队还是会遭到考虑不周的指责。设计专项组认为在做一个项目时就要把注意力集中于这个项目上，结果，很多的设计构思被筛选、被放弃，被选中的方案还要被反复地修改和精炼。本书也是想对那些正在进行中的设计项目提出一些建议。

不论是在设计专项组中还是在这本书里，我们都有一个更深层次的担忧：近十年来，从根本上对大都市区发展方向的不满与恐慌。都市区的发展已经造成了自然环境质量的恶化和人类社区的消亡。也许人们对未来的发展有不同的见解，但不能再使城市无休止地向农村地区扩张，不能再依赖机动车生活和不能再向自然排放如此大量的垃圾和污染物，这已经成为人们的共识。我们正在不断地吸干地球的能量与资源，让我们已经建立起来的社区逐渐地衰落。然而，设计专项组对此却有乐观的态度。以上的问题说明了只要有适当的土地利用、适当的交通方式、适时适当的尺度的设计，经过了漫长的道路，这些社会问题终将得到解决。

设计专项组最初成立的时候，也是美国人口统计局预计在1995年至2020年间移居华盛顿州的人口高于美国其他的47个州的时候，股市随之大幅上扬。只有德克萨斯和佛罗里达这两个拥有较大的人口数量和建设用地面积的州的移入居民的数量会高于华盛顿州。一些权威人士预言这里将是全美国发展最快的地方——这是一种夸张但极好的发展模式。这种人口的快速增长，即使没有达到预测的那种发展程度也会对作为华盛顿州中心的西雅图地区造成很大的影响。我们必须慎重而果断地采取行动，否则我们的生活质量就会因为这种快速的发展而下降而不是提高。我们必然要面对许多艰难的抉择，而最终的选择也无法使每一个人满意。尽管每个人都反对郊区蔓延，但他们也反对拥挤——这就到了郊区发展的十字路口，向左转就能够不断地前进，直走则就没有任何出路了。

第一部分　理　论

"什么！没有理论？
那就像一个没有头颅的躯体！"

——华盛顿大学建筑学教授克劳斯·塞里格曼（Claus Seligman）在一次教师会
上说

第一章　以明确的目标指明前进的方向

——郊区及城市蔓延发展的代价

> "……汽车和新的……高速公路的影响反映在
> 大批社区中心的衰落……这个地区的各个城市正在快
> 速地连成一体"
>
> ——社会学家罗德里克·麦肯西（Roderick McKenzie）
> 1929 年在描述普杰海峡地区时所说

我们的文化是生产与消费的文化。我们大量地生产和消费是因为我们从自然界中掠取了那么多。过去，我们燃烧石油和砍伐原始森林；现在，我们对土地过度利用并在海洋中过度捕捞；将来，我们还要将政府的财政赤字和化学毒素传给子孙后代。毫不客气地说，我们是强盗：抢夺地球的资源、挥霍地球的财富，我们还抢走了子孙后代舒适美好的生活，甚至还包括他们的生活本身。

城市向郊区蔓延

在历史上人类还从来没有面对过像城市向郊区蔓延这样的窘境。只是在最近的几十年里城市开始向外蔓延。

从古代近东地区出现第一个城市以来，城市就是作为一个地区的中心而存在。在古埃及的象形文字里，城市的表示方法是圆中间画了一个十字——表达出来的意思是一个十字路口或中心连同一个确定的边界。在古希腊和古罗马时期典型的城市形态是一个靠港口供应的内地贸易区的中心；后来，在文艺复兴时期人们沿着主干道用直线透视图的技术强化了中心的含义及其优势地位……将来的全球性贸易城市和19世纪的工业城市并没有违背而是强化了创造经典城市空间的想法，至少对于城市的中心地带是这样。[1]

美国是第一个将大都市区的人口以极低的密度向农村地区扩散的国家，而结果未必是蔓延与拥挤。美国大都市区的人口密度远远低于欧洲、亚洲以及其他地区的大都市区——大概只有巴黎都市区人口密度的 1/3 和香港都市区的 1/13！而且还在逐年递减。

那为什么美国生活在郊区的人比城市和农村的人多，而且还是历史上第一个出现郊区文化的国家呢？蔓延的潜在原因是美国在历史上就习惯用扩散、发展然后重复扩散发展的方式来解决问题。跨越广阔的内陆向西部进军在美国人的心理上就是一个巨大的安全阀。丰富的自然资源为人们提供了廉价的建设物资。与其他的民族相比，美国人喜好"大"多于喜好"质"——在"大"片的土地上快速地建造起来的"大"房子，里面都是"大"房间。他们还喜好"新"，想不断地重新再来而不是坚持到底或改到满意为止。对于美国人，浪费、好大、荒废和反复无常等都没有什么好担心的。这里有足够的空间和资源，没有理由让大家挤在一个房屋狭小、局促的社区里。

我们的土地根基和开拓者精神为慷慨地分配土地以及建设宽敞的住房提供了保证。人们没有理由非要坚持耐久、节俭或可持续的原则。实际上，各种社会和政治力量在不断地促使人们挣脱这些束缚，还要摆脱欧洲、亚洲地区的那种压抑的居住和社区模式，那里也是我们的祖先移出或逃离的地方。

美国人生活方式的另外一个特征是空间上的流动性。现在，一个典型的美国家庭，搬家比为总统选举投票或观看夏季奥运会还要频繁。这种居住上的流动性抑制了对住宅的投资和耐久性建筑的建设，因为使用年限较短的房屋的造价要低于使用年限较长的房屋。能够轻易地拥有汽车和发达的高速公路和州际公路系统又增强了这种流动性，因为这些条件能使人们方便地在他们认为环境更好的地方之间移动和穿梭。今天，搬家已经不像过去那样是一种体力上的折磨。不论是国家级企业对行政人员的调动还是劳动力的流动，现代化的交通工具和高速公路使迁移变得简单，社区意义的消失也就在所难免了。

现在，汽车和汽车的用途已经植根于美国文化之中。平均每个有驾驶执照的司机拥有一部以上的汽车，这个比例几乎是上一代人的两倍。小汽车和卡车成为了我们现代民俗、神话和电影[例如，美国涂鸦（American Graffiti），躯壳（Hud），蝙蝠侠（Betman）和公路战士（Road Warrior）、艺术（卡迪拉克农场，Cadillac Ranch）、弗里蒙特轮唱（the Fremont Troll）、音乐（沙滩男孩，The Beach Boys)，唐·麦克林（Don McLean)、体育（印第车赛，Indy racing)，汽车比赛（stockcar racing)，短程高速车赛（drag racing)、娱乐（撞

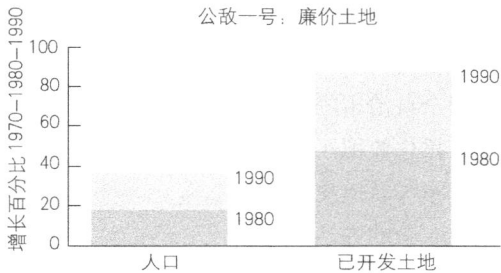

公敌一号：廉价土地

图 1.1

西雅图地区和美国大多数的都市区一样，土地开发的速度要大大高于人口增长的速度，那就意味着我们的住宅区模式正在向低密度发展。另一方面，根据预测，波特兰在 1990 年至 2040 年的人口增长率为 77% 而土地增长率却只有 6% ——得益于它的城市发展边界。

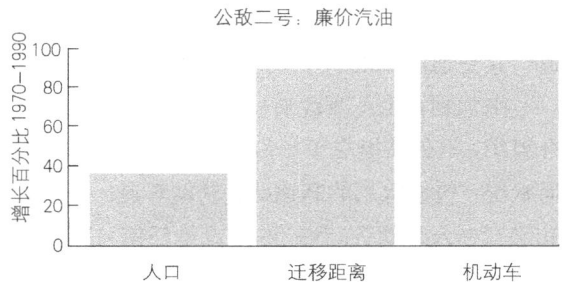

公敌二号：廉价汽油

图 1.2

在西雅图及其他的大都市区，人们拥有的机动车以及驾驶车辆行驶的距离的增长率几乎是人口增长率的两倍。这种不利于可持续发展的趋势将会一直持续下去直到美国政府对汽油价格采取适当的标定。

[图表发表于普杰海峡理事会(Puget Sound Regional Council)，华盛顿州公共政策研究院 (Washington State Institute for Public Policy)，1990 年 1 月]

车比赛，demolition derby)，巨型卡车（monster trucks）、时尚（汽车展）和传媒（电视和杂志广告，网络（Click 'n Clack)]的重要组成部分。汽车还是我们经济的基础，在设计、制造、维修、服务和加油站等行业中提供了大量的就业岗位——更不用说因此而产生的对道路、桥梁、警察、保险等方面的需求。汽车是一种移动的，也是能够满足人们需要的物体，代表了 20 世纪工业设计的精妙绝伦。它们的车身、齿轮和前灯让我们每到一处都能轻松愉快。

汽车是"英语中最庞大的可分辨的集合名词……"。一个正常的 26 岁美国男子能够辨认 12～20 种颜色、大约 15 种水果，但却能数出 60～70 种小汽车并加以说明[2]。美国人在汽车上也花费不少。年轻人每年要花 40 亿美元用于保养车辆，更不用说他们当初买车的费用了。在可预见的未来，我们并不是要将汽车赶出我们的生活，我们也没有必要那样做。然而，我们可以将这些金属怪物驯服，使它们回复为快捷、舒适的交通工具而不是对我们的紧张与不安再火上浇油。

整个国家的不安是与我们每天经历的道路交通拥挤密不可分的。寻求刺激是驾驶的全部乐趣——在高速公路上轻易地加速和那种风吹过头发、心跳到嗓子眼的兴奋。汽车里的生活成了家常便饭，交通网络处在超负荷的使用中。交通阻塞不再是交通高峰期独有的现象，在国内外的大都市区里这种现象越来越普遍。"20 世纪 50 年代，类似的现象困扰着东京和首尔。东京倾向于使用公共交通系统来解决这个问题，这种方法时至今日依然受到世界各国的普遍赞誉。而首尔选择了建造更多道路，现在这个城市已经有了28条快速道，其交通阻塞的状况就连曼哈顿的司机都会感到惊讶。"[3]

南加利福尼亚州政府协会，一个包含了洛杉矶周边13个自治市的政府联合组织，不久前提交了一份2010年的交通电脑模拟报告。报告模拟了各种交通状况，包括双层的高速路、辅助车道、扩充后的公共汽车与轨道交通服务和错开办公时间等。他们的结论是任何可以扩大交通系统容量的方法都无法彻底地解决交通阻塞的问题——除了那些根本就不属于交通范畴的方法。人们发现功能混合的邻里，由于它能够减少居民的出行，竟然是一种彻底解决交通阻塞问题的办法！

在美国的大都市区中一些不可能的事情变成了现实：城市在以低密度向外蔓延发展的同时却被交通阻塞掐住了自己的喉咙。如果我们要将大都市区变得更适宜、吸引居住以及更加可持续地发展，我们就需要制定新的规范和多功能的、不会使蔓延现象持续的模型，并且认识到它们的经济、社会和环境成本。彼得·卡尔索普（Peter Calthorpe）和亨利·里士满（Henry Richmond）对这种情况做了简明的概括：

> 在我们城市的周边产生的肆无忌惮的蔓延现象造成了严重的环境问题、难以解决的交通阻塞、可支付住房的稀缺、开敞空间的减少、内城的衰败以及工薪阶层家庭的负担加重、老人和单身人士的孤独。我们仍然在使用40年前的、已经无法适应今天城市发展变化要求的土地规划战略。我们还在建设二战时期的郊区，好像一个大家庭中只有一个负担家计的人，好像人们的工作地点仍然集中在市中心，好像土地和能源都是可以无限供给的，又好像一条快速路的辅路就可以解决交通的阻塞问题。现在已经到了要对人们的美国梦进行全面纠正的时刻，应该使人们回归到传统的城镇价值观和发展模式当中去——多样化、团结、简朴和以人为本的理念。我们必须从分区的死胡同中回到榆树街的邻里中去，从车行商业区回到主要的街道社区中去，简而言之就是要从孤立的蔓延回复到传统的美国城镇模式中区。[4]

成本入门

关于成本的一些定义和性质将有助于我们计算蔓延的成本。在这里需要对两组重要的概念加以区别。一是要区别**公共成本**和**私人成本**。公共成本也叫做社会成本，是由整个社会，或者说至少是社会中的绝大多数人的各种活动所产生的成本。对于这种成本人们主要是通过政府税收或是一系列的损失来支付。私人成本是人们在市场上对商品或服务的支出。

还要区别**成本**与**价格**。价格是市场给商品和服务标注的数值，由供给与需求的关系决定，通常也会因为税收和补贴的因素而波动。成本，有时指真实成本，包括了提供商品或服务的全部成本，包括直接的和间接的成本。直接成本包括供应商设计、购买原料、生产、包装、运输、宣传、销售、交易和利润等。间接成本包括对环境和社会的消耗或补偿，这些都没有反映在价格中。它们通常被称为外部性成本，一个可以指任何第三方的成本或收益的概念。外部成本是指那些可以测量的成本，例如环境整治或废物处理的成本，以及那些不可数量化的成本或损失，例如生活品质的下降、舒适性和便捷性的减少、交通阻塞所消耗的时间、犯罪和缺少关怀甚至是死亡。这些外部性成本是由个人或社会或二者共同造成的。

不论市场在为某个交易定价方面是多么迅速和成果卓著，但外部性的成本却始终没有得到体现。在一个更加完善的市场中，真实而完整的成本将会被更加精确地反映到价格中去。将成本和价格更为紧密地结合有助于让商品

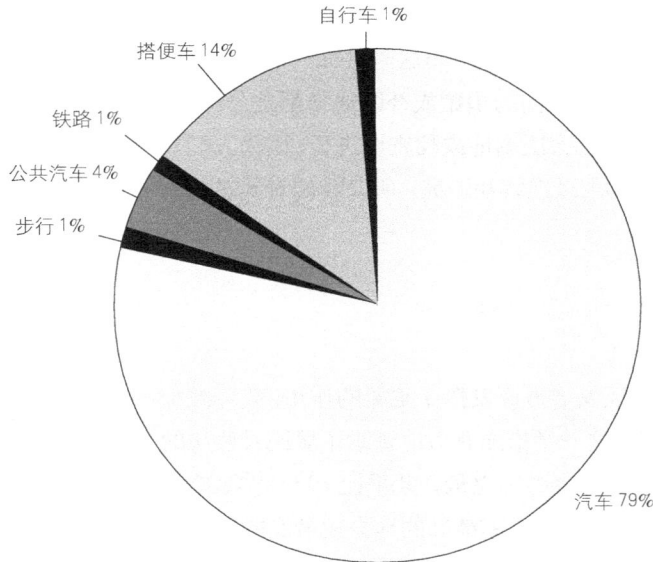

自行车1%
搭便车14%
铁路1%
公共汽车4%
步行1%
汽车79%

图1.3

"在美国，私人机动车使用的价格很低。私人机动车的使用者不需要向他们给其他人造成的环境污染和交通阻塞加重支付费用。警察和其他处理紧急事故的服务部门、地方公路的维护和许多交通系统中的其他部门都要靠税收来维持。美国的汽油税、机动车注册费、驾驶执照费和汽车税在发达国家中是最低的。停车对于许多工作者和购物者来说都是免费的。再加上对私人使用机动车的补贴，其他交通方式无法与私人机动车抗衡的现象就不足为奇了……"（吉纳维夫·格利亚诺（Genevieve Giuliano），"土地利用和交通网络的弱化"，On the Ground，Summer，1995 年，P.13 — 14；圆形分格统计图表，P4）

和服务的实际受益人支付这些商品和服务的全部成本。尽管还需要一些机会和时间来让社会决定是否惩罚或奖励一个企业、市场部门或一部分人，但是当市场将真实成本计入价格的时候我们的社会实现公平与可持续发展的机会也就增大了。如果没有这样的责任感，社会或其中的一个经济实体就会进行愚蠢的决策和交易。这就是那些实行计划经济的东欧国家在治理环境污染方面失败、造成大范围环境毁灭的原因之一。就算是对一个小项目的定价低于它的真实成本也会导致小范围的环境赤字，这种情况积累下去就会造成不可想像的灾难性的结果。例如人们每天使用的几百万个定价过低气雾罐会迅速地给地球臭氧层开一个洞。定价过低将会导致错误的储蓄行为和巨大的风险。

最近，公共部门和私营部门（以慈善捐助的形式）开始尝试着对一些特定的工业企业、机构、区域或人群进行补贴。补贴的形式可以是津贴、服务或减税。一些补贴政策是公开并且广为人知的（例如国家艺术和人道基金或对农产品价格支持），一些政策却被隐藏在公众难以探查的地方（例如：耗油许可、帮助企业研究与开发的保护协议、对某项外国投资的军事承诺和降低州立大学的学费等）。政府的补贴政策经常被隐藏起来是因为某些利益集团成功地获得了有利于他们的政策、税收和关税价格，而这些对每一个市民个人来说都太微妙、太复杂或太多了。私人部门的捐赠或补贴通常都是公开的，但有时候由于捐赠者或受益人的缘故也会匿名地或秘密地进行。因为人们对许多补贴，包括对郊区居民的补贴都难以理解和追究，所以我们对其进行公开解释和说明是非常重要的。

蔓延的经济成本

政府的补贴在促进低密度的郊区发展方面发挥了重要的作用。政府减少征收申请住房贷款的家庭的所得税，这一举措强有力地刺激了居民对住房的购买力，65% 的个人住房拥有率为全世界各国之最，几乎比 19 世纪末 20 世纪初的时候翻了一番。西雅图是个人住房拥有率最高的地方或最高的地方之一。然而，这样的税收政策意在鼓励分散式独户住宅建设，这种情况通常出现在郊区。这样的税收减免大约每年要消耗联邦财政 500～900 亿美元，这实际上已经成为美国涉及范围最广、花费最大的福利项目。在 20 世纪初，联邦政府在大萧条期后开始扶持那些给郊区居民发放贷款的银行，随后，联邦住宅管理局（FHA）为购房者得到长期、低息的住房贷款提供担保，这些购房者成为了在城市的郊区购买新住房的主力军。

另一项常被引用的补贴是联邦公路建设计划，这个计划鼓励使用汽车，

图 1.4

公路建设的经济成本估计为每英里数百万美元；而其环境成本则是不可估量的。

甚至几乎要将铁路完全排挤出去。那些由中心城市放射出区或环绕着中心城市的州际公路使城市边缘的廉价土地的可达性大大增加。据估计，在国家和州一级增收的机动车使用费只占了道路桥梁建设和维护费用的60％。[5] 国家的补贴使向郊区扩展的基础设施建设成为可能。国家允许企业报销为员工提供免费停车的费用，这个费用还可以不计入企业的收入，这也是一项正在兴起的政府补贴。二战后国家、州及各个自治市政府将办公设施向城市外转移的政策也推动了城市蔓延的发生。美国的国防政策也鼓励厂商在城市中心以外建设新的工厂。总之，冷战时期的核威胁促使联邦政策向郊区化倾斜。

有一些补贴的形式并不是那么显而易见。联邦能源补贴，例如耗油许可和对核电站和水力发电的支持等就是很好的例证。这些补贴为支持一个典型的郊区家庭提供了廉价的能源——不论是对于那些使用石油、汽油或电力供暖的独立式的郊区家庭还是对于那些平均每天要使用汽车出行10次的郊区家庭。这样不可思议的汽车使用率也许是所有的郊区统计中最可怕的数字了。实际上郊区的居民们根本就不使用步行、公共汽车或轨道交通的方式去上班或购物，人行道上也没有几个行人，如果存在人行道的话。进出郊区及郊区内部的通勤交通费用相对便宜，随着时间的流逝，这个费用又大幅下降了。"在19世纪末20世纪初的时候，通勤费用占工人们每天收入的20％；而现在的汽车通勤只需要花费他们每天收入的7％。"[6]

另一种形式的补贴是由美国人民支付高速公路的建设和维护的费用。汽车的交通事故是导致美国15至24岁年龄段的人死亡的主要原因。[7] 尽管每辆机动车每英里的死亡率一直在下降（也许已经下降到了第一次世界大战前的1/8），但机动车数量的猛增就抵消了这一了不起的成就。西北环境监视网（Northwest Environment Watch）的艾伦·德宁（Alan Durning）在《汽车与

图1.5

蔓延最恒久之处在于将土地划分为面积广大而又功能单一的区域,例如全部是花园公寓、独户住宅、零售商铺或办公建筑。像河流这样的分割这些地区的大型线性因素又常常使步行或车行穿越变得不可能。

城市》(The Car and the City)一文中提出了一个引起广泛争论的观点,他认为尽管内城的犯罪率很高,但居住在郊区更为危险,因为郊区的居民"驾车的次数是内城居民的三倍,而驾车的速度是内城居民的两倍。总之,住在内城就安全多了。"[8] 在美国的许多地方,由于汽车事故而死亡的人数比由暴力犯罪致死的人数要多得多。

或许最不为人知的政府补贴就是用于保证石油来源地安全的国防预算。这种间接的补助有时表现为战争的形式,就像海湾战争的时候那样,随之而来的是人民生命和财产的损失。保护远方的油田和运输航道的花费是巨大的,但这并没有在我们石油消费中得到补偿。德宁在他引人注目的著作中指出,20世纪80年代美国为确保在中东的利益每年要花费掉400亿美元的军费。所有的这些能源补贴引发了广泛的收入再分配——从很少开车的人到经常驾驶汽车的人、从城市居民到郊区居民、从贫民家庭到富人家庭。

廉价的土地和对道路、基础设施等的补贴是引发郊区趋同化(homosuburbus)和郊区化的最主要因素。对土地的定价过低减少了郊区家庭的资金成本,而对石油产品的过低定价相应地减少了郊区家庭的生活运行成本。国家对基础设施建设的补贴掩盖了低密度郊区开发的成本。总之,人为导致的廉价的土地、基础设施和交通掩盖了郊区住房供给的真实成本,让我们以为自己可以负担那么奢侈的开发模式。

因为人们的工作地和住地是完全分离的，而且它们之间通常有很长的车行距离，所以郊区的生活逐渐形成了这样的含义：一个完整的、服务设施齐全的、管理完善的居住社区；一个完整的、服务设施齐全的办公场所，例如办公园区；和一个管理完善的大型购物中心。在某种意义上，我们在原来一个城镇的土地上建立了三个独立的社区。建设三个社区的成本比一个城镇大，不仅是因为基础设施的重复建设，还因为各种服务、科研和商业设施的重复设置，更不用说为那些在各个社区间往来的车辆提供的停放空间和车库。

我们在原来一个城镇的土地上建立了三个独立的社区。

随着郊区发展的成本和政府补贴的作用逐渐为人们所熟知，开发商开始被强制对其所造成的环境影响给予补偿或上缴相应的税额，这些钱将用于改善基础设施，例如道路、地下管道和学校等。这些费用通常还会以较高的价格或房租的形式转嫁到购房者或租房者身上。从某种意义上来说开发商为未来的购房者预付了这笔费用，但是出卖土地的农民也承受了这笔费用，即不得不对开发商降低要价。这种开发商预先支付的由开发所引起的成本费用"流通的"要求还尚未被房地产开发社区所完全接受。许多开发商都想取消或降低环境影响费用和评估金额。

然而，环境影响费用还不足以涵盖为新的郊区开发提供独立的基础设施所需要付出的边际成本。佛罗里达州立大学的研究认为一个新的家庭提供所需的地下管道的费用在25000~27000美元之间——这远远超过了大多数环境影响费用的上限，而环境影响费用还需要用来抵偿道路、公用设施和学校等的费用。这就意味着对购买新住房的富有家庭的补贴要来自于那些相对贫困的家庭。这个研究还指出，为城市外围10英里（约16km）范围内每英亩只有3个住户的地方提供服务的额外费用是48000美元/户，这个数目是距离城市较近的每英亩有12个住户地区的家庭所需支付的费用的两倍。[9]而且，这些数字中没有一个能够完全体现郊区化的环境成本以及其他的经济外部性。指定开发商缴纳的基础设施建设费是将一些社会成本转嫁到了私人部门，从而使这些部门需要筹集更多的资金。开发商承担了这么大的风险，同时也就需要有相应的回报。但不能允许他们转嫁所有的风险而将所有的收益占为己有。当廉价的土地被分片开发时他们的利润会高得令人发指，因此当地政府在为他们承担各项费用和降低风险的同时还应该对这些开发商的收入进行重新评估。

我们必须认识到过去和现在正在进行中的公众与私人部门之间、社会与个人之间、商家与消费者之间的藏豆赌博游戏（一种通常涉及赌博的游戏，一个人将一个小物体藏在三个坚果壳、杯子或茶杯中的一个里，然后当旁观者试图猜测物体的最终位置时，这个人在平坦表面上移动果壳、杯子或茶杯以变戏法）实质上是一种一方得益而引起另一方损失的游戏。如果在游戏中每个参与者都能够得到平等的经济利益，那么它就不能体现社会的纯储蓄了。合作是一个关于经济公平的合法的政治和道德问题的一部分——那些获得收益的人是否支付了同样的份额？这还是一个经济可行性的问题。郊区开发在绝对概念上对于政府和市民们来说是代价巨大的。郊区的蔓延将会导致地方和国家政府的破产。在经济上蔓延现象也会在不知不觉中从各方面增加联邦政府的财政赤字。但是我们对郊区化发展的资助仍在继续。

郊区的土地利用和交通模式在经济上都是有悖于可持续发展原则的——至少在目前的开发尺度和进度上是如此，这已经逐渐成为了人们的共识。这并不是说郊区或汽车注定要走向灭亡。郊区的生活环境仍然会是许多人偏爱的选择。城市居民选择在较低密度的环境中生活的做法也可以保留，但这种生活方式的全部成本应当被以更公平的方式来分摊，还应当被精确地反映到更高的房价或租金当中去。未来的郊区居民应当自己支付而不是让社会来承担那些间接的成本费用。

对于那些愿意并且能够支付住在世外桃源的高额费用的人们来说，应该为他们开发一种能够在低密度、独户住宅条件下对环境无害的生活方式。另

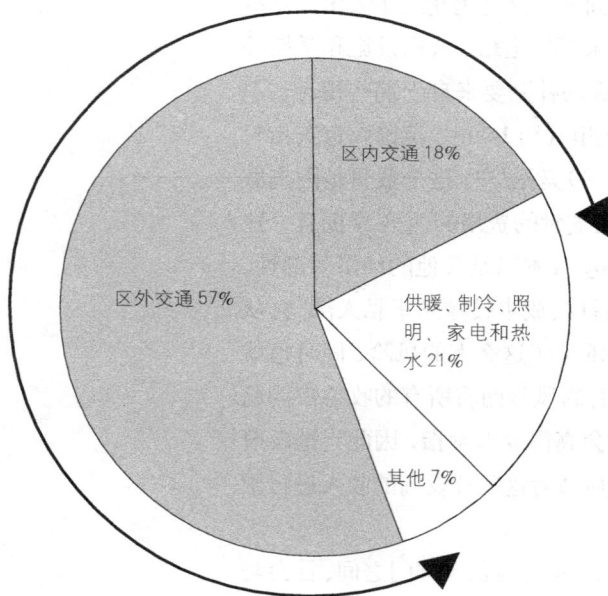

区内交通 18%

区外交通 57%

供暖、制冷、照明、家电和热水 21%

其他 7%

图 1.6

在一个典型的郊区社区中，交通消费要比供暖、照明和冷气等能源消费高三倍。使用能源利用效率更高的房屋设施是非常重要的，但相比之下改革现有的交通系统的任务显得更为紧迫。[国家住宅建设协会，《住宅规划》(Planning for House)，1980]

外,寻找一些能够在农业地区加入这样的家庭住户而不降低环境质量的更敏感的方法也是必要的。首先,住宅应该而且可以变得更小,这不仅能够反映建设和土地的真实成本也反映了家庭逐步变小的趋势(在1960~1990年期间,美国家庭占有的土地面积增长了50%而家庭人口的数量却从3.4人／户下降到了2.7人／户)。其次,分散居住在大块土地上的家庭应该使用太阳能冷暖器和可以堆肥的厕所、用防止水土流失的办法来美化景观、用有机肥耕种花园、用环保的建筑材料和能源利用效率更高的机动车。最后,农村地区的土地开发还应当注意对开敞空间、农业、动植物栖息地、湿地和其他重要地区的保护。

向郊区的蔓延不仅对于郊区本身来说是代价昂贵的,就是对于内城地区来说它也是一场经济灾难。郊区投资对应的是从城里撤出投资。这种情况在西雅图地区并不严重,这里的中产阶级向郊区迁移的现象并没有像东海岸地区那么明显。塔科马和布雷默顿一样陷入了严重的衰落中。艾弗里特的市中心也没有得到真正的快速发展。在那些历史悠久的中心城市大量的资金流向了城市边缘。这就使得城市向郊区蔓延发展的成本更高了,城市里原有的物质和各种机构设施利用不充分。不仅有剩余的学校和道路、地下管道和公用设施,还有在城市邻里中已经存在却还要在郊区新建的消防站、图书馆、警察局和公园,这些无疑都是一种经济上的巨大浪费。

蔓延的环境成本

北美大陆对美国人浪费而且是掠夺式的开发模式已经容忍了好几个世纪,这里有丰富的土地、空气和水资源来包容我们的浪费和索求无度。的确,人类曾经认为自然界是荒蛮甚至是恐怖的,然后才被人类逐渐地征服。首先是农民用犁耙开垦土地,后来是用机械来修筑铁路、公路、桥梁、隧道和堤坝等。到了20世纪末,我们经过了从视自然界为威胁和恶魔到认为它不再危险而是一种神圣的东西的转变过程。我们曾经对自然的宽大和富饶缺乏长远的眼光,我们曾经在享乐、贪图便利、利益或对环境的漠不关心中耗尽了几乎所有的自然财富,使人类成为了世界最大的污染者。我们不能再以现在的速度来污染我们的家园,也不能继续以我们现在习以为常的态度来对待环境和生活。

"美国是世界最大的污染者,每年排放的温室气体占世界排放总量的1/5(这就意味着我们人均向大气排放的温室气体体积是世界人均排放量的4倍)……在北美大陆的西北部,数量增长迅速的汽车是最大的温室气体的排放者。"[10]其他造成温室气体污染的主要因素还有与大量的机动车里程联系在一起的城市蔓延。在25英里的通勤距离间来回，一个星期就要向空气里排出相当于2个容量40磅的口袋的碳。（一辆每加仑汽油可行驶英里数小于国家21.5英里标准的小汽车由尾气排放到空气中的二氧化碳比这个数目还要多。）国家的政策是通过提高机动车对燃油的使用效率而不是通过降低城市向郊区蔓延的速度来控制燃油的消耗量。新生产的车辆从1973年的每加仑汽油可行驶13英里到1989年的29英里，这种让人欣喜的进步却被内燃机动车的广泛使用所抵消，效果也大大低于底特律的汽车制造技术所能达到水平。颇具讽刺的是，美国的交通部门的燃油使用量也许会越来越大，而这正是因为燃油的使用效率提高了。

高的机动车运行里程是经济和社会功能紊乱的标志，它表明人们并不在他们想去或者需要去的地方。

空气污染是城市向郊区蔓延的综合症，没有治好潜在疾病就不能对其根治。尽管对汽车尾气排放的管理越来越严格，但是交通运输的发展只会让未来的空气污染情况越来越严重。交通阻塞不仅增加了污染气体的排放量而且还增加了对汽油的浪费。通过建设更多的城市高速路来减少高速公路阻塞的办法是自相矛盾和无效的：这些高速路加速了蔓延的现象和制造了更长的通行距离。我们必须通过多功能的土地利用规划来减少人们对出行的需要。我们还要通过规划来鼓励人们合伙使用汽车或搭便车的行为，这就意味着要建设多功能的工作场所，在那里原来要驾车的人只需要步行就可以到达吃午饭的地方。

公路上的大部分汽车里都只有一个人；目前共同使用私人汽车的通勤者只占13%，而在1980年的时候还有20%。[11]我们的汽车里有那么多的剩余座位，以至于有人估算过可以让所有的西欧人都坐到我们的汽车里。[12]总之，高的机动车运行里程（High Vehicle Miles Traveled）是经济和社会功能紊乱的标志，它表明人们并不在他们想去或者需要去的地方，所以他们才不得不使用汽车。

在家里的远程通信，例如电话、传真和电脑都无法替代人们面对面的交流。但是这也为交通引起的阻塞、燃油消耗和空气污染找到了开脱的理由。在一些地方，业主已经向白领职员发出了通知，公司将不再给他们提供办公室。AT&T预计"在未来五年，它的123000名经理人员中至少有一半要以远程通信的方式工作。据估计在21世纪来临的时候会有3000万劳动者不得不通过远程通信来工作。"[13]无论自愿与否，将工作带回家最终将会导致要建设意义更为广泛的社区。要将负担家计的人安排在家里和负责家务的人一起工作就意味着需要更为和谐的邻里关系。对于一些家庭，这也许就意味着更多、更健康的家庭生活。

无论是保护洁净的空气、湿地、野生动物栖息地、干净的水源或是风景

图1.7

合伙使用汽车不是一个新的迫切要求,二战期间它就被视为一个非常重要的经济因素,以至于可以上升为一场国家战役。如今我们意识到它也是一个重要的环境因素,值得唤起另一场战役。

区的景观,环境的治理工作都需要花钱——大量的钱,我们为清除有毒废弃物所花费的几十亿美元就是一个很好的例证。正如前面所说得那样,我们的市场经济在定价方面很有效率,但是却无法真正反映出商品和服务的真实成本,没有将成本与那些无形的损耗如空气污染、石油泄漏等挂钩。环境治理成本通常会被作为"经济活动"计入我们的国民生产总值(就像医疗和住院的花费一样!)。当一个地方的环境治理费用被计入低密度开发的直接或间接经济成本的时候,城市向外蔓延的发展方式就变得更不可行。蔓延现象还导致了很多广为人知的环境问题,例如地下水位降低、大量的水土流失和耕地退化等都超出了本书的研究范围。

蔓延的社会成本

郊区化的社会成本是最难把握也是最容易引发激烈争论的问题。中产阶级大批迁出城市是一次有文件资料证明的美国的人口统计学上的变化。统计资料显示,美国现在有一半的人口生活在郊区,而在20世纪60年代时只有1/3、50年代时只有1/4。种族矛盾促使了白人大批地迁往郊区的社区、学校和社会研究机构。的确有一些学者,例如K·杰克逊(Kenneth Jackson)在《杂草丛生的边疆——美国的郊区化》(Crabgrass Frontier)一书中认为种族是引发这种人口统计学现象的主要因素,至少在东部的大城市中是这样。但是现在正有大批的非裔、拉丁裔和亚裔的中产阶级迁往郊区。

种族矛盾固然存在,购房者通常要找思想观念相同的邻居和熟悉的、安全的周边环境。"社会学家认为19世纪人们从农村向城市迁移是经济驱动的结果,但20世纪人们撤离城市的现象只能用一种'寻求大自然'的说法来解释。"[14] 布鲁金斯研究所（Brookings Institution）的安东尼·当斯（Anthony Downs）指出"大多数的成功人士都试图离开社会的大多数人尤其是穷人，去到一个都是像他们一样在经济上成功的人士居住的地方过一种'隐居'的生活，这种心理在郊区的社区中尤为普遍。"[15]

在郊区不仅有很多自愿从社会中退出的人，还有很多人是因为强烈反对低收入和高密度住宅而迁移到郊区的。安东尼·当斯列举了以下原因：

> 反对的首要原因是，大多数美国人由于社会的原因都不想与比他们穷的人为邻。他们想通过与社会经济条件都与他们相当甚至高于他们的人居住在一起，从而树立和提高他们本身的社会和经济地位。同时，很多美国人认为贫困的家庭都有特殊的价值观和生活方式——例如有更大的犯罪倾向。很多白人还将贫困家庭与一些他们不喜欢的人种，例如黑人、西班牙人联系在一起。这不是民族特有的而是普遍的情况。
>
> 这种普遍的观点（再加上我们用一种积极投资的方法来为穷人供给住房）所造成的后果是在每一个城市区域中为邻里居民划分了一系列的社会经济阶层，让处于相同的社会经济阶层的人们生活在一起，绝大部分人都可以从中获益——至少在他们的眼中是这样。这也迫使最贫困的家庭要共同居住在最贫困的区域中。
>
> 通过地方法律人为地抬高住宅的价格，穷人们被合法地赶出了高收入阶层所居住的社区。这对他们寻找工作机会和他们的孩子产生了非常严重的后果。因此从根本上来说这是一种不公平的安排。
>
> 富有的居民抵制低收入家庭的另外一个原因是他们怕有财产损失。在郊区大多数选民都是房屋的业主，他们最主要的财产就是他们的房子。实际上，房屋业主希望他们所在城镇的房价只升不降，因为那也意味着他们私有财产的增值。他们认为让穷人住进他们的社区将会使他们的财产贬值。[16]

严格的社会等级和排他性正是许多殖民者和后来的移民要努力摆脱并且来到美国的原因。如果我们的社区能够在社会经济、种族、宗教等方面变得更加的多样化，我们将获得更为长远的发展。我们应该在一个多样化的生活社区中和其他人一起将我们的特点展示出来，那里是我们与每一个人面对面的真实世界，还包括那些我们不能理解和不喜欢的人。一次小的面对面的接触，不论愉快与否，都比那些不经常的灾难性的事件，例如抢劫和市民暴动等来得好。生活在单一文化的死胡同里、死守着自己的一方天地、只用传真、电话和电脑与外界交流的生活也许

家庭构成（1990年）

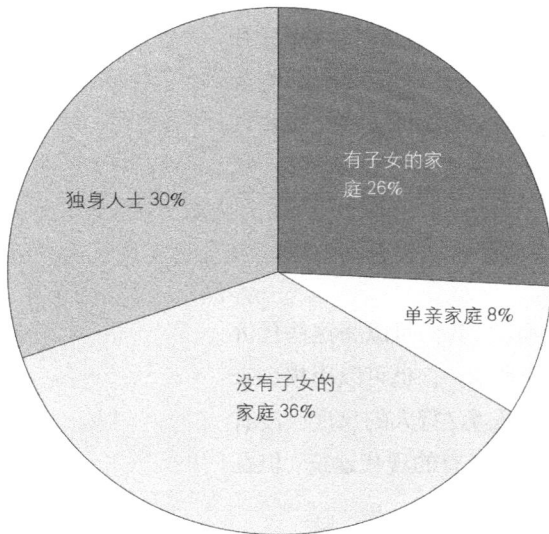

有子女的家庭 26%

独身人士 30%

单亲家庭 8%

没有子女的家庭 36%

图1.8

住房市场为某些类型的家庭提供了过剩的住房，而对另外一些家庭住房的供给不足。左边的依据美国人口统计局的数字做成的图表生动地反映了一个令人吃惊的人口统计结果：绝大多数的美国家庭并非有子女的核心家庭——那是郊区开发最初针对的对象。在四个家庭中只有一个家庭有父母和一个孩子！在对1980~1990年的家庭的调查中发现单身人士占51%，单亲家庭的比例为22%，而有子女的双亲家庭和无子女的家庭只占了27%。

很舒适，但这也可能是社会灾难的一个长期根源。

　　一份最近的市场调查显示，纽约市郊区所有最新的市场开发计划都对处于不同阶层的人设置了进入门槛。[17]这是一个极端的例子，但房地产商推测在南加利福尼亚近五年来约有1/3的开发计划都因为一些私人的契约而设置了进入门槛。[18]在这种私有的世界里没有人与人之间任意的接触只有社会孤立，从而也就不可能为公众建立学校、公园甚至道路提供支持和帮助。这种隔离造成了人们的愚昧和误解，在社会上制造了紧张局面。紧张的情绪经过长期的恶化将最终在暴力和对峙中爆发。实际上，在郊区设置与广大市民的承受能力不相符合的住房价格就曾经使洛杉矶的内城邻里发生骚乱。

　　暴力犯罪的发生不仅仅局限在城市中心地区。社会病态最显著的特征——青少年暴力和物质泛滥的现象——在郊区更为普遍。如果青少年是衡量社会健康的指标，如果稳定而有凝聚力的社区对青少年的行为所造成的负面影响比较少，那么我们有理由相信许多问题将在城市的郊区孳生。"我们的地方特色彻底消失了，我们无法将两个地方区分开来。讽刺的是当我们牺牲掉一致性和地域性的时候，青少年们的首要意识就是要划分区域并确定属于他们的'地方'……如果我们从林伍德（Lynnwoods）、贝尔维尤（Bellevue）和联邦（Federal）大街的主体部分走过，我们也许会问一个这样的问题'为什么我们的孩子们不能成群结队地生活在这里？'"[19]。虽然郊区自身不是引起团体和青少年暴力的原因，但它们缺乏物质上的连贯性、公共空间、本地商业和明

生活在单一文化的死胡同里、死守着自己的一方天地、只用传真、电话和电脑与外界交流的生活也许很舒适，但这也可能是社会灾难的一个长期根源。

显的特性，这确实加剧了郊区的社会损伤和缺失。

各种民事和刑事暴力不仅给人们带来了物质上和心理上的创伤，而且对经济的负面影响也很大——包括整治和重建的费用、加强立法和执法、监狱等系统的费用。从长远的角度看，我们的国家和区域要以全体人民，而非只靠富人的力量去参与全球的、人类社会的竞争。

蔓延发展的代价

还有一些建筑方面的代价与城市向郊区蔓延有关。我们可以将这些代价分为以下几种：陈腐化、毫无尺度感、模式化和种类单一。也可以用损失来形容这些代价：建筑没有了细部设计、没有了适宜人类/行人的尺度、没有了地域认同感和建筑种类的多样性。这种损失适用于所有的现代建筑，但在郊区这种情况尤为严重。

建筑的陈腐化是汽车带来的又一副产品。为在高速公路的一侧设计建筑、为了人们能够从高速行驶的汽车里透过挡风玻璃欣赏建筑而设计建筑和为了营造适宜行人的环境而设计建筑是两个完全不同的概念。对于前者，建筑必须远离路边甚至可能被安排在角落里，以便让高速行驶中的观赏者能够有宽阔的视野。而且，建筑的细部设计也不会很丰富或很逼真，因为很少有人会走到足够近的地方去仔细端详这么小尺度的艺术作品。不同于传统的建筑，商业地带的建筑不是为了给人们接近和审视而只是用纯粹的草图去建造的。这些设计有的时候很夸张，但大多数时候都是简化了建筑的形象，这会使建筑变得单调、毫无品位而且庸俗。这些建筑都是在二维空间上进行设计的——就像露天停车场前的告示牌，但是告示牌会被更精心地设计、制作的材料也比它上面宣传的建筑要考究。

汽车带来的建筑的副产品是丧失了宜人的尺度。在郊区，建筑的基地面积都很大，再加上周边的停车场其所占的面积就更大了。停车场是巨大的，为每250平方英尺的室内面积配备了400平方英尺的停车场地。在办公和商业区的高速路旁，建筑与建筑之间的水平距离很远，因此那些单层的、占地面积广大的建筑就更无垂直尺度可言了。这种缺乏宜人的尺度、被高层建筑所包围的室外空间在冬天就是荒凉的、狂风横扫、积雪堆积如山的荒地，而到了夏天就会变成炎热的、被柏油的热气蒸得烟雾弥漫的不毛之地了。

行人已经不是街道设计的决定因素，就像在停车场中人的身体已经不再是建筑设计的尺度标准一样。在城市的中心也有缺乏宜人的尺度的问题，在那里没有尺度感的建造方法已经侵蚀了社会及城市空间的每一个角落。引用美国住房与城市发展部（HUD）的一段报告："人性空间具体的表现形式是联排住宅前的门阶和房屋的门廊，而不是高层住宅的楼梯间；它是在地上巡逻的警察而不是在空中盘旋的直升飞机。人性尺度就是要在住宅中涉及个人的细部特征、标识以及家庭的归属感。"[20]

跟许多的现代文化一样，建筑设计也被市场模式化了。没有什么地方比郊区的办公园区或购物中心更能够体现后现代建筑外的那层"包装纸"了，那可以说是建筑师的涉及商业化和平庸化的标志。零售商业的建筑设计是刻板、没有深度的，而又与地方环境不相融合，尽管这些建筑的外表很华丽。这些建筑的设计还是重复的，许多建筑都用了相似的设计，不同的只是它们的标志和外表面。许多零售商业建筑都被授权属于某个国内或区域性的连锁企业。主要干道旁的商店的建设也是如此，因为业主需要尽快地回收投资。沃尔玛（Wal-Mart）的一个大型超市的投资回收期只有不到两年的时间。

这个地区的居住建筑的情况也不容乐观。房子通常是由施工工人或工程师设计的，他们只是要想方设法降低建筑的造价而对设计多样性漠不关心。在这个既定前提下或者说是被推崇的方式下，住宅与住宅之间也就只剩下门面上的区别了。这种投机开发中的形式上的多样性只能够符合极少数人的利益。"杂色"成为了建筑的标准颜色，殖民时期的、现代的、乡村的、法式的或地中海式风格的大杂烩成为了建筑的标准规范。对于建筑品位的模式化，我们不应该责备开发商，尽管他们其中的一些人对待设计的态度并不认真。投机性质的房地产行业系统和消费者的心理才是值得我们反思的。

最后，与城市的建筑相比郊区建筑的种类数量比较贫乏。尽管我们会在第三章详细地讨论分类的问题，但在这里必须让大家对这个问题引起注意。建筑的样式，就是不断地重复典型或标准的结构。郊区商业性的建筑样式包括：街角的加油站、单层的零售商业或办公区、仓库或厂房、快餐店、火柴盒式的大减价或"所有种类一网打尽"的商店、购物中心和汽车银行等。住宅的种类有：大农场、内有不同高度平面的住宅、两层的楼房、小别墅和殖民时期的中央大厅，还有花园公寓。尽管国内建筑的地域差别已经逐渐淡化，但住宅的建筑形式和种类通常还是要比商业建筑丰富。

虽然以上已经列举了郊区建筑的许多种类，但是这比起传统城市的建筑种类来说要少得多了。在传统的城市中，城市中心的标志建筑的种类就有教堂、学校、图书馆或音乐厅，随后又发展出监狱、火车站、邮局、办公楼、商场、商店、公寓楼、市政厅和平房等。在现代的城市里并不是不同的建筑就有不同的功能。的确，无论是城市还是郊区都无法实现形式与功能的完全统一，但是，通常我们可以在城市中建立一套公认的制度和容易为大众理解

"好比这本书，它的可读是因为它由可认知的符号组成，是可以通过视觉领悟的相关联的形态。一个可读的城市，它的街区、标志物或是道路，应该是容易识别，进而组成一个完整的形态。"

——凯文·林奇（Kevin Lynch）

和接受的理念。郊区建筑的种类比较少，因为在相同形式的建筑中包含了不同的功能。在郊区，一个现代化风格的玻璃幕墙建筑可以是加油站、保险公司、教堂或住宅。

功能与形式的脱离，导致了我们的环境建设变得更混沌，这部分内容将

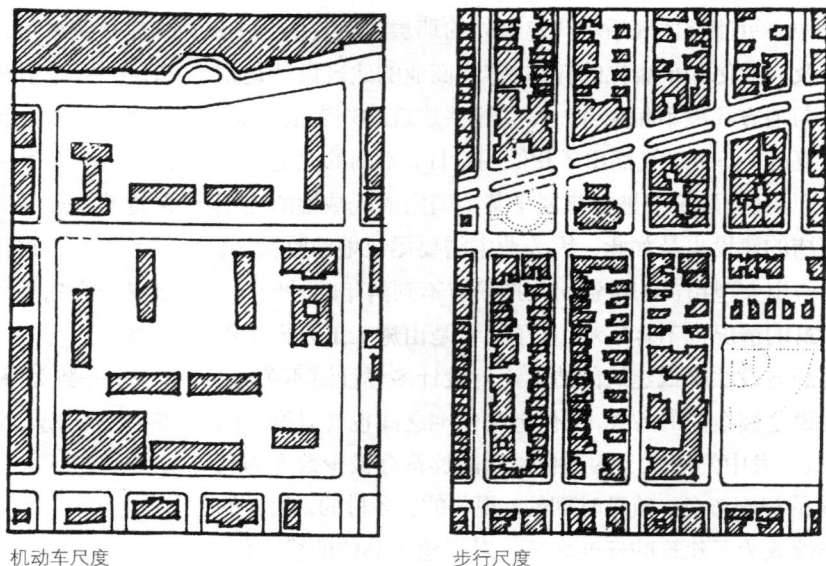

机动车尺度   步行尺度

图1.9

我们对机动车越来越大的依赖性已经渐渐地将我们的建设环境变成了与二战前的美国所盛行的完全不同的尺度和模式。不只是建筑的基地面积和间距变大了，在我们快速、挥霍的文化中，建筑的立面也变得缺乏细节与精致了。

在第三章中作详细论述。不仅是建筑的功能变得模糊，就连公共建筑和私人建筑之间的差别也消失了。如果说当代城市从整体上说缺乏特色，那么在那些城市蔓延的地区就更是如此。邮局看起来像卫生院、学校看起来像工厂、汽车检查站看起来像加油站或杂货店，郊区的建筑功能就是如此的令人难以辨识。一个从小就生长在郊区的人无疑会培养出对这种环境特殊的感知力。即使是这样，他们所能欣赏到的建筑环境还是没有那些生活在传统城市中的人丰富。

蔓延的其他成本

从理想的角度上说，本书这部分评论应该包括人们在城市向郊区蔓延过程中所承受的生理和心理健康成本。不论是在郊区、农村还是城市地区，生

活在一个缺乏凝聚力的社区里对人们来说都是一种心理上的负担。可是这个问题太深奥以至于无法在本书中深入地探讨。然而，有一些问题是很明显的，例如污染给人们带来的健康损害。有人曾经测量过交通对一个邻里内人们的融洽关系的影响程度，如图1.10所示。显然，不断地接送孩子对于家长们来说也是一项沉重的负担。还有孩子们本身也受到了影响，因为这阻碍了他们的独立和成熟。这种问题在那些生活在郊区的核心家庭的孩子们身上表现得尤为明显："城里的孩子看到了街道的嘈杂；农村的孩子目睹了人们对自然无情的破坏。所有的这些加在一起变成了那些住在郊区的中产阶级的孩子们所要承受的现实。"[21]

像倦怠、公共财产私有化等人们的心理所受的影响是无法数量化的，我

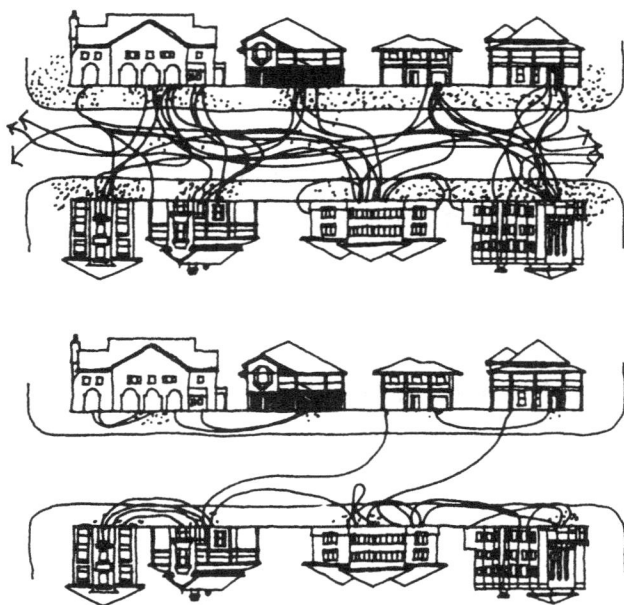

图1.10 交通容量与社会

这张简图阐明了沿街和跨越街道的社会互动。上方的街道每天通过2000辆汽车，而下方的街道每天通过16000辆。大量的交通剥夺了街道的邻里关系和友谊。[唐纳德·阿普亚德（Donald Appleyard），《可居住街道》（Livable Streets），加利福尼亚大学出版社，伯克利，1991，P21]

们也无法知道长期的驾车和看电视将对人们以后的生活产生什么样的影响。20世纪50年代，当电波里传来"奥齐和哈利特秀（Ozzie and Harriet Show）"节目播放的郊区居民的快乐生活时候，郊区的主干道旁只有两条小路、电视里只有三个频道。我们无法乐观地看待孩子们平均每星期看26小时的电视、他们的家长平均每星期要驾车出行70次的情况。不幸的是，这样的问题也困扰着城市里的居民们。实际上，城市里的居民所遭受的环境刺激和污染比郊区的情况还要严重。噪声的滋扰势不可挡，不论是在街道上还是在那些造价

低廉的公寓楼里。任何关于高密度开发和更高度城市化的生活方式的想法都必须先解决声音上的私密性和降低噪声。

许多社会学者、社会专家、编剧家和小说家都已经提出了城市向郊区蔓延给人们带来了心理障碍和文化逆差的问题。但是音乐家、诗人和艺术家们对此的反应则比较滞后。不像城市和乡村地区，很少有歌颂郊区的音乐作品，除了有一些蹩脚的作品能够反映出郊区少年们的无聊和隔阂，还有"沙滩男孩（The Beach Boy）"那些体现南加利福尼亚的汽车生活的歌曲。这样，布鲁斯、拉尔夫 - 劳伦芭蕾舞或快餐音乐的发展在郊区就会出现"时差"。在视觉艺术方面也存在这样的问题，除了大卫·霍克尼（David Hockney）关于游泳池的绘画作品。很明显的，市面上也很难找到印有郊区风景的明信片。

低于预期的市场发展

在我们国家的经济体系中，通常商品和服务的分配是由市场来完成的。这样的市场经济已经被证明了优于任何一种已知的经济体系。这个市场体系是如此高效和成功以至于能够让美国家庭拥有全世界最高的平均生活标准。在这里我并不是要质疑这种市场经济的正确性和高效性，只是想提醒大家注意，耐用品作为商品的意义与猪肚和网球拍作为商品的意义是不完全一样的。房屋就是一个最好的例子。因为栖身之所是必需品，所以就需要政府来干预它的供给与需求。诚然，长久以来联邦、州以及各地方政府已经使住房市场得到规范，以至于让人们知道房子不是直接意义上的普通商品。尽管政府出台的每一个政策的意图都是好的，但在许多对政府调控住房市场的评价中我们发现，政府的调控在人们对住房的负担能力和住房开发密度方面产生了负面的影响。对土地使用的功能分区与住房调控之间有冲突或重叠之处。一些管理规章应该得到修改或废除。

我们仍然过多地将住房看作一种商品而不是一种权利。住房的价格几乎完全是由供给和需求来决定的，住房贷款的利率也是如此。人们买卖住房都是从财务和居住两方面来考虑的。当住房在市场上被交易的时候，一个人所得到的就是另外一个人所失去的。尽管只是个别的情况，但还是有一些人——一些体面的人，在社会道德和社会经济系统中玩弄金钱和权术——在他们的利益下住房将变得让普通人更难以负担。在人们将住房视为他们生活中最主要的一项投资、预防通货膨胀的方法或为养老、应变等用的储蓄的时候，就会有一些社会或经济上的势力要抬高房价。也许这些人的行为对一部

当住房在市场上被交易的时候，一个人所得到的就是另外一个人所失去的。尽管只是个别的情况，但还是有一些人——一些体面的人，在社会道德和社会经济系统中玩弄金钱和权术——在他们的利益下住房将变得让普通人更难以负担。

分人来说是可以理解和接受的,但对于那些尚无能力负担他们的第一套住房的人们来说就无疑是雪上加霜了。

供需经济的另一个例外无疑就是交通了。交通部门在经济系统中不完全是提供商品或服务的部门。车辆行驶从很久以前就已经得到了政府的补贴和除了使用者以外的人的付费,包括我们的后代在内也要承担政府的债务。据估算在主要城市中的汽车使用者们所支付的费用只占他们车辆行驶的全部费用的1/4,其余的3/4都由他们的雇主(提供免费停车)、其他汽车使用者(减低了安全系数和增加了交通拥堵)、其他的劳动者和居民们(空气和噪声污染)、政府(将一些费用转嫁给未来的纳税人[22])共同负担了。政府对于公共交通业也给予了补贴,但与政府对汽车交通的政策相比给公共交通的就只是象征性的补助了。

家庭的经济负担

如果社会无法负担低密度的蔓延发展,那每一个住宅的购买者或承租者能否负担呢? 我们的经济发展还能允许一般家庭通过先付首期款、然后逐月还贷的方法来购买一套新的住房吗? 显然,低收入的家庭无法负担新的住房,但从平均上看每个家庭是不是有足够购买或租赁新住房的资金呢? 对于这个国家的大部分区域的大多数地方来说,这些问题的答案是否定的。

我们只要看一看一个低收入家庭每个月的经济负担能力就会明白了。一个低收入家庭能用在住房上的花费大约占他们收入的30%(尽管这是一个普遍的数字,但或许要更多一些,被政府和银行判定为一个家庭财政高额负担的临界比例)。假设在美国1994年各家庭的平均年收入为32000美元,而低收入家庭的年收入为12000~20000美元之间。如果一个家庭的收入达到平均水平的50%,即16000美元,那么就可以在房租上支付4800美元,也就是每月400美元。在我们国家的大部分地方以这样的价钱是很难找到舒适的或足够大的房子的。于是,低收入家庭经常在低于标准水平的住房内生活或在房租上支付超过他们收入30%的费用。

一个中等收入、首次购房的消费者对住房的支付能力问题已经成为了一个全国性的问题。如果他们花费他们32000美元年收入的30%,那么每月就需要支付800美元。假设每个月公用设施、税和保险费的支出为200美元,那么每个月可以用于偿还住房贷款的钱就是600美元。这样的支付能力能够负担30年、利率为8%的82000美元的贷款,这只是购买一座要价为103000美元的住房的80%的钱。一套这种价钱的住房的首期款至少要付20%即20600

美元，假设能够筹集到这笔首期款并且贷款的利率也是8%，那么售价在105000美元以下的房子就是这个类型的消费者能够负担的价格了。在美国的绝大部分地区以这样的价钱要买到新的房子几乎是不可能的。因为1994年美国平均的家庭年收入是38782美元、夫妻双方都有收入的家庭是不到45000美元，所以这样的住房价格对中等收入的家庭是非常不利的。

购买和使用汽车加重了那些正在购买住房的家庭的财政困难。许多家庭在汽车与住房方面的开销是一样的。在如今的郊区，每个家庭的年均驾车行驶里程大约有30000英里（约48000km），而住在城里的家庭只有8000英里/年（约12800km/a），住在传统多功能的邻里中的家庭每年的平均行驶里程则只有15000英里（约24000km）。许多郊区家庭每年对每辆车的保险、维修、分期付款、折旧、燃料和停车的费用就达6000美元。如果一个家庭能够少使用一辆汽车而采用步行、合伙使用汽车或公共交通的方式，那么他们每个月就可以多出500美元用于支付住房费用，他们分期偿还的住房贷款数额也可以增加50000美元左右。银行在得知购房者住在公共交通方便的邻里后会放松借贷政策，因为考虑到他们所需要支付的能源费用比较少，而这笔费用则是美国家庭的又一项主要开支。

导致平均房价急速上涨的原因很多，也很复杂。部分原因是行政干预和政策要求。这种有目的的管制积累下来将产生一系列的问题：开发商周旋在各种分歧、财务之中，还要关心那些呼吁"不要在我的后院（not-in-my-backyard）"的邻居；中等收入的家庭因为收入和偿还贷款之间的差距而被拒绝予以贷款；低收入家庭就更不在银行的考虑范围之列了，因为他们的整个邻里都已经被从银行的视野范围内注销了；许多家庭都不得不在两、三辆汽车上花费越来越多的钱；许多银行也因为不利的风险而倒闭；联邦储蓄保险公司（FDIC）花费了大量纳税人的钱为银行作保；投机者和那些从富裕的地区来的移民们抬高了房地产市场的价格；开发商们制造的房屋面积越来越大、价格原来越高以迎合少数富裕家庭的需求；社区在提供住房上无法平等地对待低收入和中等收入的家庭；建设部门的官员忙着加强那些繁琐的、甚至有时候是自相矛盾的法规；州政府在没有联邦政府帮助的情况下竭力地补贴和资助住房供给；联邦政府在帮助各个州和地方政府供给住房方面遇到了很大的困难，原因还是因为政府的财政赤字。总而言之，整个住房供给系统都遇到了不同程度的困难。

尽管如此，美国平均每平方英尺的住房价格还是低于大部分的发达国家，尤其是大大低于日本和欧洲的价格水平。美国的收入与住房之间的差距与日本相比就显得微不足道了，因为日本的住房贷款对于普通的美国家庭需要

100年的时间才能还清。在欧洲的福利国家中，政府的项目通常能够弥补这方面的差别。与欧洲人相比美国人通常偏好更大的住房——不仅是因为美国有充足土地和建材资源，也因为美国人认为美洲大陆在各个方面都比他们的宗主国大。美国人能够维持这样的住房标准是因为这里的土地和自然资源丰富而且没有过多来自环境方面的压力。现在，这些原本宽松的条件变得紧张起来，中等收入的家庭，特别是那些正在为自己的第一套住房而四处奔走的家庭在为无法凑齐首期款和偿还住房贷款而担忧。在一些地区住房占有比率已经出现了危机。但真正的危机不是经济危机，而是预期危机。美国人因为好运气就单纯地期待良好的经济形势，以为努力工作、遵守规章和资源充足就可以期望拥有大房子。对于任何一种标准，包括对于那些更富裕的国家，这些期望值都太高了。我们需要适当地降低人们的预期。

明确的目标

建筑和城市设计在为人们创造新的景观方面能够发挥重要的作用。20世纪，设计师们在西方世界创造了许多雄伟壮丽的景观，包括F·L·赖特（Frank Lloyd Wright）、勒·柯布西耶（Le Corbusier）、E·霍华德（Enbenezer Howard）、帕特里克·格迪斯（Patrick Geddes）、约翰·诺伦（John Nolen）、托尼·夏涅（Tony Garnier）、安东尼奥·圣泰利亚（Antonio Sant'Elia）和L·克里尔（Leon Krier）等。C.I.A.M（国际现代建筑协会）试图要将现代化的理念融入城市的建设当中。一些比较现实但同样深刻的项目，例如康帕尼城（company towns）和莱维顿（Levittowns），分散在我国的各个地区，其中的一些还有先进的社区观念。在实际建设的过程中有许多失败的案例，因为建造城市是人类所面临的最复杂、最困难的任务之一——就跟生活本身一样复杂，不是理性的综合分析就能够解决的。与人类文明和语言一样，城市的出现不是一代人的努力就能实现的。城市的设计和建设必须是循序渐进的，包括了许多缓慢的、艰苦的工作。这些工作有大有小，和许多有自我调节能力的系统一样，这些工作必须被不断地修正和改进。

近十年来，各种设计团队、文章、书本著作和项目计划不断涌现，要对当代的、现代主义模式下的城市建筑规划进行改革并要抢得先机。这些现象的核心是新城市化，或者叫"新传统主义"，我们将在第四章中对其进行详细地论述。他们并不像过去的那些城市建设运动那样要重新进行社区的规划设计，而是从正面指出了城市向郊区蔓延所引发的经济、环境和社会问题。对

汽车在我们的经济文化中是如此的根深蒂固以至于我们无法完全消灭它们，但是生活在郊区的美国人应该更倾向于减少驾车出行。

于可负担性（affordability）的问题，新城市主义预言对于人们可负担的住房所实施的最有效的战略就是发展那些普通市民能够负担的社区。在其他方面，新城市主义模式下的城市能够容纳更多小户型的家庭住房。他们还提倡抑制汽车的发展。汽车在我们的经济文化中是如此的根深蒂固以至于我们无法完全消灭它们，但是生活在郊区的美国人应该更倾向于减少驾车出行从而摆脱沉重的燃料和保险费用的负担。休斯敦的石油公司和哈特福德的保险公司必须与底特律的汽车制造商们保持一致的发展步调。

在最近的这十年中一场静悄悄的革命正在城市规划和建筑行业中展开。一些固定成文的规划和城市设计思想被质疑和修改，不像现代派那样要求有新意的、雄伟的设计。设计师们在回想并在重新诠释着汽车在城市中普及、电视将人们留在家中、电话和电脑减少了人们面对面的交流之前的规划设计思想并赋予新的含义。尽管这些做法提高了人们日常生活的便利和效率，但其所引起的我们生活中大范围的私有化对社区的发展是非常有害的。我们必须把这些新的模式与许多总体规划社区（Master Planned Community）、规划单元开发（Planned Unit Development）和住房集群（cluster housing）区分开来——这些都是当时人们向社区重建前进的重要步骤，但是它们还是过多地依赖汽车和低密度的发展而无法摆脱城市向郊区蔓延所引发的诸多问题。

重温美国梦想：一个沉默的宣言

新的范例也许可以简化为以下的原则和理念：

1. 更加密集、紧凑，以及边界更加明确的社区应该取代连续的、无差别的郊区发展，而这些新的社区将保留圣地、美丽风景、开敞空间、农业用地、自然系统和在此栖息的生物。

2. 更公平地分享并更好地融合不同的土地利用、家庭类型、建筑种类、年龄组和社会经济学人群应该取代单一用途的区域划分，这种单一功能的区划导致了过于普遍的住宅细分、购物中心、办公园区、还有对机动车的过度依赖。

3. 流动于街道、小巷、林荫道以及水路所形成的相互联结的网络中的步行交通、自行车交通和公共交通加强了方便且健康的活动性、连通性以及高效性。这些交通方式应当取代往返式的机动车交通。

4. 现有的市中心与城镇应具有比在绿色的田地上建设新的社区更高的优

先权，因为它们在社会的、自然的以及制度上的基础设施是可用于保存、重建、复兴与填充的。

5. 对于地点、邻里关系和社区的在空间上的一致并连贯的感知是建立于用地域的特色与持久性代替单一的、毫无特色的城市蔓延的基础上的。

6. 在有品位的、自然限定的地方加强公众领域、面对面的接触、市民参与和公共/社区艺术应该更优先于以电子为媒介的世界（电视、计算机、传真、虚拟世界）和基本限制于私密空间（家、商场和汽车）中的生活。

7. 环境的、生态的和农业的实践、传统与神话应更具耐久性与能源高效性，以减少对土地和自然资源的掠夺与消耗。（徒步旅行的马尔波罗（Marlbolo）将被驾驶汽车的城市英雄所赶上；拥有可容纳3辆车的车库的独立住宅将让位于停放着自行车和拐杖的太阳能住宅了。）

创造城镇与城市应该成为我们的主要任务，在这些任务中其他社会问题摆在了我们面前：就业、医疗、教育、犯罪、能源、污染、发展控制等。无论时间还是金钱都不能一次性地解决这些问题。我们需要全面的、特适于本地区的解决方法来处理这些慢性而相互依赖的问题。这些策略并不是180°的转变，而是偏转90°从纵向（例如在一个地方协同定位的资源和服务）而不是横向（例如依赖在一个城市、县、州或国家从事于解决同一问题的机构）的解决问题。如今，在居住、健康、社会、福利、教育、法律执行和环境能源保护等计划上严重缺乏联系——不论是它们之间、与基础物质设施或与所在地区之间都是如此。甚至基础设施——公路、街道、桥梁、水路、公园和公用设施——也经常被错误地协调。

在这种计划中一个城市应像西雅图这样拥有一个具有适度自治的预算、办公和议程的邻里管理部（Department of Neighborhoods），而不是一般的住宅管理部（Department of Housing）和社会服务部（Social Services）。邻里可以依次注重于地区建设和地区管理，委任地区负责人来负责特殊的街区、街道、中心和公园。为了保持地区特色，联邦政府可以设立一个像阿巴拉契亚（Appalachia）和新英格兰（New Enland）那样的部门。[23]联邦和州支持地方政府可以专注于特别的地点和邻里，而不是依然同时处理许多独立的项目，而现在这些项目的数目已经达到了数百个。这种解决方法由针对问题转变为针对地区的潮流将产生更全面的政府和社区。

郊区发展将以明确的目标指明前进的方向，但只是大体上的指导。一个促进这些理念的新的典范和运动正涌现出来并将填补这方面的空白。正如许

……就业、医疗、教育、犯罪、能源、污染、发展控制等。无论时间还是金钱都不能一次性地解决这些问题。我们需要全面的、特适于本地区的解决方法来处理这些慢性而相互依赖的问题。

多想像一样，这个新的典范是理想化的。它是否是另一条由美好目标出发却只是导致新城市化灾难的路？——正如"上百甚至可能是上千个吸引人的查尔斯顿（Charlston）、楠塔基特岛（Nantucket）和锡赛德（Seaside）在美国任何能为土地拥有者和开发者提供适合的土地的地方涌现出来。"[24]每个设想都需要权衡，我们也必须明确这个设想的危险和后果。不是每个人都能获益的。然而，它为我们提供了一个比一般交易更美好的未来。下面许多的章节都阐述和回应了这个新的设想，并阐明了它在西雅图地区的可行性。

第二章　批判的地方主义
——地方的建筑风格

"与欧洲相比我更喜欢迪斯尼世界。在迪斯尼的世界里，所有的国家都彼此亲近让你觉得你适合生活在其中的任何一个国家。欧洲是一个令人乏味的地方。人们说着奇异的语言，一切都是灰蒙蒙的。在欧洲有时你会连续几天无法看到自己感兴趣的东西，但在迪斯尼世界就不同了，人们都很快乐。那里蕴藏着更多的快乐，因为它是被人们精心设计出来的。"

——一位刚从欧洲旅行归来的大学毕业生

地方主义（regionalism）是一个模糊的概念。对于城市规划者它意味着要扩大视野范围——从区域而不是从局部或城市的尺度来进行规划。对于一个建筑师，地方特质意味着要压缩视野范围——抵制那些要将建筑在全国甚至全球范围内进行统一的力量，而支持地方化的力量。建筑师们发明了批判的地方主义这个概念，意思是要从区域的角度谨慎而理性地思考问题。它截然不同于那种无目的的、倾向于地方主义的传统建筑的思乡情节。

尽管本书的大部分篇幅都是在讲如何规划和设计一个区域的，但这个章节是它的背面：地方性的设计，特别是关于地方主义的建筑师们的理论，提出了什么样的建筑能够反映一个地区的地方特质的理论，而非关于某一个特定区域。尽管我们的地方建筑有很多典型的特征——例如木结构、大窗户、悬挑的普遍使用和注意建筑景观、舒适自然的环境、柔和多样的色彩和日本式风格的影响等等——本章并不是一篇关于太平洋西北岸地区的建筑或建筑史的论文。这些分析就留给建筑史学家们来做好了。

批判的地方主义与其说是一种理论还不如说是一种态度。这是一种乐于见到地方特质的态度。那些使得一座建筑具有地方化特征的东西远比那些使建筑普遍化的东西可贵。在此意义上批判地方主义是与现代派的观点对立的。这种态度还是对那些抹煞地方或文化的地理特征的发展趋势的抵制，或者说是愤怒的反应。

　　建筑可以站在一个难得的位置——比工业产品，如汽车、椅子、鞋子甚至衣服更能表达和体现区域的特质。也许只有食品能够如此地方化，尽管现在的地方食品可以被运送到很远以外的地方去。因为建筑是在人们的现代生活中为数不多的几种没有被批量生产和销售的东西，所以建筑能够抵制商品化的文化。因为建筑是不可移动的、"一种一个"的产品，所以建筑是反地方平庸化的。因为建筑是工业化社会中所剩无几的几种人工建造的物品，所以建筑是非标准化的。建筑仍然能够扎根于地方的气候、地形、植物、建筑材料、建筑手法、建筑式样、文化、历史和神话传说中。

太平洋沿岸的美国西北部：高度的地方化

　　西雅图位于被美国人称为太平洋沿岸的西北生态区的中部。尽管这个区域不如南部或东部的加利福尼亚或东海岸那样久负盛名，但这里可以说是地球上的一片美丽卓绝的土地。从北加利福尼亚到阿拉斯加纬度跨越20°，从太平洋到落基山脉经度延伸了30°，它的面积几乎是新英格兰（或英格兰）的十倍。尽管其中的动植物和地理特征纷繁复杂，但是这个区内的各个地区在地质和气候上是属于同一个生态整体的。更精确地说，这个区域以哥伦比亚河（Columbia River）、弗雷泽河（Fraser River）、斯卡吉特河（Skagit River）、斯基纳河（Skeena River）、斯蒂金河（Stikine River）等大批河流的分水岭为边界，它们流经北美大陆上惟一的一片海洋温带雨林。三座在新地质时期形成的山脉主导了这片地区的地形——郁郁葱葱的海岸山脉、由一系列火山组成的喀斯喀特山脉和崎岖的落基山脉。这里的气候受到海洋和陆地的影响。来自太平洋的暖湿气团遇到了这里起伏的地形，因此在山脉的西坡形成了北美大陆上最茂密的温带雨林。这些东进的气团将水汽留在了这里以至于无法为内陆的沙漠地区带去降雨。[1]有趣的是这样强烈的对比有的时候也会在一个区域内出现，像在奥林匹克半岛，那里的奥林匹克山的年降水量为全国最高值（240英寸，约6000mm），而它与全国最干旱的邓杰内斯洲地区(年降水量15英寸，约380mm)之间只有一天的徒步旅行距离。

　　世界上最大的针叶林就生长在这个地区，其中有迄今为止发现的世界上最古老也是最大的云杉、冷杉和铁杉。近海地区还有物产最丰富的河流，其中有全球最大型的章鱼、鲑鱼和海洋无脊椎动物。如此富饶的资源足以支持全世界密度最高、可能也是最富有的北美土著文化。在这个地区的河口处，巨大的浪潮将大量的海水冲入又卷走，使这个地方的人们过上了最富足的生

图 2.1

　　大而数量众多的窗户可以引入太平洋沿岸西北地区柔和的阳光，并能充分利用这里迷人的景色。（Doug Kelbaugh, Architect）

活。在美国本土地区，威拉帕（Willapa）海湾是被冲刷侵蚀程度最低的河口，弗雷泽河三角洲是西海岸最大的三角洲，那里是成千上万的候鸟的栖息地和不列颠哥伦比亚（British Columbia）地区最肥沃的农田。在阿拉斯加东南还聚集了全世界最大的灰熊和秃鹫的种群。[2]

图 2.2

　　这座位于喀斯喀特景区（Cascade Scenic）高速公路华盛顿出口处的公众休息设施，使用当地的天然材料重新诠释了 20 世纪 30 年代强有力的国家公园建筑。这座建筑采用长而低矮的轮廓来配合这里宏伟的环境，并利用堆肥厕所、光电能源和低养护景观来适应它的与世隔绝。

如此丰富和壮观的自然环境给这个区域的建筑所带来的影响真是少得可怜。自然界的力量是巨大而可怕的。建筑有时是尽量避开自然而不是与之相抗衡。因此人们通常以天然的木头、石材和其他材料来建造房屋，但在色彩上却不值一提（例如灰色、绿色、灰绿色等）。通常房屋的造型都与它的屋顶的风格不相和谐，从大体上看我们可以将这样的建筑设计描述为一种不思进取的表现。那深邃的、大片的绿色会将建筑吞没，掩盖了那些尚未愈合的伤口。比如说在树木繁茂的圣胡安（San Juan）岛，大片的森林将大量的住宅遮盖以至于从远处看像无人居住的荒岛。即使是在城市那种比较彰显设计的地方，建筑设计也保持着沉默和低调，至少到20世纪80年代为止还是如此。这种低调的风格正好符合了这里的丝丝细雨、柔和的珍珠般的光线和温和的气候——以及相对于平原地区来说罕见的雷电。这样的气候条件并不适合那些夸张的、引人注目的建筑设计风格。

我们这个地区的阳光是特别的。因为短暂的白昼、阴云和多雨的天气，在冬天里阳光并不多。下雨的时候天气是阴沉的，但小水坑里反射出的光线

如此丰富和壮观的自然环境给这个区域的建筑所带来的影响真是少得可怜……这样的气候条件并不适合那些夸张的、引人注目的建筑设计风格。

图2.3

北纬48°，西雅图的阳光由东向西划出长长的弧线并深深地透进室内。延伸于地面和墙上的影子的长度和变化速度都是令人吃惊的。（Miller Hull Partnership）

却能为我们增添一些光亮,特别是在晚上或是下雨之后。当太阳出来的时候,在冬天光线会射入我们房屋的深处,在夏日里则可以照遍整个房屋。因为频繁出现的阴云,窗户都很大——就像荷兰城市里的住宅的大窗户,而不是像意大利宫殿(palazzos)的大幅玻璃窗或新墨西哥州印第安小屋上的那些小孔。高大的树木和山峰使得人们更需要这样的窗户——不论是为了摄取阳光还是为了美丽的景致。短暂的冬日导致了人们户外工作的减少和保持斯堪的纳维亚式的沉默;较长的夏日促使人们开始户外的生活,通常在宽敞的走廊里或昂贵的游船上。与那些阳光充足的地方相比,这里的阳光比较宝贵,人们非常珍惜白天的时间,因为白昼的时间跨度在一年中的不同季节变化很大,尤其是在春分或秋分点的时候变化得最快。

另一个显著的区域特质是这里基础设施的工业品质。这里有各种各样的市政工程和技术设备:桥梁、码头、高架桥、堤道、隧道和堤坝等等。因为这里特殊的地形和丰富的河流资源,所以这里的桥梁种类很多——拱桥、桁架桥、浮桥、吊桥,还有高的、低的各种桥梁。这个地区的船坞、码头和仓库因为过去海洋贸易的发展而有悠久的历史。这些简洁明了的建筑设计就像那些朴素的小棚屋一样为斯加吉特河谷增色不少。这些实用的建筑逐渐地被时间磨出最经济的外形,为这里的建筑环境留下了丰富的遗产。

这个地区的建筑历史是如此的悠久和复杂以至于连用个人的观点都无法说清楚。就跟其他地区和文化一样,这里的建筑模式也在不断地发生变化。尽管从19世纪中期才开始起步,太平洋西北地区的建筑设计始终跟随着美国时代的发展,从维多利亚式风格(Victorian)、理查德森式(Richardsonian)、艺术与工艺或工匠(Arts and Crafts or Craftsmen)、装饰艺术(Art Deco)、新乔治王朝式风格(neo-Georgian)、新都铎王朝式风格(neo-Tudor)、国际性风格、野兽派到后现代主义。在西雅图有一些时代的风格发展得并不完全,例如美术风格(Beaux-Arts)或新古典主义的样式在西雅图就没有得到很好的发展[3];这里的高科技建筑设计也很平庸;后现代的风格也不明显。总之,与纽约、洛杉矶和巴黎等世界性的大都市相比,西雅图的建筑设计风格的发展变化比较平静而没有走向极端。这也许是尺寸和设计手法以外的因素作用的结果。这反映了这里谦逊、诚实的民风,这里的老百姓向来都是含蓄、实际而未曾堕落的,他们希望城市的街道和政府都同样的一尘不染。

这是一个崇尚能力和工艺的地区,从这里的波音公司的制造技术、精致的木器和优质的帆船、自行车配件和登山器械等产品中就可见一斑。西北部的原住居民们不喜欢虚饰和浮夸的风格而是愿意把他们的房子做得简单而实用。随着人口的日益多样化和国际化,这种风格习惯正逐渐地淡化。尽管如

这是一个崇尚能力和工艺的地区,从这里的波音公司的制造技术、精致的木器和优质的帆船、自行车配件和登山器械等产品中就可见一斑。

图 2.4

太平洋沿岸西北地区的屋盖板和护墙板、水平的悬垂物和支架、还有青葱的景观看上去都像是对许多本地建筑师一直都钦佩并效仿的日本木建筑的共鸣。(Nakata House designed by Smith Nakata,Seattle)

此,西雅图依然是一个大众化的城市。典型的房屋、餐馆、工艺和表演等都保持着很高的品位,尽管不是那么的耀眼,但是却能够给城市带来生机、平衡感和长久的发展动力。或许是因为这里温和的气候,这里给人带来的感觉是平静而柔和的。如果这里没有雷电,那么也就没有了硬派打击乐喧闹或趾高气扬的浮华。但是这种温和也可以是狂热的和执著的,它来自于信心而非冷漠和麻痹。如果要用一句标语来概括这个地区,这句话是什么呢?中立派中的极端主义?充满热情的节制?还是激情的中心?

这个区域虽然没有什么惊人的摩天大厦,但建筑设计上也有其特定的骄傲:艺术家风格(Craftsmen style)的别墅在这个地区非常盛行而且和美国的其他任何一个城市一样随处可见这样的建筑,因为西雅图发展得最快的时期正好就是在这种风格的鼎盛时期。(在20世纪最初的十年中西雅图的人口从8万增长到24万,这个增长速度远大于现在人们担忧的人口增长速度。)都铎王朝式和瑞士小屋式的风格在这里也很受欢迎。西雅图和波特兰用木头和玻璃而不是用钢铁和玻璃来诠释国际性的风格,在国内享有"西北部中世纪之城"的美誉。现在已经到了美国建筑业和建筑学界一起来探讨地方主义这个问题的时候了。这样的建筑设计:深色的木质壁板、用木制屋顶板覆盖的屋顶和大幅平板玻璃的窗墙,有的时候是对国际性风格和艺术家风格的煞费苦心的融合，还带有一丝日式风格的痕迹。

有一种值得注意的奇怪的想法，认为西北部没有能够在全国数一数二的东西。这里有大量的花园，尽管有沉重的湿气，但是这里是色彩缤纷的——在漫长而凉爽的春季里一直都有遍地花开的景象而非只在四、五月份才有花开。西雅图的公园系统可以说是对奥姆斯特德兄弟公司（Olmsted Brothers）提出的城市公园系统的最完全的实现（他们曾经设计了塔科马、斯波坎和波特兰的公园网络系统）。据说，1907年全世界第一家加油站在西雅图开业，西雅图还是美国第一个提供市区免费巴士服务的城市。另一方面，20世纪40年代在诺斯盖特（Northgate）建成了全国第一个郊区购物中心和第一条商业步行街——由于随之而来的邻里商业的衰落而不能肯定地说这是一个了不起的成就。还有一个在商业市场上更辉煌的成就是派克地区市场（Pike Place Public Market），它是美国最古老的农贸市场。在西雅图的天际线中可以看到密西西比河以西最高的建筑，从以前的史密斯大楼（the Smith Tower）到现在的哥伦比亚西佛斯特大楼（the Columbia Seafirst Building）（在它1914年完工的时候，史密斯大楼是纽约以外最高的、世界第四高的建筑）。世界最大的建筑——在艾弗里特的波音装配厂（the Boeing Assembly plant）就在这个地区，它可以容纳11个"穹隆之王"（Kingdome），其中的每一个都是世界上

图2.5

　　一个公众发展部门拥有并管理派克地区市场，它是美国最古老的农贸市场。它在20世纪60年代的一次由创作这幅素描的维克多·斯泰布鲁埃克（Victor Steinbrueck）所领导的社区运动中被保留下来，并在70年代被适当地而非过度地重新整修。

最大的单跨水泥屋顶。

如前所述，这个地区在基础设施建设方面的成就是杰出的。延绵的山脉中点缀着的大坝是世界上最大的水力发电工程。世界最长的浮桥和货车隧道

也诞生在这里。全美最繁忙的吊桥（弗莱门特大桥）横跨运河，在1911年到1916年的时候这条运河号称拥有全国最大的船闸。尽管这里崎岖的地形和广阔的水域造就了这么多伟大的工程，这里也经历了建设史上惨痛的失败。塔科马的海峡大桥，也叫做"飞驰的格蒂"的倒塌、华盛顿大学爱斯基体育馆（Husky Stadium）的北看台在建设过程中坍塌和横跨华盛顿湖的州际90号浮桥的下沉都引起了全国上下的普遍关注。

我们可以在杰弗里·奥克斯纳（Jeffrey Ochsner）的《塑造西雅图的建筑》（Shaping Seattle Architecture）一书中找到对西雅图地区的建筑的一些更系统、更全面的评论：

> 对建筑典型特征的关注赋予了西雅图独特的个性。尽管许多当地的设计师们可能会不同意这种说法，实际上这些建筑的特点都表达出了设计者们对这个城市与区域独特的情感。还有他们在单体项目和区域性项目的设计过程中对自然环境的重要性的认识也是一致的。与此同时，建筑业的从业者们继承了这个城市的价值观和生活方式，他们认同社会公平并支持西雅图政府和社会各界近来旨在为低收入家庭提供住房和社会服务的行动。最后，尽管每一座建筑的外形都不相同，但是建筑师们在继承和保护城市的建筑遗产方面已经达成了共识。[4]

在展开论述批判的地方主义的基本理论之前，我们必须对近期的建筑历史进行一段相对冗长的、明显带有主观性的回顾。首先，一些有关20世纪美国建筑史的词汇也许会对我们有所帮助。大致上说，20世纪开始于建筑设计的新古典主义或美术主义的风格。在美国，新古典主义——有时简称为"古典主义"，在1893年芝加哥的哥伦比亚博览会（Columbia Exposition）后得到了巨大的发展。美术风格（Beaux-Arts style）是指现代主义在第一次世界大战后在欧洲出现的先锋派运动，在20世纪30年代传入美国，首次亮相是作为国际性风格在一次现代艺术馆（the Museum of Modern Art）的展览中。后来逐渐地被美国的各种建筑公司、研究机构和个人事务所所接受并在二次大战后成为在全美国盛行一时的建筑风格。后现代主义出现于20世纪70年代，正是阳光与环保建筑运动兴起的时候。解构主义（Deconstruction）在80年代末期替代了后现代主义，至今在美国的一些地方还颇有势力。于是批判的地方主义运动在20世纪80年代后也开始了。

图2.6

现代主义的先锋们对于新科技下的新社会颇具魄力的设想。勒·柯布西耶在20世纪20~30年代对于高层办公建筑和高速交通的建议就是现代市区的先驱。F·L·赖特的每个市民一英亩土地的广亩城市则是对当今郊区蔓延的预言。这两种设想都赞扬了机动性，包括后者中的家庭直升飞机——一个没有未来的想法。

作为一次运动和一个时代的现代主义

在建筑学上，现代主义始于20世纪20年代，要与数百年的传统彻底决裂。随之出现了很多勇敢的宣言和以救世主自居的先锋派。其倡导者对新技术下的新社会有着宏伟的设想。它要发展成为一场国际性的运动从而消除国家间的差别。沃尔特·格罗皮乌斯（Walter Gropius）、密斯·凡·德·罗（Mies von der Rohe）、勒·柯布西耶是这些人中间的一些著名的代表，他们要求彻底摒弃新古典主义和那些腐朽的、毫无效率的和过时了的建筑设计。他们无畏的斗争赢得了多次意识形态、技术和审美学方面论战的胜利。他们的那些曾经被嘲笑、被忽略的建筑设计和理论，最后成为了国际设计的基本标准和许多设计师的理论信仰。现代主义的建筑设计，就像著名的建筑史学家科林·罗（Colin Rowe）所说的那样："变化的标志、技术的标志、美好社会的标志、未来的标志。"[5] 功能主义的思想和设计最终取代了美术风格。不论是在学术界还是在行业界中勒·柯布西耶、密斯和阿尔托（Aalto）等大师的影响都是十分深远的。

尽管公众不能够像学术界那样快地接受现代主义，在第二次世界大战后企业和政府开始接纳国际性风格为官方的建筑设计语言。现代主义提倡的条纹设计和无装饰的功能主义风格显示了对经济与效率的重视。这样的建筑造价比较低而且能够展示出科技与文化的现代化。近来，这种风格和其中的一些比较引人注目的建筑类型，如高层办公大楼和机场，在新兴的国家中正在成为经济实用的象征。然而在大多数的发达国家中，现代主义的建筑物不可避免地从原先的典范发展为固定的模式，从固定的模式变成了人们眼中的老一套，现代主义运动也就失去了其本身道德上和精神上的影响力。

当公众们终于开始对现代主义的建筑风格表现出热忱的时候，学者、评论家和专业人员们则抛弃了现代主义而推崇起后现代主义来了。在建筑和城市设计界，现代主义不再是一次运动而只是一个过去了的时代，并且也不是一个像哥特式、文艺复兴式和巴洛克式那样持续了很长时间的时代。从一战后到越南战争结束，现代主义运动并没有产生统一的风格式样。在国际性风

图2.7

　　这两个坐便器——一个是历史主义的，一个是功能主义的——生动地阐明了被现代主义者所抵制的后古典主义和被他们所推崇的工业理性主义之间的区别。

格之外，风格上的一致性都很少能够看到，哪怕是在同一个设计师的不同作品中。但是，现代主义的倡导者们对建筑、城市空间与形式的态度和对科技进步与唯物主义方法论的崇尚都是始终如一的。

现代主义的方法论：探求问题的本质

从一开始，现代主义就认为理性分析的能力能够产生极有实用价值又有审美价值的设计作品。对问题本身及其区位、相关技术和使用者的清晰的论述和理性的分析能够使设计师设计出全新的、超群的、完全没有历史风格痕迹的建筑作品。早期现代主义的设计学派，如包豪斯建筑学派，相信通过努力地、足够深入地看问题，设计者们就可以得出理性的、必然的解决方案，不被任何偏见、先例和传统所左右。深入地看待问题——看到其物理材料、生产过程以及社会和心理的需要——对于产品和建筑设计来说是必要的，也足以产生好的设计作品。实际上他们认为只有这种理性和经验主义的方法才能够形成道德与审美的统一。

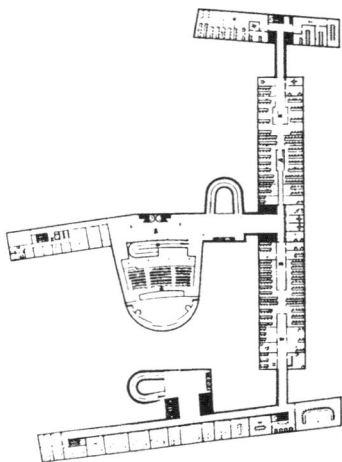

图 2.8

现代主义者对于离散的功能区和一栋建筑的循环系统的表达基于深入地看问题并寻找解决方法，在这种情况下就是深入建筑的项目之中。在很多情况下，现代主义的建筑是功能的图表文件，大而高效，但是对于居住者和他们的邻居来说却是刺眼的。(Centrosoyus Building, Le Corbusier)

对设计方法论的研究，在 20 世纪 60 年代达到了顶峰，发展成为一场要求从全新的角度严格地审视设计过程的运动，并且作为一个"完整的系统"还要用同样一丝不苟的态度来对待大型建筑的设计和城市规划的过程。技术的问题是最重要的，这或许是因为对于趋势性的问题并没有得到现行的正统理论的重视和学术界、行业界的一致认同。这样的认知导致了现代主义者们对技术的追求和改进：更富科学性的规划设计、系统工程和更精良的绘图、模拟工具；还有较早地引入了建筑承包、建设管理、进度安排、工程评估、配件预制、后期评价等建设和管理手段。以上的这些就囊括了现代主义者们的实证主义观点的主要内容，只要有足够理性的方法体系，任何问题都必然会得到肯定的、正确的解决办法。

这种乐观的典范可以追溯到17、18世纪的启蒙运动和科技、工业革命，从那时开始人类的生活就完全在科学技术的掌握之下了。在19世纪上半叶地质学是最盛行的学科，而到了19世纪的下半叶，植物学和动物学则激起了人们的强烈兴趣。20世纪的前50年，原子物理和相对论掀起了学术界研究的热潮，在后50年则拘泥于生态学、生物工程、控制论和基因工程。如果说当时现代主义者们是在"嫉妒物理学"，那么地方主义者们就该羡慕生命科学了。

在20世纪60年代的末期，在提倡规划和市民参与活动刚起步的时候现代主义的方法论发生了重大的转变。热衷于政治事件特别是民权运动中的现代主义者们试图用社会和意识形态的方法来替代技术的方法论。规划的倡导者设法让一些社会团体在社区规划中有更多的决策权，而不是像过去那样任用专家和技术人员来进行规划和建筑设计。社区设计中心如雨后春笋般地发展起来，为一些劣势群体和基层组织提供免费的或低价的设计服务。其意义不仅仅在于他们帮助了一部分没有能力聘请专家设计的人们，而且在于对整个社会的建筑设计和规划服务的供给机制的改革。倡导规划运动关心的是为谁设计、谁来设计而不是规划设计的效果和如何建设的问题。可笑的是，这正好是专家和政府致力于预制住房系统（Prefabricated housing system）——一种有悖于自给自足（do-it-yourself）的理念的方法的时期，但它与可以保证为所有人提供新的住房的承诺是一致的。

提倡规划运动逐渐销声匿迹了，在20世纪70年代中期人们将激进、自由的情感投入到能源、生态、自我实现、女权和同性恋等问题中。其发展动力不足的原因还在于人们几乎同时地开始热衷于那些保守的政策和宗教信仰。但是这次运动为我们留下了在建筑设计与规划中至今仍然在使用的市民参与机制，这其实又是一次大的进步。一些建筑设计学派一直在经营社区设计中心并在社区的外围区域进行再投资，投资的范围包括设计中心、设计专项组并致力于基础教育和中级教育。

现代主义寻求标准化的解决问题的方式，而后现代主义则适应了现代生产和交通的模式，追求多样性。在柔性生产和标准化生产以及商品和服务在全球的快速流动的条件下，标准化的建筑构件变成了用户化的构建。设计师们有条件在世界上的任何地方为任何产品特制任意一种他们所需要的颜色。

但这种自由并不意味着能够做出更好的设计。的确，我们可以说现代的建筑、乡镇和城市在视觉效果上是过分多样化了，那是一种不同的建筑材料、色彩和形式的混乱。《建筑与建筑修缮大全》（Sweet's General Building and Renovation Catalogue）是一部18卷的每个建筑师必备的藏书，其中用21000页的篇幅介绍了2300个厂商的产品。当产品被以这么多形式和这么快的速度生产和销售的时候，使用者们已经不可能对这些产品进行有针对性的评价和知识积累了。那么我们的建筑和城市能够变得如此的光怪陆离也就不足为奇了。

也许正是由于这种视觉上的混乱使得那些所有的房顶都覆盖着石板或所有的房屋都是木结构的英格兰传统小镇对于今天的人们具有这么大的吸引力。旅游者们为参观那些还保持着工业革命前风貌的地方而花费了大量的金钱。没有了物质材料方面的限制和多元化的设计理念赋予了设计师和建设者们太多的决策权。缺少限制和束缚导致他们企图抹煞区域特色与差别，同时也是对已经十分混乱、嘈杂的环境雪上加霜。

后现代主义的方法论：分析问题的外部环境

无论是在20世纪70年代还是在最近，现代主义都是一场真正的运动，在舆论上所向披靡，领导者的言论不断。现代主义依然有许多坚定的拥护者，这些人依然活跃在教育领域并坚持用那些已经老化了的方法从事实践活动。近年来，一场新现代主义（Neo-modernism）运动已经在酝酿中。显然在20世纪中叶当它逐渐变成一种标准规范的时候，现代主义已经失去了精神和形式上的力量。公道地说，影响力的减弱和形式的匮乏不完全是因为其本身固有的缺陷。有"一股全球性的经济和文化势力将所有的建筑——现代的、传统的和后现代的——转变成了只有日渐恶劣的自然环境与之相衬的一件商品。"[6]

在20世纪70年代现代主义和提倡规划运动逐渐衰落之后，一种新的设计典范填补了这个空白。它是一系列多元化的思想——历史相对论、新古典主义和后现代主义的新传统主义。设计师的出发点是建筑的外表——建筑的正立面图——而不是对项目本身的监测。外观如何与视觉背景环境和历史联系起来是设计中的主要问题。

对于那些视传统街道和广场高于单体建筑的思想方法，出现与自然背景环境的和谐与统一并不足为奇。后现代主义对历史连续性和建筑的背景环境的重视程度要远远高于对项目进程的关注。他们用建筑的正面去平衡建筑所受到的内、外力作用。用巧妙的、富有表现力的手法来建造建筑的表面变得比直接展示建筑的结构、材料和功能更重要。显然，这种构造与表达的思想与现代主义的基本原则是相对立的，现代主义更倾向于去揭示而不是去表达一个事物。呈现出事物的实质是现代主义运动的核心，后现代主义则抛弃了这种朴素的原则而崇尚具象派的模式。他们用形象的、写实的形式将他们的思想表现出来，而不是用现代主义的抽象手法。

现象学

现象学，在太平洋沿岸的西北地区比在其他的地区更受到人们的普遍重视，因此在这里我们要稍微偏离一下主题来谈一谈现象学。这个哲学概念是指人们是通过感觉而不是通过大脑来了解并存在于这个世界上。其研究的基础来自于感官上的经验，包括从每天肌肉运动的感觉到高尚的审美活动的所有感官方面的经历。在建筑设计上，现象学是指基于经验的、感性的而不是抽象的或概念上的建筑空间，是所有的感官对自然环境的直接的、积极的审美观念。根据艺术哲学家 S·朗格尔（Suzanne Langer）的理论，审美活动只有在与物体、图像或场景直接的、完全的感官联系中才可能实现。在她的理论中，审美活动避开了所有有意识的智力活动的干扰。最安静的时候是对禅宗的思考，最活跃的时候就是在翩翩起舞。

置身于物质世界的现象学的建筑与那些从人们头脑中冒出的、抽象的概念建筑有很大的不同。概念建筑的自发性比较强，基于像几何和逻辑那样的思想方法和概念，不与任何特定的实例或地点相关联。因为它的抽象性和柏拉图式的特点，所以人们从来就没有想过要将概念建筑应用到实际中。一些地方对概念性设计的研究比对现象学设计的研究要成熟得多，也许是因为这更理想化、更能够体现人类的智慧吧。

现象学的建筑是基于固定地点的物质存在。因此与现代主义相比，它的性质与批判的地方主义更为接近。现象学更适合于西雅图地区的设计师，他们不愿意再继续像东海岸和欧洲的建筑师们的那种大脑游戏，更欣赏那些从"肚子"里而不是从"头脑"中出来的作品。现象性建筑的发起人和主要领导者之一的斯蒂文·霍尔（Steven Holl）就是在西雅图地区成长和接受教育的。华盛顿大学许多建筑学领域的教师，最著名的像福尔克·奈博格（Folke Nyberg），都是现象学派的代表人物、哲学家马丁·海德格尔（Martin Heidegger）的追随者。海德格尔认为人们是通过参与一系列的活动而不是通过独立的观察与思考而存在于这个世界中。

……西雅图地区的设计师……更欣赏那些从"肚子"里而不是从"头脑"中出来的作品。

保护历史

美国的历史保护运动（Historic Preservation Movement）对于现代性是一次很大的挑战，让现代主义"形式服从功能"的原则在实践检验中一再地受挫。当一座古老建筑的功能变化以后它往往会变得比以前更吸引人——在原来的消防站里开一个面包房、将马房改造成一套公寓或者是在旧厂房里开餐厅。最好的建筑设计往往是那些原来的形式与新的功能不是那么匹配的方案。

文森特·斯库利（Vincent Scully）将历史保护运动称为"本世纪惟一的一次对建筑设计的过程具有重大影响的群众运动。"[7]尽管环境保护主义者会不同意这种说法，但它在每一个地方都是一次迅猛的、成功的革命，没有像环境保护运动中那么多的不着边际的宣传或高大的领导者的形象。[8]历史保护运动的发展遍及全国并深入到各个地方。对历史遗迹和区域的保护行动得到了来自各行各业的历史保护运动拥护者们的强烈支持。

许多有价值的建筑得到了甚至可以说是过分珍爱的、完全符合考古学要求的拯救和保护。与欧洲相比，美国的保护历史运动者的态度是非常严密、端正而热情的——也许是因为美国的建筑历史不长，需要被保护的杰出的历史建筑也不多。（欧洲更热衷于技术，他们只是将历史看作是背景知识，就像我们将技术作为前提条件一样。）在欧洲的城市里，对古老建筑通行的做法是将其改装再利用而不是严格地按其历史原貌来修复和保护。这种做法让人们能够在尊重历史的同时将新的技术和功能融入到建筑中。尽管如此，美国的历史保护运动还是将城市按照原来的尺度、特点来进行还原，并阻止了毁坏重要历史建筑的愚蠢的行为。

历史保护运动在西雅图和塔科马地区开展得尤为顺利。西雅图的派克地方市场是一个让人们无比珍惜的地方。当1964年维克多·斯泰布鲁埃克（Victor Steinbrueck）发起"市场之友（the Friend of Market）"活动的时候，他一定没有想到这竟然能够引起一场广泛的市民运动并筹集了6000万美元的资金。这笔钱能够将这个日益衰落的农贸市场变为城市中最伟大的名胜。那些对先驱广场（Pioneer Square）上的西雅图饭店（Seattle Hotel）的毁坏负有责任的人也不会想到他们的行为促使了国王县的第一个官方历史保护区的建设。1970年建成的先驱广场历史保护区是全美国保持得最完整的19世纪末期的商业区之一。最重要的是，这个历史保护区的建设并没有造成过多的邻里单元的重组。为无家可归者服务的专业人员和咖啡馆就建在社区的旁边。塔科马再现了原来的联邦航空港辉煌的历史原貌并使之成为了城市中心区在重建后的标志。建筑物上镶嵌的彩色玻璃的绚丽显示了人们用全新的、富有创造力的手法来保护历史名胜的智慧与信心。

环保与太阳能建筑

20世纪70年代的能源危机促进了建筑与环境的和谐发展。石油和其他资源都是非常有限的,就像我们的星球不可能无限地吸收我们的废弃物和支撑我们的消费方式一样。寻求可持续发展和对地球资源的有限性的认识就在这个时候铭刻在了美国人心中。这种生态学的观点鼓舞着建筑师们在设计中采用主动的和被动的太阳能供暖和制冷系统,还有采用自然光和自然通风。(不幸的是,这种节能技术通常被用来补偿而不是用来纠正那种低密度、高能耗的土地利用模式)更重要的是,这也促使了设计者和建设者们注意考虑建筑的区位,充分地利用当地的气候、太阳辐射、地形、建材和建筑物等资源。这不仅仅是减少能量消耗的问题,而且代表了人类将自己在自然界中摆到了较低的位置并清楚地认识到了我们的国家和自己在全球资源分配中的地位和作用。这种观点还是一种整体设计的观点,尤其是对太阳能的利用,在设计的同时综合考虑社会、环境和美学的问题,拓宽了工程解决办法的思路。

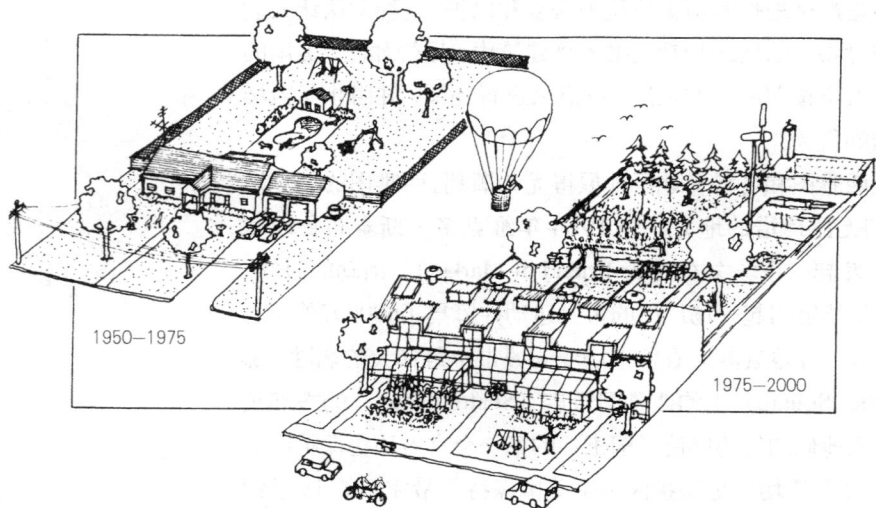

图 2.9

郊区发展的新模式由太阳能建筑所促进——在这种模式中将由在更多产的土地上建造太阳能联排住宅来代替在一大片土地上建造大型的独户住宅。

在那个时候，现代化或者说是现代"工程"（欧洲人习惯的说法）与自然资源开采、与环境之间的紧密联系变得越来越明显。现代主义的建筑设计被看作是快速、脏乱发展的工具，他们的那些独立式的、横向建设的建筑伴随着低密度的郊区蔓延现象，而在城市的中心区的摩天大楼则越长越高。那些美丽却令人望而生畏的高楼构成的天际线从市中心一直延伸到几英里以外——特别是在夜晚——它们在街道上和在办公楼或公寓楼的数不清的台阶中将人性毁灭（如果说一座六层的楼房能像我们讲述六个不同的故事而不是简单地重复，那它还是比较人性化的，至少它可以对我们讲述三个不同的故事：一个关于底层的，一个关于中间的和一个关于顶层的完全不同的故事）。在郊区，这些垂直高耸或水平铺开的建筑无可避免地都设计成四面一样玻璃盒子，不论其所在的区位和气候特点如何。

特定的区位设计是利用太阳能运动在建筑史上写下的最伟大的一笔。这使得一些设计专家和学者在 20 世纪 80 年代开始对区域特质产生了浓厚的兴趣。地方主义者将地方的文化、历史、神话故事和环境等的作用提升到了形式的主要决定因素这一高度。这种对地方性的全面关注预示了一种真实的、植根于区域的、反大众文化的建筑风格的产生。

"从现代建筑的开端开始建筑师们就是反生态学的……国际风格声称现代建筑是同等地适合所有人、所有地区和所有时代的。"

——伊恩·麦克哈格（Ian McHarg）

后现代主义

在 20 世纪 70 年代能源危机和环境保护主义者们为取得设计专业者和学术界的重视而努力的时候，后现代主义作为一股更强大的势力在众多追随者的簇拥下来到了人们的面前。后现代主义对建筑学的影响很大，因为当时的建筑学正处在学科理性化和从其他的学科如语言学、哲学和历史学中寻找新的理论依据的过程中。建筑学的含义与解释问题成为了压倒一切实践任务的重要问题。对这个话题的讨论热烈而且高尚，逐渐成为了学术会议与期刊的主要内容。与此同时，一批建筑界的精英开始主导各种职业杂志和奖励活动，这些杂志和活动的数量在那个时期骤然上升。那时的几次经济萧条对建筑业造成了致命的打击，从而使得建筑师在工程建设过程中的权力日渐缩小。少数精英分子所建立起来的新名声"并不能抵偿建筑业的弱势或由专业走向空谈的重大撤退……想像与思考的自由是以日益恶化的专业分化为代价的。"[9] 现在回想起来，以放弃工程建设中的权利来换取在媒体宣传上更高大的形象和设计中更多的自由，对许多建筑业人士来说都不是一次合算的交易。

后现代主义解放了被现代主义禁锢了近半个世纪的建筑传统，迅速地侵蚀了现代主义的势力、技术才能和社会影响力，让设计者们重新运用装饰、象征与符号、智慧、讽刺、色彩和历史等手法，这些手法在现代主义的严肃气氛后被解禁，受到了人们的普遍欢迎。现代主义的单一的正统理论被多元论与多样化所替代。如果说现代主义代表的是西方理性主义，那么后现代主义则使得多文化融合的建筑设计成为可能。他们还提倡实验方法，将设计和规划带回社区的怀抱。然而，又一次地，后现代主义趋向于退化成为一种空泛的形式主义。

后现代主义倾向于减弱社会道德的力量并对技术进步视而不见，他们启用那些在别人手中已经被证明是肤浅的、平庸的折衷主义、历史相对论和多元论。精英们对这些思想的运用还是很成功的，例如西雅图的艺术博物馆（Art Museum）和华盛顿交互大楼（Washington Mutual Tower）就是设计师们卓越的眼光和天才的设计的产物。总而言之，20世纪80年代的建筑被过多的建筑形式和材料所淹没，当泄洪闸被打开了以后，后现代主义就和现代主义一样以极快的速度从原先的典范发展为固定的模式、从固定的模式变成了人们眼中的老一套，没有能够很好地利用比它早十年就获得成功了的历史保护运动持久而广泛的影响力。

短短几十年的时间中，美国发生了翻天覆地的变化。

后现代主义的风格加剧了本就已经十分严重的当代建筑施工的品质的下降。粗俗化在美国出现的时间还不长，仿冒和伪造高品质的建筑材料贯穿于

图 2.10

　　西雅图艺术博物馆使用它大众的外观来调和其内部和外部的影响力而不是只表现其内部的空间和结构。形象的形式，包括碑铭，都被用作装饰和反对抽象的现代主义的形式。（文丘里，斯科特 - 布朗联合事务所，由约翰·斯坦特斯提供照片）

46　　共享空间——关于邻里与区域设计

图 2.11

后现代主义将形象,包括人类形象,重新融入建筑和城市设计中,但是材料和构造却不及他们的新古典主义的前辈。(迈克尔·格雷夫斯设计的波特兰大厦)

整个建筑、设计历史发展过程。假冒的构造和廉价的建筑在商业形象塑造和20世纪末的快速建设中愈演愈烈。有的后现代主义风格的墙竟然经不住一个粗汉的一踢,甚至一个拳头就可以把墙击倒。结果,美国的年轻人开始向往那些耐久的建材和良好的建筑工艺。

公平地说,城市为后现代主义提供了更丰裕的条件,可以支持比现代主义时期更好的城市设计和规划,尽管郊区还在继续走蔓延的不归路。重要的是,后现代主义恢复了对实际的、具体的公共空间的重视,而往往将私人空间放在次要的位置上,扭转了现代主义的艺术品制作,即将建筑视为立体雕像的设计态度和方法。后现代主义者们崇尚传统的街道、建筑式样和背景环境——常常被现代主义者蔑视为是普通的甚至是可笑的——使公共空间和城市构造重新获得了人们的关注。

后现代主义对建筑类型学和城市设计的重视是其留给我们的最大财富,尽管他们的想法大多数都只是在纸上而没有实现。重新将类型学作为设计的方法论有助于弥合建筑学与城市规划之间出现的分歧。他们对传统城市规划的复兴表现在新城市主义的思想方法中。正如亚历克斯·克里格（Alex Krieger）所说，"后现代主义最主要的贡献在于对现代规划的复兴：剥离了抽象、普遍主义并强烈地鄙视那些继承了现代化风格的地方……现代主义最大的错误也是最有问题的抽象观念就在于它坚持认为城市本质上是一个混合物的系统而非空间的集合。"[10]

解构主义

在20世纪80年代，建筑学界中发生了一场平静的、几乎是尴尬的由后现代主义的建筑学向解构主义的转变。到了90年代解构主义依然十分盛行，可以说是20世纪建筑史中的又一重要篇章。和后现代主义一样，解构主义以大量的理论为基础，所不同的是它的理论基础是文字的而非语言方面的理论。其理论构造基础来自于哲学家雅克·德里达（Jacques Derrida），一名尼采式的虚无主义者，接受甚至是欢迎破碎、错位、敏锐和无常的现代生活方式。

解构主义者信奉不规则碎片形的几何学，这是数学的一个新的分支，认为形状在自然中是不断地自我重复的，在任何尺度上从雪花到山脉都可以看

图2.12

一些当代的解构主义者将他们的建筑的外形分解成碎片；另一些则将它们扭曲为弯曲而凌乱的建筑。赞美着扭曲破碎的当代现实，解构主义者已经放弃了对于城市的清晰、统一、庄严甚至是城市化的可能性本身的希望了。（弗兰克·O·盖里联合事务所）

到这样的例子。解构主义采用了一个与人体和人类尺度毫不相关的数学系统，它的拥护者们试图在一个单体建筑，而不是在一个较大的城市构造中表现这个城市中复杂的矛盾动向，而且其中决不加入人们熟悉的构建，例如传统的屋檐、阳台、门廊或者是窗户等。他们不相信别的建筑手法能够形成可以精确反映当代社会状况的城市主义理论。从这个意义上来说，解构主义是一种比较无秩序的现代主义，与现代主义一样的唯我以及不相信背景环境的作用。他们都建造出了以自我为中心的建筑，所不同的是现代主义采用的是纯的欧几里得几何学，而解构主义采用的是不规则碎片形的几何学。

"解构"建筑学，通过弗兰克·盖里（Frank Gehry）和彼得·埃森曼（Peter Eisenman）等人的实践，成为了一个现代主义的抽象和极少主义中的正式词汇。那些提倡复杂与混乱的建筑师们同时又在坚持一贯的形式与材料，这种现象可以说是极具讽刺意味。不论是纯几何还是"解构"的建筑，其形体和棱面都是抽象、干净和具有不规则形状的。建筑的完整性不是被破坏而是被谨慎、巧妙地分解成随机的片断。

他们做出来的图件和模型是精致的、已经建设完成的实例也可以说是极具影响力的美丽的雕塑作品，但只是二流的雕塑，因为受到了功能与预算的左右。南加利福尼亚的解构主义建筑甚至可以说是荒谬、令人气愤的建筑——无论设计师如何地用心良苦也无法令这些作品从构造学或雕塑的角度使人信服。而且，因为难度过大，要建造和维护那些由各种碎块和片断构成的解构主义的设计是不可能、至少是不切实际的。解构主义在建筑设计中更需要一种可以表达其思想的媒介，因为它的长条和碎片使建筑学的发展再次走入了死胡同，在短暂的辉煌之后只有找到这样的媒介才能停止解构主义者们对新奇事物的永无止境的追求。

绿色建筑学

在20世纪90年代还出现了所谓的"绿色"建筑学（Green Architecture），但它并不是要重提20年前提倡的具有节能意识的设计思想，而是强调建筑材料、施工过程所蕴含或产生的能量以及建筑本身所消耗的能量。与70、80年代流行的太阳能利用和"智能建筑"相比，"绿色"建筑学着力要解决的是建筑中的毒素和污染问题，而且重新使建筑材料的回收再利用问题得到人们的重视，这种回收利用的做法其实在很早的时候就已经很常见了（在中世纪的房屋建设过程中，大型的横木被拆下来后都会被重新用于新房屋的建设）。

尽管有逐步国际化的趋势，但绿色设计终究是致力于地方性项目的设计和建设，从而与地方主义是有共鸣的。绿色建筑学提倡，有时甚至是强制有利于环境保护的设计，在摆脱干燥（xeriscaping）等一些生态观点上与景观建筑学是一致的，例如用一些耐寒、抗虫和不需要很多肥料的本土植被作为建材的原料。分别在里约热内卢和伊斯坦布尔举办的"地球峰会"（the Earth Summit）和国际栖息地会议（the International Habitat Conference）比历史上的任何一次环保运动相比其政治手段更高明、国际合作更广泛。希姆·凡·德·林（Sim Van der Ryn）与斯图亚特·考恩（Stuart Cowan）编著的《生态设计》（Ecological Design）是一本关于绿色设计的优秀著作，其中深刻地归纳了可持续性设计的五个基本原则。

锋芒毕露的地方主义

如果说众所周知的，现代主义已经灭亡，后现代主义在走下坡路，而解构主义受到质疑，那么还有一个难题摆在建筑师们的面前。一方面，人类社会和技术发展依然按照现代主义所预言的日程在向前发展，但现代主义对地方、背景环境、历史、工艺和能源与资源保护等方面的承诺都没有能够实现。另一方面，城市还在按照后现代主义思想的方向发展，但新古典主义的装饰和建筑在今天已经显得过时而浅薄了，大部分后现代主义建筑在物质空间和人们的精神上留下了空白。解构主义在新千年到来的时候，轻易地走上了非人性化和人际关系疏远的道路。

难题的第三个方面打破了"从18世纪的启蒙运动到现在倒退地、不切实际地将建筑形式恢复到工业革命以前的样式之间的时空距离"[11]这种用选择性地看待问题的方法就是批判的地方主义，一个被K·弗兰姆普敦（Kenneth

> 城市还在按照后现代主义思想的方向发展，但新古典主义的装饰和建筑在今天已经显得过时而浅薄了。

图2.13

这座为戴尔·奇赫利（Dale Chihuly）设计（但并未建成）的工作室兼仓库建筑尝试不使用怀旧的当地元素来体现地方主义。为了其下面的储藏室，它使用了可回收的货品集装箱，一种运输工业的副产品。（建筑师：D·凯尔博）

Frampton）赋予生命并将其推广的概念。进一步引用他开创性的理论，批判的地方主义反对当前的建筑设计方法"逐步地形成两极分化，一方是完全基于生产需要的所谓'高科技'方法，另一方则是用'补偿性的表面'去掩盖宇宙系统中那些冷酷的现实。"[12]

批判的地方主义包含两个方面的内容。一方面是对特定区域的标志：每一个区域都可以不用模仿其他地方而独立地决定自己的建筑风格更替和塑造自己的环境。另一方面是一个国家或全世界的各个地区的地方主义建筑都普遍地存在共同的特征。在小型的建筑上最能够表现出地方的特质，特别是住宅建筑，设计者和建设者们能够很容易地捕捉建筑的区位、气候和文化传统等条件。大型建筑，尤其是摩天大楼或是在水平方向上大范围扩张的建筑，在设计上有很多普遍的决定因素，例如重力、风，对一些地方还要考虑地震力。气候对大型建筑的影响力相对来说比较小，因为其内部的供暖和制冷的需求是由人和照明的负荷量而不是外部的日光辐射和温度来决定的。因此，大型建筑就不太可能带有地方的特性或创意。

批判的地方主义的五大特征

无论在哪里生根发展，这五个特点或态度都是批判的地方主义的普遍基础。

1．地方感（Sense of Place）

批判的地方主义最初始于对地方的热爱，这种对地方的钟爱是要发掘一个地方的区位禀赋（genius loci）。它所要批判的是单一的思维方式和过度强调其他地方的文化。它尊重地方的气候、地形、植被条件和建筑材料、建筑方法等。他们倾向于反映出地方的真实性而不是一味地模仿，所有在建筑设计上能够显示出地方特质的东西都值得赞美和保护。这些保护的行动也是一种反抗的行动，在大部分情况下批判的地方主义都拒绝接受外界的影响和最新的潮流。在当今铺天盖地的广告和物质文明的社会中，这种思想显得格外顽固。它认为一个范围明确、高度发达的地方，不会轻易地为随机的商品输入、试验和潮流变化而改变，反对文化的趋同和商品化，因为那会让普吉特湾看起来像海湾地区（Bay Area），柯克兰（Kirkland）像索萨利托（Sausalito），普尔斯伯（Poulsbo）像斯堪的纳维亚地区，使一个城市的郊区看起来像相邻城市的边缘。

另外，批判的地方主义应该注意避免对变化过分的敏感或抵触，从而陷入了酸溜溜的愤世嫉俗或甜腻腻的多愁善感中。批判的地方主义还有演变成胆小的、势利的排外主义的趋势。它必须在保守和反动之间小心翼翼地把握分寸，承受不起失败的打击但却担负着被指责为过分消极地规避现实挑战的危险。正如雅克·巴曾（Jacques Barzun）在《世界的哥伦比亚史》（The Columbia History of the World）一书的结束语中所说的那样："国家和文化的建立与重建，在现在或者是历史上的任何一个时候，其目的都在逐步地变为体现人类的本性，而不是我们的渴望或哀愁。"[13]

图 2.14

　　本国的建筑，就像这座斯卡吉特谷的干草棚，也可以如高度风格化的建筑一样的美丽而使人鼓舞。它们潜意识地具有了地域性。

图 2.15

　　这座位于班布里奇（Bainbridge）岛的房屋重新诠释了在现代材料和构造的实践下的太平洋沿岸的西北地区传统的建筑元素。（米勒·赫尔合伙公司）

批判的地方主义不是狭隘的地方主义。狭隘的地方主义是一种缺乏远见的地方主义,不去了解那些他们所不知道的事情。批判的地方主义者们很清楚自己的不足,但也相信即使不是社会的精英也可以成为见闻广大的人。旅行能让我们了解什么才是值得我们保留和学习的。20世纪60年代的航空革命让处在中产阶级的人们可以游览世界,加速了人们对地域差别的认知。批判的地方主义者们尊重地方,但这种感情决不是伤感,他们不赞同那些沉浸在乡愁和对过去的美好回忆的思想。有的时候他们对于一个地区的保护过分敏感,但不必担心,在必要的时候他们仍然会大胆地展望未来。

2．自然感

大自然是设计师最好的模特,因为它掌握着开启生命与持续发展之门的钥匙。设计师可以从中了解到生物与生态系统不可思议的奥妙。多样性、共生关系、协同作用和均衡性——这些都是给设计师们的深奥的、能够激发创作灵感的信息。工作在一起的时候,建筑师、工业设计师、景观设计师、城市设计师和规划师们就能够完成一次生态学的任务,即保护生态系统、自然循环和食物链、有机物与环境之间的共生关系等。他们的任务,就像引言中所说的,通过创造秩序和方法来改变宇宙能量与物质的平均扩散。在自然界中我们能够找到最有意义而且是发展最为完善的秩序。

大自然在各个方面激发了设计师和艺术家们的灵感。很长时间以来,"自然的"(natural)一词一直被用于为不同的观点进行解释和辩护,诸如浪漫的、美丽如画的和有机的等。在本质上自然是不需要任何诠释的。实际上所有的现象都可以归结为自然的。许多观点,包括许多对立的观点都是出自或基于

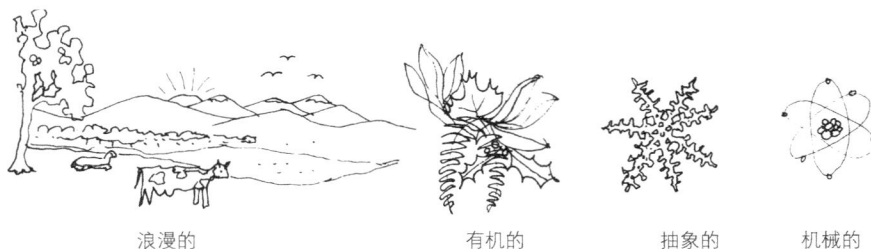

| 浪漫的 | 有机的 | 抽象的 | 机械的 |

图2.16

自然已经被不同的时代以不同的尺度观察和复制。批判的地方主义者,就像环境主义者,尤其崇拜有机层次上的自然,并由它们激发灵感。现代主义者更偏爱原子物理的抽象结构,就如同浪漫主义者从田园风景中汲取灵感。解构主义者曾效仿不规则碎片形的几何学,这种几何学试图将自然中不规则的形状描述为在任何尺度上的重复它们自己。建筑思想家们也同样从混沌理论——一个解释自然界的不确定性的方法中得到灵感。

自然和自然现象的。这就要看艺术家或建筑师从什么样的尺度上来看待自然了，在景观的尺度上我们可以说是浪漫的，在解剖学的解读上是人文主义的，在植被的层次上是有机的，在微观的层次上是抽象的，在原子的层次上是机械的。大自然在动物区系和植物区系的尺度上是最容易理解和接近的，尽管被自然规律所控制，但是我们可以用抽象的数学公式、欧几里得和不规则碎片形的几何学将其表达出来。动植物的王国里充满了各种形象的、丰富的物体形状。

大自然向我们展示了无穷无尽的形体和影像。浪漫主义从田园风光的角度来理解自然，新艺术主义从植物的角度来描绘自然——棕榈叶和蜿蜒的蔓藤——就像维多利亚时代的人们喜欢从遥远的地方进口来放在温室中的百合花一样。参与"工艺美术运动"（The Arts and Craft Movement）的人们则钟爱从藤架上落下的紫藤。现代主义者们高度评价大自然的价值，与历史和文化相比，更多地着眼于自然界中潜在的形式原则。原子物理层次上的自然界最能够激发他们的灵感，因为这种微观的尺度从最深层的层次上表述了大自然，为那些狂热的现代主义者们提供了抽象形式的选择空间。自然在肉眼可见的层次上也能够赋予现代主义者们丰富的灵感，例如对称的雪花或是鹦鹉螺具有螺旋形珍珠线的壳。

批判的地方主义和绿色建筑学感兴趣的是那些能够清理污水处理系统中的重金属物质的风信子或海马。他们或许还会注意到模糊理论和混沌理论，因为这些理论认为自然现象是如此的复杂以至于无法形容，至少是不能用线性分析和传统的几何学来理解。他们将大自然看得更复杂、更有组织，而不像现代主义所提倡的精确、呆板的欧几里得几何学所认为的那样易于理解。与现代主义者用物理学和工程学作为理论基础和灵感来源不同，批判的地方主义着眼于环境科学和生态学，在近十年中取得了重大的突破并引起了人们的普遍关注。

建筑和城市，就像植物和动物一样是有生命而非静止、没有自然属性的。我们可以将它们看作是可以思考、生长、弯曲、适应各种不同的环境、相互作用、老化和死亡与凋零的——植根于它们的栖息地的有机体。特定区位的设计——对居住环境的敏感——是自然感的根本。

我们应该时常地提醒自己，人类的文化和制造的产品还远远没有自然界的成熟。当我们在一次登山或到森林的郊游中想到自然的力量的时候我们就会变得清醒。那些傲慢的对熟悉的建筑史稍加研究而对大自然经久不衰的模式和典范视而不见的建筑师们要小心了：历史的基因库比较小，其中自然选择的内容还比较简单。华丽的哥特式教堂在极其复杂、四维的雨

图2.17

这座由米勒·赫尔（Miller Hull）合伙公司设计的坐落于圣胡安岛上的小屋结合了有关太平洋沿岸的西北地区的建筑元素，例如由支架支撑的宽大的屋檐和斜顶，木板和木条构成的护墙盖板，大木窗和自然风景。（米勒·赫尔合伙公司）

林或盐土沼泽面前显得如此渺小，就算是对于一立方码的肥沃表层土来说哥特式的华丽也微不足道。一座现代的城市可以在复杂性上与生态系统媲美，但在秩序和持续发展方面就逊色多了。建筑史上写满的辉煌成就远不及大自然的奇异与壮观。

3．历史感

没有人可以否认历史上最好的建筑、园林和城市胜于人们所能说出的压倒一切的敬畏和欢乐。尽管它们能够给人们带来更多的美好与欢乐。我们应该以尊敬之心来研究历史，研究历史上的设计原理而不是将历史作为一个装满各种设计形式的摸彩袋（grab bag）。经过时间检验的建筑设计比某个特定历史时期的建筑式样更有价值，虽然这些特定时期的建筑至今依然美丽。那些经得起时间考验的建筑设计，像罗马的天主教堂和庭院式住宅，在适应气候、社会和文化需要、传统和经济条件等方面必定是考虑周到的。历史上最好的建筑——无论是本地的还是以大写字母A打头的建筑（Architecture）——一直都在为今天的设计者们提出优异的标准。

建筑的历史是一部深刻而丰富的百科全书。无论是本地的农舍还是古典的庙宇，建筑师们都要时常受到历史的启发。在设计建筑的时候，历史上的先例就是最好的出发点，可以将它们的设计语言融入现代的技术与程序之中。传统建筑设计的语言就跟人类的口语一样是随着时间在不断地进化发展的，新的词汇对应着新的科学和技术的发展。对于地方性的或者是更高级别的建筑设计都会有这种渐进式的演化过程。传统的建筑设计语言可以被改变、被废弃、被转化或是被曲解。如果这种演化发生得太过突然，那么它也就失去了自身蕴含的力量和意义。转变进行得最成功的时候就是在它使人们感到很新奇但又不是太激进或太唐突的时候，这时这种转变就是在用韵诗表达一种人们都很熟悉的比喻。韵——相似中带着一丝变化——能够很自然地取悦人类的眼睛，从而去取悦人类的耳朵。

心理学家尼古拉斯·汉弗莱（Nicholas Humphrey）的观点认为，自然界中存在的一切都是有意义的，人们审美上的愉悦感就传达了某种生物的优势信息。[14] 他的观点对于历史在美学中的作用提出了与众不同的见解。如果说审美上的愉悦和性欲、食欲的满足一样在生物的生存和繁衍的过程中扮演着至关重要的角色，那也是因为它使得人类从视觉的角度来划分了自身的感官世界。一个物体的微小变化比精确的重复给我们带来的感官刺激

图 2.18

历史被树立了高度标准的可作为典范的建筑和城市化所充斥。基本的建筑类型——如古罗马长方形的教堂、钟楼、豪华的宫殿和风雨商业街廊——很多个世纪以来都被引入圣马可广场（Piazza San Marco）。这个闻名世界的组合并不是出自任何人之手，而是每一任威尼斯总督在尊重历史的前提下精心增建的结果——由对地区的认识来调和对于历史的认识。

要多得多。缺乏刺激感的模式对于观众来说永远都是乏味的，因此也就不太可能让观众留心。筛选和正确地解读感官世界对于生物的生存与演化是非常关键的。简单地说就是：一个事情越令人感到快乐，就能引起人们更广泛的关注，就越能够被人们所了解，也就越有生物学上的优势。汉弗莱认为既刺激又容易理解的画面就是用韵诗去表达另外一种影像，不论是跨越空间的还是超越时间的影像。对于"韵诗"，那些影像不能太相似或差别太大。如果太相似，人们很容易就会对其失去兴趣；如果差别太大，人们就会感到疑惑以至于在挫败感中放弃。就这样，汉弗莱假定处于这两个极端中的适当的中间状态就被视为美丽并一直存在了几百万年，它给人们带来的审美上的愉悦就像是一种表面的刺激。当设计语言的韵律跨越了时间它就会产生一种历史感，当它的韵律跨越了空间的时候，地方感就增强了。

4．工艺感

只要说建筑的建造已经变成了一个废品（junkier）就足够了。研究建筑技术并在几十年前创立"地球总目录（The Whole Earth Catalogue）"的斯图尔特·布兰德（Stewart Brand）曾经说过："本世纪建筑的发展趋势是构架越来越轻以至于建筑越来越像电影的布景：在视觉上使人印象深刻、在触觉上轻而脆并且老化得非常快。"[15]人们在建造建筑的时候使用的耐久、天然的材料以及所花费的心思都越来越少。铝取代了铜、黄铜板材取代了黄铜、沥青取代了石板、塑料板取代了大理石、111号胶合板取代了舌榫披叠板、石膏灰胶纸夹板取代了灰泥石灰。最后是象征着我们的建筑质量下降和从建造设计向透视效果设计的退化的石灰板。在美国，每一座新房子中的石膏灰胶纸夹板都意味着建筑建造中精确性和实质性的又一次缓慢的、微小的丢失。铝框玻璃拉门和111号胶合板的普遍使用，仿效了垂直板和长板条，它们对建筑的影响也是令人惋惜的。

工艺的丧失属于一个更大的经济网络，非设计者所能控制，也不可能在某一个特定的区域中得到解决。基本上，建筑的建造和细部设计的费用要比工业品高——特别是那些能够被小型化和大批量生产的产品。因为建筑业属于劳动密集型的行业，在可预见的未来它的发展必将逐渐地落后于机械化或工业化生产的行业。与那些在相同的劳动强度下能够获得更多的经济收益的表演和视觉艺术不同的是，建筑业得不到任何政府的补贴。从民众的角度上建筑还要与那些相对廉价的消费品竞争，例如电视、汽车、服装、旅游——所有这些消费的真实货币价格都在不断地下降。绝大多数的美国人——虽然令人难过但也是可以理解的——都会选择一个400美元的CD播放机而不是

图 2.19

对于工艺的热爱不必用传统的方法予以表达，而只要注重材料和它们的结合处。上图说明了高科技建筑也可以如同早期的手工建造的建筑一样被精心并优美地打造出来。（理查德·罗杰斯联合事务所/凯尔博与李）

图 2.20

然而手工艺仍然存在于当代建筑之中，比尔·盖茨（Bill Gates）的住宅就是个很好的例子。(James Cutler Architects and Bohlin Cywinski Jackson; photo by Art Crice)

一个实心的橡树木门。与此同时，批判的地方主义者们一直在试图揭下汽车仪表盘和冰箱拉手上的塑化木。

5. 限制感

现代的各种运动，特别是国际主义模式，将空间视为抽象、中性和连续的；将物体放置于笛卡儿坐标网格中，无视周围的环境。在区域的尺度上这种网格终将在各个地方均匀地分散开来。在建筑的尺度上，现代主义者们把空间看作是在开放的建筑内部或内部与外部之间自由流动的，建筑也在日渐地变得透明。后现代主义者们重新燃起了对不连续的、静止的空间的热情。人性尺度的空间设计又重现了流动的空间。在现代主义兴起之

对于限制的感觉就是一个太阳能建筑、批判的地方主义和后现代主义都汇聚一点的位置。

前空间的概念是积极的、形象的、有抑制力的，通常是对称并且被厚重的墙所围合的实体。这也是后现代主义空间的性质。在20世纪80年代获得

图2.21

现代主义的空间被想像为普遍的、连续的和无限的。形式更倾向于归纳为抽象的而不是可认知的形体或形状。密斯·凡·德·罗将现代主义的简化论推至提炼的最高层次中。对这些柏拉图式的芝加哥的建筑的效仿可以在任一现代城市中找到。

新生的公共空间的概念是有限的、有抑制力的室外空间，被背景建筑所限定，被前景建筑所标定。

作为不连续的建筑要素的空间再次受到了人们的重视，对于其他有限几何学的概念也是如此：作为几何学的开端和结束标志的轴线；产生了中心线的对称；将前后层次区分开来的平面布局；在结构平衡上依赖于或表面上依赖于压力而不是张力的厚墙（fat wall）。所有的这些都会让建筑和城市设计看起来更确定、更坚实和更稳定。

限制感就是一种限定的、在物质上暂时框定或限制人类的空间与活动的要求，是关于在环境建设中考虑人性尺度的要求，也是一种心理界线的要求——一种使生活更容易被人们所接受和调和的要求。正像有些人所指出的那样，空间的界限划分了空间存在的开始和终结。没有边界的建筑会令人感到难以接近和缺乏存在感。限制能够将一个空间范围区别于原始的空间，

不论是将神圣从世俗中分离还是将一个世俗空间与另一个分离。在德语中有一个词语Raum表示一个确定的范围或空间，日语中用ma来表示一个有边界的空间，尽管这个词的字面含义是"内部"的意思。英语中对于空间的表达则没有那么精确。

对自然资源的有限性的认识几乎是与对建筑空间的限制感同时产生的。限制感可以说是太阳能建筑、批判的地方主义和后现代主义的共同点之所在。

批判的地方主义评价

我们已经知道了一些对批判的地方主义的负面评价。其中之一认为它在本质上还是精英论，因为对于大众的品位来说对批判的地方主义者们大多评价不高。建筑师丹·所罗门（Dan Solomon）认为，这种高傲的态度就像后现代主义者固守着单体建筑一样是无助于建设人们日常生活的邻里和城市空间的。还有一种比较公正的观点，许多建筑师们［伍重（Utzon）、安藤（Ando）、博塔（Botta）、沃尔夫（Wolfe）］在肯尼斯·弗兰姆普敦的创刊文章中指出批判的地方主义在追求一种深奥的建筑设计，这种志向不需要刻意地建造安静的建筑背景环境或是将设计者的自我中心理论上升为追求社区利益的层次。这个问题在单体建筑设计的时候并不明显，但是在城市的背景下建筑设计的英雄主义就值得商榷了。

当代的安藤忠雄（Ando Tadao）、伊东丰雄（Ito Toyo）和其他的日本建筑师们的作品是强力而精致的设计之典范。但是这些以自我为中心的建筑设计对建筑的背景环境不屑一顾，在第二次世界大战后就失去了它们的生命力。值得庆幸的是，这种对建筑完整性执著的追求经常能够在那些比较僻静的地方得以实现。同时，这样的建筑填充在城市拥挤的街道两侧，并不是一些孤立的物体。这种"贬低背景环境"（context-be-damned）的态度产生了精美的单体建筑，但也导致了东京和其他的日本城市中城市肌理发展的无秩序状态（在一个追求社会统一和遵循传统的社会中，在建筑设计中来表达自我似乎就成为了一种必然）。这些自指的（self-referential）作品，与欧洲和北美同类的作品一样，通常是在国际期刊和建筑史年鉴上而不是在当地的邻里中寻找自己的定位。

另外一种对批判的地方主义的批评是来自社会政治方面的——向野蛮的国家或区域的民族优越感和种族主义的倒退。前伦敦AA建筑学院（AA School of Architecture）主席阿兰·鲍尔弗（Alan Balfour）就此做出的评论如下：

与欧盟同时出现的是与之矛盾的侵略性的民族主义主张。例如那些从前苏联体系中脱离出来的国家——匈牙利、波兰、罗马尼亚——在那里建筑设计被视为最有可能恢复和表现出民族性的方式。鼓励学生们去探索古代的奥秘，也就是说要去想像那些会在不经意间强化民族和种族差异的事物。尽管人们已经尽力去避免，但是这种可怕的后果还是有可能出现的。初看批判的地方主义好像是一个善意的主张，但是现在在人们已经可以看到它险恶的潜台词了，它所带来的不可解决的矛盾必将引起人们的极大愤怒。在这场风暴中建筑设计必须站在调解者的角度，纠正那些已经存在并且可能在未来造成混乱的问题。不能把问题都留给从过去的经验中寻求建设的方法，因为那样就等于默认了未来的死亡。[16]

这一段雄辩的话语道出了一些事实。法西斯运动激起了建筑设计上的地方主义和民族主义，批判的地方主义也不完全是保守的。但有一个尺度的问题。首先，批判的地方主义并不是民族主义。一个区域通常要小于一个国家的范围，理想的区域实际上就是一个大都市区。其次，国际现代主义（International Modernism）无论多么的自由或激进，也不可能消除"古代的奥秘"或"民族和种族差异"，只是在越来越大的尺度范围内使这些问题改头换面，伴随着企业和政府强大的控制力，不论是在资本主义还是在社会主义社会中，都完成了从国家到全球性贸易和战争的升级。跨国公司、国际金融、洲际贸易组织和全球性的文化有可能与国家和区域的竞争一样残酷——甚至可以说是更残酷、更阴险。现代的战争不受个人感情的左右，双方在很远的距离外通过冷酷的电脑屏幕和鼠标交战——没有面对面的血腥厮杀。

那些"必将引起人们极大愤怒的不可解决的矛盾"在一个城市中的人性的尺度上就没有那么险恶。显然，使得各个地方互相斗争的恶魔是丑恶的。不知名的抽象物体和人为引发的仇恨所导致的远距离的敌对比内部斗争更容易引发战争。鲍尔弗的观点是绝对正确的，除了对于在日渐信息化的现实社会中建筑设计应如何把握自己的定位问题。在批判的地方主义所关心的区域与地方的尺度上信息化的影响还很小，因此这也是批判的地方主义的立足点之所在——不是反未来而是反没有地方概念的国际主义。

第三种批评是说地方主义，不论好坏都不具有技术或经济上的含义。现代的工业生产和交通运输在区域的建设实践与物质材料上犯了一个脱离实际的时代错误。地方主义向往的是一段一去不复返的历史。这种说法是以"科技革命无极限"理论为基础的，没有考虑到如果大多数人们都不再相信科技和大众文化能够改善他们的生活，那么科技和文化就不可能无限地发展。经

> 理想的区域实际上就是一个大都市区。

济学的概念并不能够衡量所有的进步，至少在我们所认知的范围内不能。我们不需要被技术所左右，也不必让任何一项新的技术突破束缚了我们的手脚。技术发展在长久以来取得了如此巨大的成功以至于它的光芒刺伤了我们的眼睛，我们能够看清楚的只有交易和总成本费用——不管是在经济、社会、环境还是在道德的领域中。原因是尽管现代标准化的生产方式可以让人们用意大利的大理石来装饰每一家亚洲宾馆的大厅和盥洗室，但这并不意味着可以将卡拉拉山（Cararra Mountain）运往世界各地（一个能让所有地质学家们感到惭愧的构造转移）。今天的市场定价体系看上去是经济的，但它在今后还有待于进一步的完善从而能够更全面地反映商品和服务的成本费用。当价格与成本能够结合得更为紧密的时候（它们不可能完全一致，因为外部成本一直在不断地产生和被发觉），地方主义对于人们来说就不仅仅是比较可能而是不可避免的思想观点了。

最后一种批评认为在全球化电子通信的时代，采用单一的建筑设计的方法态度是不可能的。彼得·埃森曼（Peter Eisenman）认为时代精神不是单一的——将全世界归一只能使人们看到过去：

> 西克斯图斯五世（Sixtus V）的罗马、奥斯曼的巴黎或勒·柯布西耶的作品特点……在于他们的规划源自单一的政治实体。具有讽刺意味的是，在我们可以把整个世界看作一个网络的时候，这样单一的世界观却已经不存在了。今天，不是一种时代精神而是两个部门在诠释这个世界。第一个部门是建立在土地、工业和人口基础上传统的部门，另一个是在信息基础上联结起各个世界科技和文化中心的部门……一个柏林人也许与一个纽约人拥有的共同点比和生活在其他德国城市的人的共同点还要多，也就是说柏林和纽约是类似的文化和信息中心。当地理位置上的接近不再是一个地方时代精神要素的时候，传统的城市和建筑设计的概念就值得商榷了。[17]

这是对当代的社会环境所做出的精确而富有洞察力的讲话。埃森曼认为像塞尔维亚和斯洛文尼亚那样的地方因为有了共同的特点，土地和语言就可以联合在一起。然而，一个地方从机械化时代进入到电子信息时代后，建筑就成为了其中的一个问题。他认为，建筑设计必须面对没有地方概念的电子化的现实。诚然，现代的远程通信——通过几乎没有质量和速度无限大的电子——将信息在整个世界传输。电脑、电话、传真、电子邮件、互联网、电视录像和虚拟现实等颠覆了传统的文化和生活方式，它们还将要被功能更强大、更便捷的媒体和通信方式所取代。但所有的这些都没有减少建筑、城市

经济学的概念并不能够衡量所有的进步，至少在我们所认知的范围内不能。

和区域的重要性。我们可以说电子信息的光速流转增加了人们对现实的可感知空间的渴望。这一点在邻里和住宅设计中表现得尤为突出。对于埃森曼来说在俄亥俄州首府哥伦布建设一个离心的传统城市中心或解构东京的一座办公大楼是一回事，而设计一个住宅的局部又是另一回事。他的错误在于认为电子媒介消除了人们对传统城市中地理上亲近的需要。就像马歇尔·麦克卢恩（Marshall McLuhan）在20世纪60年代预言电子媒体会使书本消亡一样，埃森曼的预言将被证明是错误的。

……电子信息的光速流转增加了人们对现实的可感知空间的渴望。

　　人类对商品、坚固性、喜悦和建筑设计含义的向往和需求并没有被信息技术的发展所磨灭。建筑就是信息，并且包含了知识。建筑是人们认识世界的一种独特的、不同替代的途径。整天对着电脑屏幕打字或对着电话机说话使得人们越来越渴望、珍惜在精心设计的建筑或室外空间中面对面的接触。在日益媒体化的世界中人们对真实性和物质性的需求不是减少而是增加了。最后，建筑不是文字、不是纸张而是楼房。"不管是强大的还是适度的建筑它们都处于一定的位置，表达着一种景观，它们就在我们的眼前，可以为我们提供栖身之所。它们是权力、贸易、敬仰、艰苦、仁爱和生命的舞台……建筑不是在表现艺术，而是其本身就是一门艺术。"[18]

　　批判的地方主义会出现在那些有足够多富有思想性的设计和建筑的地方，尤其对于小尺度上的住宅和机构建设，因为这些建筑必须服从于当地的气候、建筑方法以及地方的传统和品位等。严谨而有判断力的设计能够增进区域的统一，并且使得任何时间、任何地点都具有地方的特质。这不是体积、资金或历史的问题。查尔斯顿（Charleston）、萨凡纳（Savannah）和锡耶纳（Siena）所获得的巨大发展并没有依赖大体量的建筑，德里（Delhi）和那不勒斯（Naples）的建设也没有充裕的资金，悉尼和旧金山都没有悠久的历史。这是一个对文化的信心和坚持的问题，也是智慧、判断力和敏感度的问题。最后，对地方、历史、自然、工艺和极限的尊重促进了批判的地方主义的形成。这五个基本原则也促使了地方建筑的产生——不是抽象的存在于人们大脑中的建筑，而是真实地、可以触摸的建筑实体。然而，尽管它能够满足人们对特定的地方和对家的基本需求，但批判的地方主义在联系各种全球化的模式或环境建设的方法上所起到的作用很小。因此，我们要开始转向对类型学的论述。

第三章 类型学

——有限制的建筑学

"对于那些能够激发、控制和不厌其烦地重复建设整个世界的规划，人们可以在其中加上一些醒目的脚注。特定的城市和特定的建筑都只是这些脚注的不完全实现。房屋、庙宇、钟楼、屋顶、柱廊、框缘、中楣、窗户、通道、中庭、街道、广场和城市都是人类天才的发明，也是自然界各种分类的体现。它们是人类最骄傲的成就，比轮子与火的发现还要杰出，因为通过它们人类发现了自然界中没有模式只有线索和相似。"

——L·克里尔（Leon Krier）

限制是自由的根本。体质上的限制能够在约束的同时给予我们自由：用雪橇或自行车作为交通工具能够赋予我们以比步行更快的速度，但却无法让我们急速地转弯。其他的例子则没有这么明显：滞留在一个被大雪封锁了的机场中使人有一种身陷囹圄的感觉，如果飞机还有一丝起飞的希望，那么人们就会进入一种高度焦急的状态；如果完全没有起飞的希望了，那么人与人之间就会出现一种心平气和和自由友爱的气氛。这种矛盾也会出现在人们的心理活动中，特别是感官活动，例如收集与感官有关的数据和信息并加以分类。像那些限制我们认识世界的东西一样，限制人类生活的限制是基本要素。同样地，场所和程序上的限制使得设计过程变得相对简单。毫无局限的自由是设计师们的噩梦，因为他们就像文明需要规章、传统和习俗一样需要限制。一张白纸也许会受到一位艺术家的喜爱，但也能够让一名设计师却步。

一个更深层次的问题是，这些限制是不是我们为了认识、区分这个错综复杂的世界而建起来的界线，从而使之变得易于管理？在我们处理现实问题的时候它们会不会只是一种导航装置？或者说限制本身就包含了许多真理？尽管无法解决所有的问题，但是本章将探讨限制不仅仅是现实的需要，其中还包含了许多关于生命的真理，让人们能够深入地了解世界。从普遍的意义

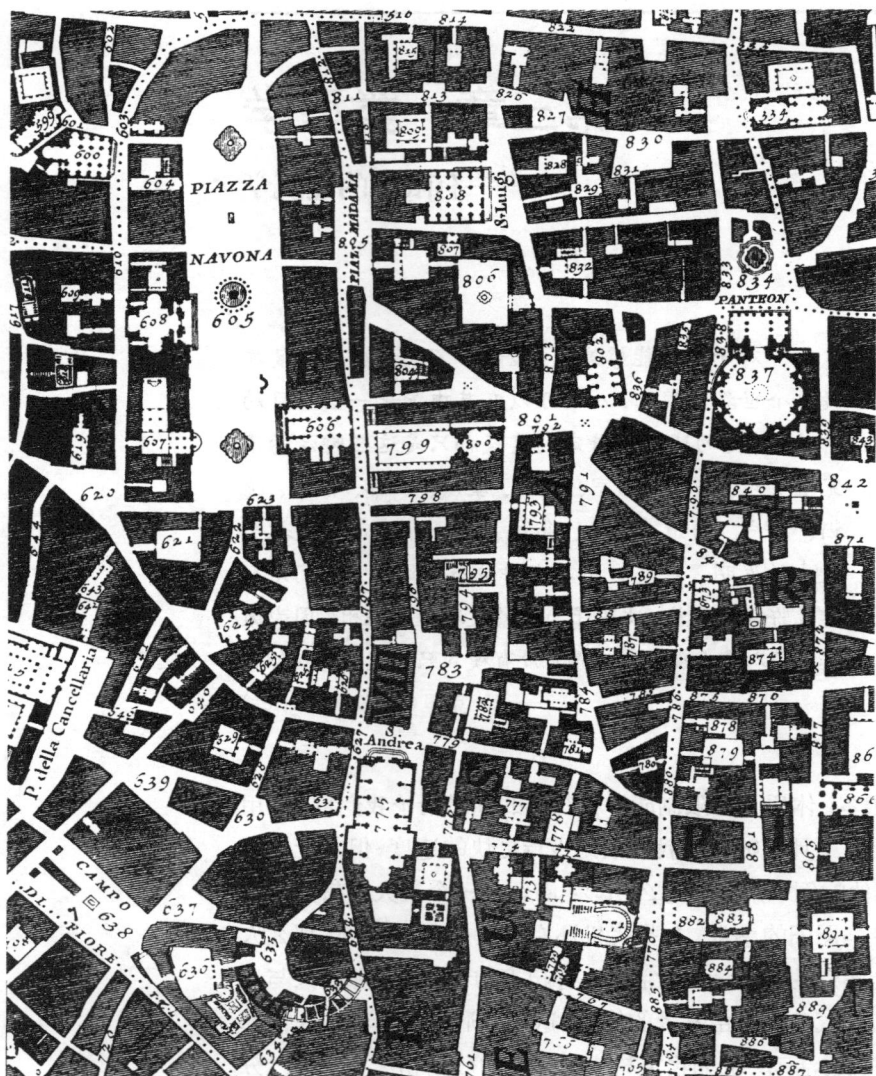

图 3.1

    罗马—— 一个体现外部空间的层次和拼贴的古典城市，而这种外部空间是形象的，或者至少是特殊的、有限的和包含的。西雅图就缺乏这种空间限定，并且仍然缺少一个好的广场或公共活动空间。另一方面，它却具有限定明确的边界，这可以形成沿淡水和海水的岸线的空间感。

上来说，限制是人类社会的根本；从微观的角度看，限制也是设计的根本。限制的种类随着时间和文化而改变，但从本质上看它并不是肤浅、易变的。就像我们每天都要受到现实世界冲击的感官和心理一样帮助我们理解生活的复杂性。

限制是一个经典的、零和的现实概念的一部分。这个现实概念也是一种世界观，在里面我们不可能拥有所有我们想要得到的东西，我们有快乐也有悲伤，我们必须利用有限的时间和资源去做我们想要做的事情；我们可以变得冷酷、保守和愚蠢，也可以变得善良、慷慨和睿智。这种对人类环境有限的看法，同时看到了人类本质的光明与黑暗面，与现代主义激进、开放的乐观主义态度是截然不同的。这种古典的观点青睐于和谐与平衡，而非创新与自由。公约比发明更为重要，传统的价值相当于甚至超过创新的价值。

从古代早期就将平衡与和谐视为一种理想的古典主义，认为一种思想是有可能被无限扩展的。古典主义者们会认为现代主义的建筑的设计思想都过分单一，有的甚至是偏执的。这些建筑的设计师们有时为了内部的统一性而竭力追求一种单一的理念。例如高科技建筑的设计师们就在致力于让建筑变得精巧而且富有表现力，在挑战自然的同时失去了平衡感。这些建筑的抗拉屋顶、桁架墙和精致的栏杆的倒塌都只是时间的问题，就像中世纪晚期的建筑师们由于将中殿建得过高而导致了博韦法大教堂（Beauvais Cathedral）倒塌一样。这个事故不是由于对重力、风力或地震力的错误理解，而是不惜一切代价地要去实现一个完美的理想的后果。博韦法作为一个教训将时刻提醒我们避免思想过分单一的建筑设计。

并不是每个生命的经历都像一些当代的思想家所认为的那样是一种增长的经历，而且生命也不是简单和可以完全避免错误的。我们会犯错误，有的甚至是不可挽回的、致命的错误。这也不是说古典主义中没有乐观主义和发展的观点，追求现实和平衡的古典主义对于人类的本质和完美性并没有那么悲观。它承认并且努力地调和人类环境中的这种冲突的、二元的内在性质，这种性质就是在当代美国文化中都没有被完全地认清。阿兰·布卢姆（Allan Bloom）曾指出："投射在我们工作室墙壁上的慌忙的影像……呈现出高与低、严肃与活泼，而没有辨别或注意与对立面的协调。"[1]

有限的空间，有限的形式

在20世纪70~80年代，人们对建筑空间和自然资源的看法发生了显著的变化，从过去将它们看作是取之不尽用之不竭的，到认识到它们的供给是有限的。正如我们在第二章的末尾部分所说的那样，对有限性的认识也许是环境保护主义、地方主义和后现代主义在设计思想上的惟一共识——在当代建筑设计思想多元化的情况下各种思想的一个和谐的、重要的交汇点。现代主义的建筑空间概念——笛卡儿坐标的、普遍的和连续的——在这20年中被一个静态的、有限的概念取代了，这个新的概念有的时候还专门用于地点和区域范畴。非现代主义或者叫做后现代主义（还可以叫做反现代主义）的思想是一种对这个世界等级更为分明、更古典的代表。它不仅仅是下意识地反对现代主义，也是对人类和生态系统的一种现实的、和谐的理解。对于今天的媒体来说平稳与和谐也许是过于平淡无味的主题了，但是它们都曾经对环境保护主义者、新传统主义者和后现代主义者们产生过至关重要的影响。

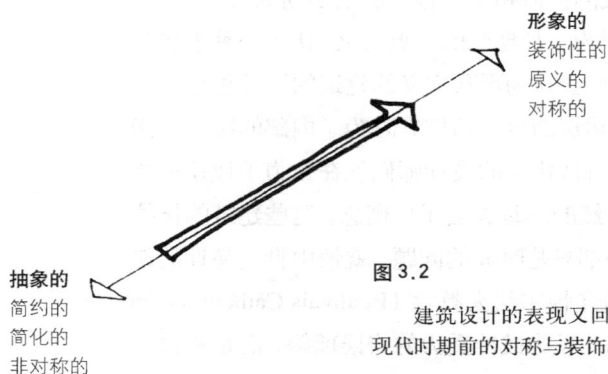

形象的
装饰性的
原义的
对称的

抽象的
简约的
简化的
非对称的

图 3.2

建筑设计的表现又回到了
现代时期前的对称与装饰。

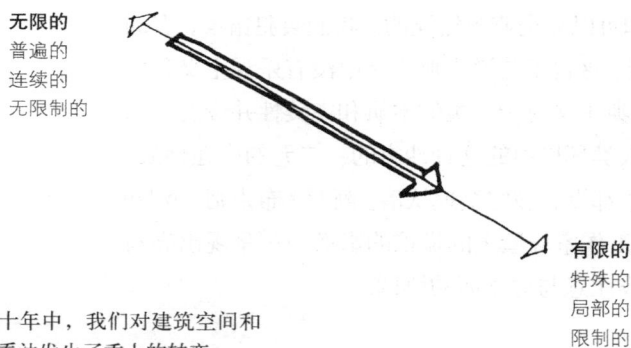

无限的
普遍的
连续的
无限制的

有限的
特殊的
局部的
限制的

图 3.3

在近几十年中，我们对建筑空间和
自然资源的看法发生了重大的转变。

在同一时期，人们对建筑的形式和空间的看法也发生了很大的改变，从将建筑形式和空间看作是抽象的和非对称的转变到将它们看作是有形的、对称的。形体被范围所界定，而且自然的形体往往是对称的。过剩的空间通常出现在现代主义的"目标"建筑周围[例如西雅图的西佛斯特大楼（Seafirst）、雷尼尔大楼（Rainier Tower）、"穹隆之王"（Kingdome）]，这些剩余的空间已经被那些背景建筑（background buildings）周围的室外空间所取代[例如紧邻诺德斯特姆（Nordstrom）、象征着西湖广场（Westlake Square）东缘的建筑群]。这种形体、场地的转变代表了在城市设计领域中一种深刻的范式改变。城市街道和广场中的室外空间比被空旷的露天停车场所包围的市中心或郊区的办公大楼来得珍贵。

　　背景建筑或附属建筑因为被它们界定的公共空间而获得了巨大的发展。使它们获得发展优势的因素还在于这些建筑外表上形象的组成和细部设计，而不是因为宽广的占地面积、健身中心或象征着现代主义建筑的极简约主义视图（minimalist elevations）。现代主义建筑的精华与现代主义的雕塑类似——在广阔的空间里的一个独立式的、抽象的、极简约主义的物体。这种独立式的建筑已经被填充式的建筑取代了，因为在填充式的建筑中，建筑师将大量的精力放在了建筑表面的构成，而不是规划的逻辑性和虚张声势的效果上。

　　和先锋派的艺术家们一样，现代的建筑师们不再因为它们广泛的用途而沉迷于那些原始的形体。雅克·巴曾（Jacques Barzun）曾经说过："对原创性的崇尚，艺术家们对于能够在大批人才中脱颖而出的渴望，促使了艺术家们以更加强硬和傲慢的态度来对待公众。"[2]美学上的野蛮主义是伴随着先锋派和原创主义而产生的：它所带给人们的震惊或惊讶程度将随着来自美学界的日益膨胀的预期和越来越高的门槛而不断增大。新闻报道将进一步煽动这种预期与兴奋，最坏的后果是新闻将把艺术和建筑的发展推上一条非常危险的道路。

　　为了反对这两种极端的转变，一张可以将20世纪最有影响力的建筑师们的工作都标定上去的地图就应运而生了。当代的名人们被标定到了各个极端的位置上，这就引起了新闻界的广泛关注。那些经受住了时间考验的"现代大师"就会处在相对比较平衡、中心的位置，或者说随着时间的流逝，他们的历史地位得到了提升而一些在设计上的错误也被遮盖了。在当代的各种流派中没有人——无论是后现代主义者、地方主义者或解构主义者——能够取得相对成熟或完整的成就。要看他们能不能顶住诱惑和媒体的压力，从而留在平衡但非常困难的中心而不会走到狂热而兴奋的边缘地带上去。媒体的轰炸会将明星建筑师们引向边缘，从而逐步地、必然地使其他的建筑师们失去他们的信誉与能力。

　　这两个极端的变化是否在设计方法上也产生了相应的影响呢？或者说这些变化只是改变了设计的形式和设计师的意识？尽管事先没有什么预兆，但在设计方法上还是爆发了一场同样剧烈的运动。其中最引人注目的方法论上的转变是实用主义地位的下降和对先例、历史背景和类型学的重新认识和重视。

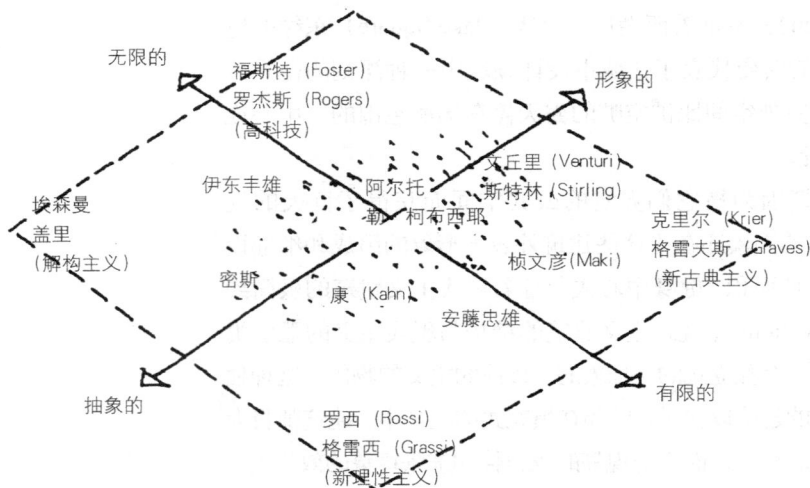

图3.4

在20世纪的最后20年中，现代设计学的正统观念已经在后现代主义的多元化趋势中分散开来，与20世纪早期的情况截然相反。这种变动的周期有时候看起来是几十年而有时又是几个世纪。

实用主义

在这里，实用主义是指一种不但在理性上追求适应计划安排和使用者的需要而且也在建筑上考虑并表现出这种需要的设计方式。它是从17世纪末的启蒙运动开始一直延续至今的逻辑实证主义近年来在哲学方面进步的标志。逻辑实证主义在试图消除个人主观性影响的同时追求科学的精确性和可预言性。这种哲学传统不相信任何不可测量的东西。实用主义中没有形而上学。"毫无疑问，逻辑实证主义者们一直在努力地证明，传统的形而上学因为无法获得任何可以证实的结论而要被彻底抛弃，或者会被转变为科学逻辑上的问题。"[3]在这种情况下，实用主义建筑在精神上和文化上的匮乏就不足为奇了。

对于实用主义者来说，设计过程的第一步就是分析手头上的问题——从问题的实质出发，就像在第二章中所说的那样。在做任何综合之前，设计者都要分析使用者、使用者的要求、建设的体系和工艺、气候和区位。实用主义的建筑师从一张白纸入手——即有自由处理权——可以自由地处理任何形式上的问题。如果说这就是现代主义运动（Modern Movement）的基本原则，那也是只向前看、从不回顾历史的原则——毫无拘束地想像一幢建筑应如何设计或它的视觉效果如何。在这些设计师的工作室中找不到关于建筑史的书籍，除了勒·柯布西耶的作品集（Oeuvre complet）。实用主义者们的理想是让计划和技术自身在简单的逻辑指导下来设计建筑。每一个建筑设计都是独一无二的，要求有全新的认知和着眼点。"根据他们实用主义的理论，他们相信每一个新的设计问题都是由许多前所未遇的挑战构成的，包括一个特定的地点、特定的功能要求和特定的建筑形式。建筑师们只需要完美地解决这一系列的问题。"[4]

由于在现代社会中对建筑功能的要求的变化越来越快，建筑通常被设计成为可以适应经年的变化甚至可以根据每一天或每一周的活动周期。因此，功能主义者们认为建筑的构成既要在视觉表现上还要在物质功能上适应这种瞬息的变化。这样，建筑设计不仅应该预见到未来的变化而且在建筑建成的时候还应让人们感觉到它是未完成的或是还可以调整的。建筑的附加工程不断地进行，但是这些附加的部分就像主楼一样，在现代主义运动开始之前一直被视作建筑独立的组成部分；附加的部分是用来整合或加强一个已经完成的部分或者就是一个新的建筑的开始。想想卢浮宫内或美国国会大厦的许多的侧厅（相反的，例如华盛顿大学保健中心的巨型建筑，它的附加部分的面积甚至大于主体部分）。建筑总是只能被部分地完成。但是现代主义者们有时会故意地给建筑留有续建的余地，就像是建设工程被打断或等待着下一个阶段工程的开始。巴黎的蓬皮杜中心（the Pompidou Center）就是一个有意地被设计成未完成的式样的例子。因为这些建筑或建筑综合体对未来没有充分的预期，所以它们的结果就会是发展成为一些怪诞的形式。通常那些典型的医院综合楼就是这种不连续的开发的受害者，就像斯图尔特·布兰德（Stewart Brand）在《建筑如何获知》（How Buildings Learn）一书中所说的："所有的建筑都是可以被预言的事物。而所有的预言都是错误的。"

这种面向未来的定位非常适合那些正处在第二次世界大战后快速发展时期的各种机构——例如各个学院和大学。哪一个美国的大学校园的发展在20世纪50到60年代没有受到实用主义建筑破坏？现代主义的建筑无情地忽视了从过去的建筑中表达出来的结构体系，新的建筑单体和综合体的建设从一开始就注定了不能在统一的理念中被建设完成。远离了建筑历史的现代主义使得后代人难以再将其重新拾回。

现代主义盛行了大半个世纪以后，现代主义风格的建筑遍及全球。对于单体建筑来说，最好的当然就是那些在任何时候都显得宏伟壮丽的而富有创意的建筑。我们只需去看看赖特、勒·柯布西耶、康（Kahn）、阿尔托、密斯的设计作品以及设计思想，就可以认识到现代主义思潮的力量。虽然这些大师们从来没有在西雅图地区工作过，但他们对当地的建设者们产生的影响

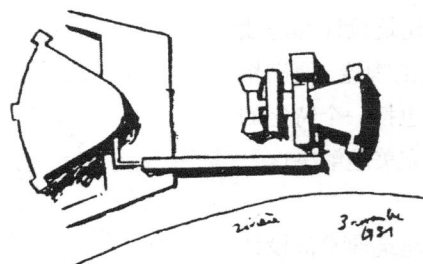

图 3.5

　　现代主义将建筑视为独立的物体。这些建筑可以被建设得精妙绝伦但却无法融入已有的城市肌理。当这些原则被应用到城市建设中的时候，还是会出现许多问题，就像勒·柯布西耶提出的对早期现代主义的建议中所说的那样。

是巨大的。西雅图、塔科马和贝尔维尤（Bellevue）的城市天际线就是现代主义的影响力和普遍性的最好例证。

　　尽管现代主义创造了一些历史上最伟大的单体建筑，但是它在创造好的街道和城市方面却是彻底地失败了，因为现代主义者们在建筑设计上强调创新性和对个人意愿的直接表达，而不考虑与相邻建筑、特别是与相邻的历史建筑的协调关系。[由奥尔森（Olson）和沃克（Walker）设计的西雅图的派克与弗吉尼亚大楼就是一个例外，那是当地的一幢现代主义风格的建筑，但却能够完全融入周边的环境中；它的结构借鉴了西大街的风格，美化了派克地区的街道景观]。如果没有遭到破坏，那么它们与周边环境的关系可以描述为对比或对照———一种现代主义者们常用的简单化的隔离手法。在城镇复兴的过程中随着邻里和城市地位的动摇，汽车、功能分区和作为现代主义运动产物之一的建筑都在忽视彼此和历史邻里的存在。对于美国的现代主义发展，我们必须给予公道的评价，美国的城市决不是最缺乏统一性的地方。它们没

尽管现代主义创造了一些历史上最伟大的单体建筑，但是它在创造好的街道和城市方面却是彻底地失败了。

有像太平洋边缘的城市，例如东京、首尔那样嘈杂和凌乱。然而，美国城市中以自我为中心的建筑（self-centered buildings）实在是太多了。

实用主义追求的是内部的统一和连续性。对于那些作为一个城市的建筑群中不可分割的组成部分的单体建筑的统一和完整，现代主义的信条是要像对待建筑材料和结构体系一样真实、清楚地表达出建筑规划中的内部逻辑。在本质上风格是不被允许的——无论是原创的还是复制的（最后，就连那些最坚定的现代主义者也无法逃脱这一规律）。实用主义要用新的形式去表达新的技术或规划发展，不能容忍固执的、武断的形式主义。但是即使是最优秀的现代主义建筑也无法与其周边的城市肌理相互协调，这种现象不仅发生在历史街区而且也出现在了新开发的地区。在新开发的地区中，现代主义建筑的问题不是与周边环境不协调的问题，而是统一性与缺乏人性尺度的问题，因为在那里没有可以与之对比的城市历史的痕迹。无法与邻近的环境取得协调和统一也许就是现代主义最大的缺点了。

在实用主义推崇"无风格"的审美观的同时，它却没有能够设计出在比例和丰富性上能够激起人们的情感和回忆的建筑。相反，实用主义风格的建筑给人的感觉往往是冷酷而没有特点的。结果是我们的城市失去了许多培育和表达崇尚地方、自然、历史和工艺的价值观的能力。在天才的手中现代主义可以发展到极致，但是在一般的建设者手中现代主义的风格却连过去那些普通建筑师就能做出的效果都达不到。"现代主义没有创造出像古典式或哥特式那样可以让那些普通的从业者利用的形式风格。相反，它赋予了设计者们过多的自由——可以去尝试任何想法……这样的自由在大师们看来是令人兴奋的，而在他们的追随者们看来却是另一种束缚。"[5]

在19世纪建筑设计还处在标准化的阶段的时候，基本上每一幢建筑的设计都比较能够呼应整个城市的建设风格（例如西雅图的先驱广场或美国国会山，单体建筑并不突出，但是其中所有的特征部分在建筑设计上都是无与伦比的）。如果将现代主义比喻成一个乐团，那么它最精彩的节目就是音乐大师的演出，但是整个团体的发展来说还比不上以前。过去的那些和谐与统一来自于设计者和建设者们对传统和历史的理解和应用。其中最重要的建筑传统就是类型学。

类型学？

类型学是一种被现代主义运动摈弃的思想。R·莫内奥（Rafael Moneo）曾经在他的著作中指出：

……在一般的建设者手中现代主义的风格却连过去那些普通建筑师就能做出的效果都达不到。19世纪的建筑平均品质要比现代主义建筑好。

在20世纪初，一些人产生了一种新的意识要改革建筑学，他们要攻击的首要目标就是在19世纪建立起来的建筑学的学科理论。现代主义运动的理论学家们摈弃了在19世纪已经得到普遍认同的有关分类的思想，因为对于他们来说这意味着限定，对于他们假定的那些可以在完全没有约束的情况下工作的创新者来说这是一系列的束缚。这样，当格罗皮乌斯（Gropius）抛弃了历史、宣称可以在不参照历史先例的情况下进行设计和建设的时候，他就已经站到了以类型学原理为基础的建筑学的对立面。就这样，建筑物的性质又一次发生了变化。现今的建筑被一些人用来表达用一种新方式来描述这个世界的愿望。他们认为，一幢新的建筑就是一种新的语言，就是一种对人类生活的物质空间的新的表述。在这样的领域内，类型的概念是非常遥远和没有必要的。[6]

类型学——对建筑的类型的研究和理论——在20世纪70~80年代的时候曾经以功能为标准来进行分类。理论学家们声称这在建筑设计上是一个比现代主义者所提倡的实用主义更好的出发点。像L·克里尔（Leon Krier）那样的类型学家却认为我们手头上的空间问题几乎都已经在过去得到了解决，那些经受住了时间考验的和得到人们普遍认同的建筑类型是随着时代的进步而不是现代主义运动的要求在不断地发掘新的规划、选址和技术形式。在建筑教学中，类型学使得学者们越来越将建筑学视作一种传统而不是一种认为发明重于习惯的科学/技术的领域。尽管到后来建筑学的重心转移到了解构主义和对社会、环境的关注上，类型学的思想作为后现代主义运动的成果被保留了下来。

类型学家们承认每一个设计上的难题都表达了一个前所未有的社会问题和全新的科技机遇，但是他们也知道人类的天性、需要并没有发生变化，人类的居住环境中的气候或地理条件亦然。他们还坚信文化的连续性比不断的变化更适合于人类的发展。因为不同的类型代表了不同的起源，向类型学的回归就是人类要去发现纯粹和持续的一次尝试。这样，在人类社会无休止的进步过程中就保留了传统。

类型学家们着眼于设计问题是如何在历史上被解决的，特别是在相似的自然和文化环境中。他们参观当地有代表性的建筑和图书馆，丝毫不觉羞耻地从历史书中汲取知识，这在实用主义者眼中是绝对不能被容许的。他们要弄清楚当地是不是有一些随着时代的进步而发展起来的规范或标准的建筑类型来解决这里的建筑设计问题。如果这个问题是一座住宅，历史上会有许多可以引用的类型。一些类型是古老的：乡村别墅和带中庭的房子；有的是王

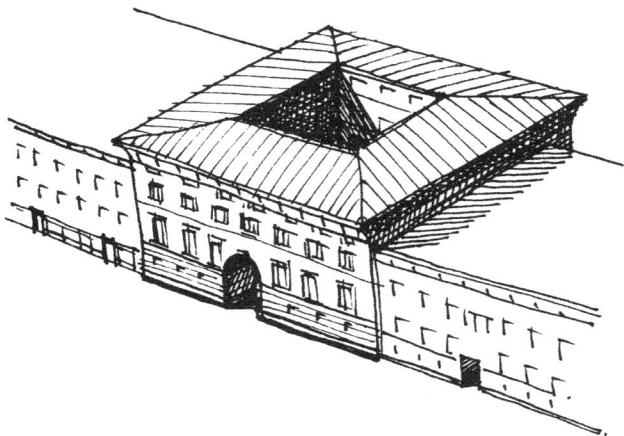

图 3.6

意大利的宫殿或一个文艺复兴时期贵族府邸经历了几个世纪的风雨，在不同的文化中被成功地改建做不同的用途。

公贵族的建筑：豪华的宅邸和帕拉第奥式的别墅（Palladian villa）；有的是贫民的建筑：佃农的小屋和带有车库的公寓楼。有的是陈旧而普遍的：游牧民族的圆顶帐篷、茅草屋和带脚柱的房子；有的是具有民族特色的：殖民地的中央大厅、印度有凉台的平房、美国平房、联排住宅、小平房屋、错层房屋（spilt level）；有的是地方性的：新英格兰的"提盐器"（salt box）、查尔斯顿的"单人小屋"（single）、新奥尔良的"喷枪"（shotgun）、费城的"三合一"（trinity）、西雅图的"盒子"（box）、佛罗里达的"爆竹"（cracker）等；有的则来自国外：都柏林"乔治王朝时代的联排住宅"、悉尼的"露台"（terrace）、新西兰的"乡村别墅"（villa）和俄罗斯的"乡间别墅"（dacha）就是一些例子。

类型

要解释清楚一个建筑的类型并不是一件容易的事情。一个类型就像一个三维的、在各种各样的形式中被不断重复的模板。它是一种标准规范、一种抽象概念，而不是一座真实的建筑。它也不像一般的抽象概念，是由高层人士颁布或完全出自于一个设计师或建设者。它来自于无私的甚至是无意识的普通大众，是在最纯粹、最典型的建筑模式中被理想化的结果。一种建筑类型就是典范的一种代表，它可以是普遍的或是高层次的建筑。即使是高层次的建筑，也不可能只是某一名建筑师的设计成果。

建筑类型属于形态学的范畴，尽管可以用特定的物质来表述（例如一个乔治王朝时代的联排住房就是砖结构的）。建筑类型与楼房的类型是完全不同的，因为楼房的类型表述的是功能而非形式。这两种类型的区别是非常重要也是很容易被混淆的。"类型"一词的用法很多，有时指没有特定形态或外观的楼房的用途类型，比如说办公楼、公寓楼等。有的时候也是指有标准形态的建筑类型，比如意大利式的豪华宅邸。

意大利式豪华宅邸理想或典型的外形是四边、三层的城市住宅，两边有其他的房子与之相连，还有方形的庭院。通过庭院就是宅邸的入口，庭院也给房屋内的底层、主层（piano nobile）、顶层或许还有阁楼带去阳光和清新的空气。这种意大利式的宅邸也有很多种变化类型：基底可以是三角形或梯形的；庭院是圆形的、不对称的或多边形的；地点可以在街角或街区的中间。建筑的功能也能够并且已经随着时间的发展而不断地变化着。在外形不变的条件下被改装或翻修成为办公、研究场所或是公寓等。另一个经久不衰的建筑类型的例子是古希腊神庙，拥有这种外形的建筑被改造作许多原先根本就想像不到的用途，从教堂到银行再到野餐棚。第三个例子是乔治王朝时代的联排住房，这种建筑类型的功能直至今日还在不断地被调整变化以适应人们各种不同的需要。

图 3.7

西雅图的"盒子"是典型的住宅建筑，有确定的用地规划和历史悠久、丰富的细部设计。

现代建筑类型的一个代表就是美国的加油站——其中有悬梁支撑的雨棚、泵房、收银室和服务区。尽管它渐渐地被改造成为水果摊、音像店或成人书店，但这样的加油站还是不太可能被翻新、重新成为可以用于这样或那样新功能的建筑。因为它的原型的独特外形是专门为在各种天气条件下的自动加油机和驾车者服务而设计的。对于那些已经被证明了可以有不同功能、经久不衰的建筑形式，它们的外形和功能的联系还是很紧密的。航空终点站和车库也是典型的现代建筑类型。它们有独特的外形，但要改建成其他用途可不容易。

当一种类型被一座建筑表现出来的时候，它就成为了一个模型。每个模型都应该表现出它的地域特性与建筑工艺。模型并不是没有个性的克隆，也不是在一种样板下机械的产物。样板模型是工业生产典范的一部分，是标准化设计和大批量生产的产物，各个样板模型都非常相似或者说它们之间的差别都太随意、太微小以至于不可能成为真正的模型。要通过构思一幢住宅、改变镀层或砖块的颜色、将车库的位置从一边改到另一边或在房子的正面加上百叶窗来使一种建筑类型变为一种模型的作法太虚假。模型极富思想性地将建筑类型与特定的区位以及设计者、建造者和房主的个人意愿融合在一起——绝不仅仅是一种市场营销策略。

图 3.8

在西雅图地区的邻里商业中心内1～2层的商铺随处可见。那些带有天窗、伸向人行道的遮阳篷或悬挑的高大宽敞的店面可以说是一种成功的、经久不衰的建筑类型。

带走廊的平房（Bungalow）就是关于类型与模型的一个例子。这种带走廊的平房最初是17世纪印度，特别是孟加拉地区的一种水平方向、单层、独立式的房子。这种类型被英国、北美、澳大利亚和南非地区的人们所普遍采用作为他们实现城市郊区化的一种载体。在西雅图地区，具有工匠（Craftsman）风格的带走廊平房，被一代又一代的建设者们不断地改造从而能够适应于不同的地点和房屋大小的要求。在美国的其他地区，还有其他风格的带走廊平房，包括西班牙殖民时期或美国英属殖民地时期的样式。那是第一种特意为适应家庭小汽车而设计的建筑类型，也是第一批有相对宽敞的起居室和高效的厨房设计的房屋类型之一。带走廊平房是类型学的一个范例，但并不是一个批判的地方主义的范例。尽管根源自印度文化的带走廊平房天生就具有地方性，我们依然可以将其视为第一批被全球生产和消费的体系，还有郊区化所广泛采用的范例。[7]这种人见人爱的房屋的发展的根源却是不那么让人喜爱的大批量生产、消费和城市蔓延的结果。

图 3.9

　　西雅图地区典型的带走廊平房，适应于广阔的平原地形，体量不大但外表华贵。建设者们也许从《走廊平房杂志》(Bungalow magazine，20 世纪初在西雅图出版的一种杂志) 中看到了带走廊平房的建设方案并添加或删除了一些细节。每一次建造两到三幢房子，这样的建设方案比当代流行的包含了几十甚至几百座房子的分区、分片建设更能够为社区邻里增添建筑情趣。

　　如果一种建筑形式能够很好地适应时间和空间发展的要求，它就能够被保留下来并且发展出新的模型。但是如果它不再适用于人们的生活，那么它就将失去原有的生命力并退化成为空洞的、让人感伤的老套。这是那些被以各种形式在全国的各个城市郊区广泛建设的房屋类型，例如农场主别墅和错层房屋发展的必然结果。尽管那种带凉台的平房也出现在美国国内的各个地方，但是这种建筑类型在地方与地方之间的差别还是非常明显的，至少在今天看来是这样。也许它们的区别看起来更纯粹 (更显眼) 只是因为更好的建造工艺。它们没有受到那些廉价并且忽视了气候与文化条件的建筑装饰方法，例如标准化的铝合金窗框和玻璃拉门的影响。

　　也许人的身体本身就是一种更容易理解的类型与模型的例子。人类是一种独立的生物种群并且在不断地繁衍变化。人类有两种性别和三种基本的身体类型，但在同一种类型中却没有两个完全一样的模型。我们可以很快地发现面部结构上几个毫米的差别，也能在拥挤的人群中马上找到自己的好友。不但可以感觉到细微的差别，人们还在不知疲倦地观察着彼此。的确，我们每年都要面对成千上万的面孔而且总是期待着下一个出现在视野中的人。让我们感兴趣的不仅是视觉上的差别和表面的细节，而是隐藏在外表下的内在，就像建筑表面的不同预示了它们内部的差别一样。在同一个主题下的变化能够引起人们极大的兴趣。那些认为类型学使建筑变得无趣的人没有意识到人们在辨别细微差别和细节方面具有难以想像的巨大潜力。

行动主义的陷阱

类型学的设计思想，例如批判的地方主义思想，试图要回避方法论的概念，在20世纪60年代颇为流行。在像伯克利（Berkeley）、麻省理工大学（MIT）和华盛顿大学这样的大学的建筑学院中，设计的过程被视为线性分析和阐释的过程。甚至有些人认为实际上设计是可以被编撰成各种条文的。建立在对既定的环境中分散的人类行为的观察和研究的基础上的环境心理学或人地关系论，借鉴了很多心理学和社会学的理论。这样的设计方法论说明了人的因素在设计中的作用，但却未能给设计者们提供一套使用方便的知识或信息系统。尽管它揭示了人类活动在现有环境中所产生的影响，将科学的方法应用于行为科学特别是设计学的领域，但是由此产生的效果却与它的拥护者们在其间付出的时间和精力不相匹配。

设计方法论者们热衷于寻求一种能够预言人类行为并将其体现在建筑设计和社区规划中的科学的方法。然而，精确地预言人类的行为是不可能的，因为人类是一种自我定义的生物，还因为社会和物质环境都处在不断的变化之中。那些要把心理或社会现象数量化并要预言它们的发展变化的企图始终都不可能达到——就像一只要追赶自己的尾巴的小狗，或者像一个要测量那些极其微小又运动得非常迅速以至于让人难以捕捉其踪迹的亚原子的物理学家。社会心理学的问题必然服从于海森堡原理（Heisenburg Principle），在一定的时间内和在可以使用的方法上，对设计者来说，它们都是难以捉摸和不可数量化的。

创新的局限

尽管现代主义者们一直在回避类型学的方法与传统，但他们也许会承认

因为社会和物质环境都处在不断的变化之中。那些要把心理或社会现象数量化并要预言它们的发展变化的企图始终都不可能达到。

三种形态类型：通过重心的、线性的和离散的。这些基本的类型只是抽象的图形，没有实际的功能和发展历程。现代主义者们也许还会认同功能分类，但不是可以预见建筑形态的那种分类。他们要在每一个新的项目中采用全新的建筑设计。即使是在一个最普通的项目中建筑师们都无法找到可以快速解决问题的条理和规则。在媒体社会中，避免在不适当的时候出现引人注目的新奇事物成为了当代建筑界的一种统一行动。原创和创新成为了现代主义的咒语而不是福音。

个性与创新要在一个项目的计划或区位都不寻常的时候才能得以实现。面对每一项任务，设计者们没有必要觉得一定要不断地做出新花样，至少在整幢建筑的尺度上不用这样做，而这个尺度是现代主义者最重视发明创新的尺度范围。这并不意味着分类学家们不具有创新性，而是他们的创新性被应用在了比单体建筑更大或更小的尺度上，例如对于一个房间或一条街道。同样地，这也不能说明创新精神可以在任何一种建筑形式上得以体现。住宅，因为那是一个让人们得以休息和暂时逃避的地方，所以与其他建筑类型相比住宅的设计要相对地保守、缺少创造性。而且，住宅是城市肌理的主要组成部分，因此大片的城市肌理都表现出了与住宅一样保守的特性。

最具有建筑上的创造性和表现力的建筑类型就是人们工作、消遣和娱乐的地方。富有激进的创新精神的建筑师们在面对个人住宅或个人的第二住宅时拥有充分的施展空间；但在面对那些多个家庭共有一套住宅或住宅邻里的时候就不可能有同样的自由了，因为那里需要的是家庭和社区能够给人们的安全感和亲近感，而不是要努力竞争与奋斗的感觉。当天才建筑师 R·库哈斯 (Rem Koolhaus) 要进行像欧拉里尔 (Euralille) 的康格雷斯堡 (Congrexpo) 那样振奋人心的尝试的时候，那将是合情合理并让人激动的提议。但是他在日本的福冈 (Fukuoka) 将住宅设计得像坟墓或夜总会的时候就不是这样了。住宅社区比商业中心更具有社会的脆弱性，或者说在这个意义上社区与机场、传统的城市中心、娱乐中心和运动场所相比亦是如此。建筑师们必须在对传统习惯不屑一顾的时候给出适当的建筑类型和区位地点。在城市里并不是每一个地方都适合作实验品。大部分的邻里需要的是稳定，而不是创新。

类型学对于设计师来说也是高效和经济的。从一种经历了时间的考验的类型入手并将其改造成为一个适当的模型，比面对每一项任务都要重新开始要容易得多。类型学的方法更容易入手是因为它为设计师们提供了有限的、可以借鉴的建筑类型，而不是在一个建筑项目下几乎无数的可能性。现代主义者们坚持每一个项目都从草图开始做起，这种做法的成本代价是非常昂贵的，通常都会超过建筑的预算费用，搞得整个设计团队和客户都筋疲力尽。

一味创新与一味传统一样地专断……设计者们没有必要觉得一定要不断地做出新花样。

总之，在经济上的合理性已经使得建筑师们开始拥护类型学的设计方法。

"形式服从于功能"是现代主义者们的一致呼声。尽管这样的主张在建筑上可以实现，但在城市的尺度上它就忽视了形式与功能的联系。许多现代主义的建筑都是对一些项目的富有创造性的转变，这些项目每一个都可以被独立地称为一个类型。现代主义建筑将它们转变成为了前所未见和不可预见的形式、材料和结构体系，因此，人们通常都没有意识到这些建筑也是城市地域的组成要素。例如大多数的人们都不会将 F·L·赖特的古根海姆美术馆（Guggenheim）视为一座博物馆，也不会将勒·柯布西耶的朗香（Ronchamp）教堂视作大教堂。

另一方面，近年来商业性的现代主义建筑将一些综合性或混合式的建筑形式融合到了同一个屋檐下。这些廉价的小屋棚、斜屋顶的火柴盒式的房子和大体量的建筑没有强大的表现力和醒目的特征来形成城市景观。它们没有传统交易大厅的构造品质。它们具有与意大利式住宅和联排住宅相同的适应性，但是它们的建筑品质和设备的配置就差得多了。空间的设计并没有针对特定的用途。这些巨大的金属和水泥盒子里可以是商业中心、网球场或奶牛场。就像第一章中所说的那样，建筑类型减少的现象在城市的郊区更为严重，在那里建筑只是一种不断被重复的权宜之计。

类型学的建筑设计不会像现代主义那样在建筑环境中造成视觉混乱。同一类型的建筑在时空上能够彼此呼应，对于市民和旅游者来说城市会重新变得易于识别和理解。城市的重要性并不是体现在它们是由新奇的、令人兴奋的建筑物组成的让人屏息的集合体，而是在于它们是由各种各样的易于理解的建筑所组成的，这些建筑包括大的小的、重要的与不重要的、普通的和里程碑式的，还有引人注目和不那么醒目的建筑。当城市对于市民们来说是可理解的时候，城市就可以重新推动文化与社区价值的记录、法制化与传播。

类型学是不是掩盖了建筑创新的光芒？不，它只是对建筑的创新有所限制和转变了创新的尺度。就像许多其他的指令性体系一样，类型学实际上鼓励了那些更有条理的创新活动。各种类型为创新的发生提供了明确的框架——不论是在初始的设计、还是在建筑的使用过程中。它鼓励设计者们能够产生真正不同的变化而不只是在形式上做一些肤浅的、没有经过认真思考的发明创新。它限制原创性是有其特定的原因的——那些可以看作是改建、市场宣传或先锋派艺术的产物的发明。现代主义者们要求创新的要求最终变得与之前的要遵循传统的要求一样专断。类型学的追随者们能够超越平凡，但也只能是在适宜的尺度、有特定的环境保证下。他们并不想在每一个设计问题上都独树一帜。另一方面，他们必须防止自己对同一个类型的盲目的重复。

在对待随时间而变化的事物的问题上，类型学与现代主义的态度也是截然不同的。高端风格的现代主义建筑是为特定用户的特殊要求而建造的。它们从一开始就是有针对性的，不论是在内部结构还是在外观上都难以适应建筑的后续发展要求，而这些后续发展又是每一座建筑都必须面对的问题。各种不同的类型都没有太多的针对性，通常都比较有适应性。意大利式的公寓、长方形教堂、乔治王朝风格的联排住宅和科德角（Cape Cod）小别墅都是用途广泛的建筑类型。这并不是说所有的类型都要具有这样的适应性，但大多数基于类型学设计的建筑都可以随着时间的变化、根据顾客的不同要求而改变用途。在某种意义上，它们的出发点虽然是保守的、传统的，但最终将变为处于时代前沿的、先进的标志。而高端风格的现代主义建筑就完全不同了，它们一开始也许是前卫的，但随着使用者对建筑用途的不断变化，它们就逐渐地变得平庸起来。

尺度的问题

类型学对于创新发生的尺度也作了改变。与现代主义的特点不同，类型学注重在室内空间的尺度而不是在建筑的尺度上强调创新。现代主义对流通系统（包括楼梯间、廊道、电梯间，通常被形容为突出的、醒目的要素）过度关注而忽视了房间的重要性。重拾对分隔的空间的兴趣意味着再次强调了像门、柱和窗户那样的建筑要素的重要性，它们不再被认为是标准化的。在公共空间的尺度上，类型学也对创造性给予了规范。在一个城市的尺度上，空间的多样

图 3.10

在这两条西雅图居民区的街道上，建筑的表现力和创造性发生的尺度截然不同。传统的街区由属于同一类型的房屋组成，它们有相同的体量和建筑基底，但在建筑的细部装饰上则是千差万别。现代主义风格的街道上是多样化的建筑，体量和基底形状都不相同，但每座房屋的窗户、植物修剪和车库都是一样的标准化设计。前者的街道景观比后者更具有连贯性和地方化的特点。

化是值得提倡的，因为公共空间被认为是具有特定区位要求的和特殊用途的户外空间。它们与一般的街道和广场是不同的。从某种程度上说，类型学用在细部尺度和整个城市尺度上的创新取代了在单体建筑尺度上的创新。

现代主义所倡导的实用性的功能分区将城市分割为不同的功能单一的区域，大大减少了在一个给定的区域内塑造城市形态和空间所需要的功能区类型的数量。对于建筑体量的规定，通常造成的结果是空旷的、人流稀疏的街道和广场——多余而非有效的公共空间。如前所述，类型学保留了这种形体、空间上的关系，在空间形态的塑造上用公共空间取代了单体建筑。这种转变的具体内容如下表所示：

	细部装饰	建筑	街道/广场
现代主义	一般	特别	一般
类型学	特别	一般	特别

现代主义的创新只体现在一个尺度上。它把所有可以孵化的蛋都放在同一个篮子里，单体建筑，最好是独立式的单体建筑。建筑的细部设计和要素都是标准化的、普遍的，而建筑的规划设计及其组成部分则是富有创造力的、独特的。现代主义的发展还趋向于成为一种以可预见的、不知名的街道和广场为特征的城市主义。不同于这些特质，类型学只有在建筑的尺度上才是可预见的、模糊的。

利用类型学的方法，建筑师就可以在较小的建筑构成上发挥创造力——窗、门和细部装饰，一个类型对这些构件的约束程度远远小于对整体建筑外形的约束。在整个城市的尺度上，功能区内的统一性产生了功能混合的邻里和地区。就像建筑有了独特细部装饰和构件一样，一个城市也会因为有了不同的建筑类型和公共空间而变为一个更为丰富的序列组合，与此同时单体建筑也会变得更加规范、更加易于理解。

层次的问题

如果说在现代主义的设计中建筑的细部装饰和公共空间失去了多样性，那么后现代主义则刻意地保留了这些东西。后现代主义开始给同一个建筑类型披上不同的外衣，竭力地要抽取某座建筑的重要意义或想方设法地在没有什么特殊的背景的地方制造出前后关系。这种外衣通常跳过城市－城镇景观来夸大一座建筑的视觉重要性，对于混乱的建筑环境而言无疑是火上浇油。就像用一些华贵的饰品来装饰一份没有任何重要意义的文档，它过分美化了人们日常生活中使用的建筑。诚然，建筑师的责任就是设计日常的、商业的建筑，但后现代主义对功能主义的反应是过分强烈了。引用L·克里尔（Leon Krier）的一段话：

> 无论它在形式上有什么样的主张，也无论它被披上建筑的、自然的还是商业的外衣，一个超级市场都不会有什么特殊的重要意义。它在类型学和社会上的地位使其永远都不可能具有重要的文化内涵。反之亦然：无论一个历史悠久的城市中心是如何的美丽而庄严，它要长久地繁荣就不可避免地要转变成为一个购物、商务或休闲区。同样地，即使是最大的住宅计划也不可能成为一个城市或公众的象征……它在功能上的单一性和统一性使其无法为有重大意义的、里程碑式的城市形象工程提供类型学的素材。[8]

背景建筑与前景建筑

这是将建筑的表现形式与其功能联系在一起的另一种途径。在这里，功能是城市发展的连贯性而非一个建筑方案的内部统一及其外部的真实表现力。如果将私人的和商业的建筑置于前景，纪念碑式的建筑在当中就会显得格格不入。如果把重要的公共建筑置于背景，平庸的建筑在其中也是不妥当。就像第一章的开头中所说的那样，地方的邮局看起来像是仓库，相反储蓄所或诊所看起来则像是邮局或小型图书馆。这种错配使得西雅图的市政府被重新安置在了一座现有的办公大楼里。办公区对一个城市的行政来说是有必要的，这种发展战略使一些历史性建筑得到了保护，但它却错过了一个关键性的机遇。建设一个新的市政厅是一个机会——这个城市所剩不多的机会之一——建造一个不朽的公众建筑。还有可能在庄严的、作为前景建筑的市政大楼或其附近安排它的仪式场地——后来还以假日酒店（Holiday Inn）作为市政厅。

纪念碑式的建筑并不需要有很大的体量。它们只需要在外表上具有公众性。有时它们的高度会因为小型化和精致化而不是因为巨大的体量而得到强化。一座经过精心设计的、低层的市政厅能够取代周边高层的私人建筑并将它们推入背景建筑的地位。日本伊势神社（Ise Shrine）的那些庙宇就是一个显示精致、小型建筑的强大力量的著名案例。茶馆是这个国家另一个值得骄傲的例子。在费城，独立会堂（Independence Hall）在周边大型建筑的包围下依然醒目，正如波士顿的那些宝石般的殖民时期的建筑。在西雅图，先驱广场的天篷所产生的力量远远超过了它的体积本身。塔科马的联合车站（Union Station）亦是如此。西雅图邻里社区中的图书馆和消防站都很小，但

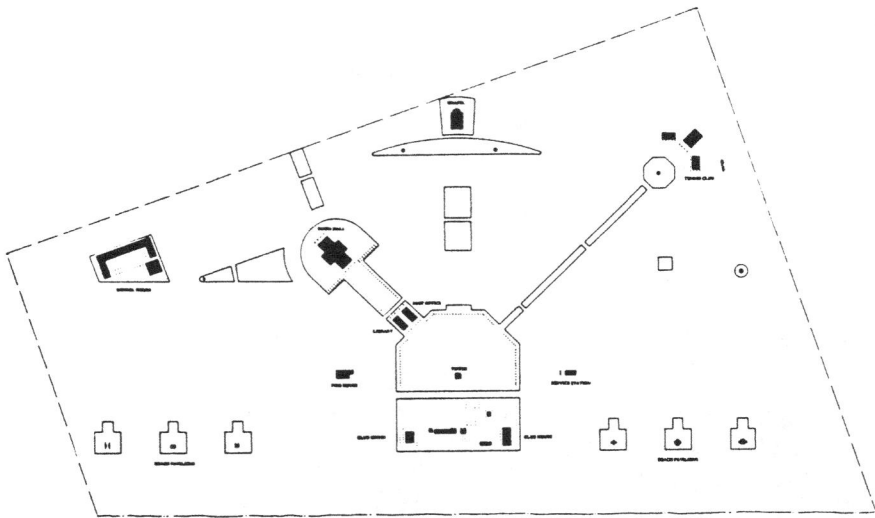

图 3.11

　　将住宅与公共建筑迥然分离，佛罗里达州的锡赛德根据类型而不是功能来分区。这个新传统主义的度假胜地用一个邻里内建筑类型的多样化取代了一个区域内功能的统一性。在它的规则中也包括了一些普通的建筑语言，这些建筑语言进一步加强了建筑与街道类型的层次性。例如，只有公共建筑是白色的；所有的房屋外观都必须上颜色、都要有带刺的篱笆等。而对于公共建筑则没有这么多的约束。它们被认为是形象上的标志和映衬在住宅背景建筑中的前景建筑。（Duany and Plater-Zyberk）

　　它们都需要有对于公众来说醒目的外观。

　　对一座建筑物重要性的适当表达是保持建筑和城市的内涵与清晰度的关键。重要性的层次和公私领域的界限已经变得模糊。当开发混合了公共与私人的功能时，城市将变得更为混乱，从而一个清晰的分类就成为了急需解决的问题。的确，放松对区域内功能统一的要求是类型学在改变城市内涵上的一次应用（看看西雅图贝尔街码头的港口，在那里公私功能的相互交融，没有明显的商业、工业和研究之分）。功能混合的作用是积极的，包括公私功能的融合，但这并不意味着要混淆不同建筑的类型和重要程度。

　　就像一些生物种类的灭绝一样，建筑类型的数量也在持续地下降，尤其是在城市的边缘地带。当越来越多的功能被包含在不起眼的斜顶仓库、玻璃盒子和前卫的金属小屋里面的时候，用来塑造和表现建筑环境的建筑类型就越来越少了。这就使得建筑师、工程师和城市设计师可以发挥的余地越来越小、力量越来越薄弱。最终造成了物质形态上的单一文化现象。

　　还有由功能主义理论衍生出来的、不属于本书讨论范围的另外一个问题。劳动分工的专业化——在文艺复兴时期就将设计从建筑行业中分离开来，其后又从建筑业中分化出不同的专业（工程师、规划师、景观设计师、室内设计师、工业设计师和城市设计师，大致依照这个顺序出现）。虽然设计从建筑行业中分离就发生在机能主义兴起之前，但设计行业的发展和相应的各个建筑学派的分化、分化成为不同的学院和科系则是发生在20世纪的后半叶的事（市政工程除外，因为它在几个世纪前就已经被分割出去了）。职业的多样化和专业化淡化了所有设计专业在认识和重现世界历史方面的力量。

图3.12

  那些认为在同一个主题上寻求分类与多样化是一件令人厌烦的事情的人们应该去听听巴赫的音乐（或摇滚乐），或者最好是在都柏林的街头漫步，在那里，一排相似的乔治王朝时代风格的联排住宅的前门就是一个丰富的、同一类型的队列。高品质的设计和工艺使得这些外表上的变化比现代郊区地带的多样化表现得更为真切。

  建筑师和其他设计行业的专业人士都已经认识到了功能主义的局限性并接受了类型学给他们带来的好处。这并不是说功能主义从根本上就消失了。显然，建筑还要继续经济、有效地发挥人们所赋予它们的功能。但这并不意味着要以牺牲城市的形象和发展连贯性为代价。在近十年中，功能作为一种设计的方法论和建筑规划布局的惟一手段的地位正在下降，背景环境研究和类型学已经逐渐将其取代。毕竟，通过灵活地表现城市发展的不同需要和维持建筑的连续性与统一性，类型学的方法很好地被应用在了城市主义的概念当中。类型学实际上是建筑学与城市主义的连接部分，而它恰恰被现代主义遗漏掉了。

　　建筑类型对于城市设计者们的意义就和建筑中的构件对于建筑师的意义一样。类型学是城市设计的语言。为一个特定的街道、邻里或社区内的建筑选择一个适当的类型远比将单体建筑建造得辉煌夺目要来得重要。一个城市并不是一系列漂亮建筑的集锦。看看那些世界博览会上由各国设计大师们设计出来的展台。这些展台不需要去组成一个地域或社区。哥伦布、印第安纳，都有本州最杰出的建筑师们所设计的作品。但是这些优胜品并不能保证构成一个连贯的、经过精心设计的城市或城镇。此刻，绝大多数美国城市所面临的问题并不是建筑上的平庸而是建筑类型上的混乱。然而，仅凭一个恰当的分类是无法形成一个良好的建筑环境的。只有将优秀的建筑设计和恰当的建筑分类结合在一起才可能实现设计所能够赋予建筑环境的神奇性与完整性。

　　我们重新评价了人类发展所需要的果敢与创新的程度。我们开始减小我们的预期来使其符合现实——就像一个演员在一出经典的悲剧中所感悟到的那样——我们要用有限的矿产、能源、空间、形态和建筑类型来塑造这个无限大的自然世界。不可能有无限的时间和资源来供我们寻求建筑与城市的发展。

类型学与批判的地方主义

　　如果说批判的地方主义支持和强调那些独特的、可持续发展的东西，那么类型学就带我们进入到了一个范围更广、更普遍的领域当中。它将我们的建筑与城市、区域以及建筑学与城市主义的理论联系在一起。它使我们意识到城市中的各个街区——也可以说是城市的 DNA ——互相联系在一起从而构成一个城市，城市不是各个街区简单叠加的结果。在现实世界中，城市是大多数人可以联系到的最大的也是最长久的事物。城市是由我们的祖先创建的，而我们又在为我们的后代子孙来建设它。城市是特殊而伟大的。两种不同的需要——独特性和作为一个伟大计划或庞大组织的一部分——是现代西方精神的重要组成部分。有人说类型学就可以满足这两种需要，因为类型学同时考虑到了建筑与城市的个性与共性。但当涉及到正在全球范围内迅速消失的区域差异时，类型学的方法就显得力不从心了。它也无法满足人们探求一个地方的现象学问题的需要。类型学本身还没有发展壮大到可以抵制文化趋同化和建筑模式化。因此，我们需要一个确定的、有判断力的地方主义。

这两种倾向间的张力和摩擦力是很多的。因为对于流行文化来说，批判的地方主义是苛刻甚至是傲慢的。它并不总是有利于城市的建设。因为更关注于区域而不是社区，所以在建筑的尺度上它是杰出的，但在建设街道或邻里的时候它批判的立场就会起到反作用。在批判流行文化的过程中，批判的地方主义保持了先锋派对文化的态度，即让艺术精英们不断地推翻传统。为了能够更真实、纯粹和持久，批判的地方主义将自己与标准规范区别开来。这种立场可能产生出优秀、甚至是深刻的建筑作品，但并不能创造出好的邻里、城镇或城市。一个城市的当权者应当了解那些能够在一个比较宽容的条件下将人们集聚起来的集体构架或契约的重要性。这也就是许多易于理解的、常规的、能够衬托出前景建筑或艺术作品的背景建筑。简而言之，在设计整个社区的时候我们必须防止出现不和谐的建筑物。另外还要记住类型学能够帮助我们，使我们的社区形成一个整体。

像社会和文化那样复杂的、自定义的系统就是需要相互抗争的、对立的思想和言论来激活和规范其自身。在别的朝代和文化下人类自身已经被置于一个很高的目标和集体归属感之下。当代的美国人同样需要个人的自由与集体归属感。反叛和自我中心是反连通性和集体精神的。如果我们既要为了个人也要为了集体而作设计，如果我们在建筑环境中既要表达地方特性又要表现各个地方的共性，那么地方主义与类型学就必须保持不断的交流与对话。

第四章　新城市主义

——城中村、步行社区、运输导向的 发展与传统的邻里设计

"也许在20世纪上半叶，建筑师被人们对摩登时代的期望所推动，轻易地放弃了城市建筑的传统。正当我们在经历前人的这种放弃所造成的后果时，我们也获得了一些收益：对那些经历了时间检验的城市传统进行再开发，吸引了越来越多的人的关注。疏远了新建的城市，我们在传统中找到了归宿。当传统无法解决现代人所面临的问题时，我们就再一次地相信了剧变式的创新。在我们即将迈入新世纪的时候，人类社会发展时钟的钟摆摆动的周期大大地缩短了。"

——亚历克斯·克里格（Alex Krieger）

有什么事物能被真实而有效地规划与设计？正如 F·A·海克（F.A. Hayek）等人所说的那样，答案当然不是文明社会。[1]东欧社会主义计划经济的失败证明，这个问题的答案也不是经济。这些"延伸的指令"太复杂以至于不能被合理、科学地理解、规划与设计。就像文明，它们必须通过无休止的自我改正、变形、实验和错误才能缓慢发展。文明是一种比个人天才要重要得多的人类智慧的体现，正如盖亚（Gaia）假设所主张的那样：我们的整个星球是一个生物有机体，它有着集体智慧，比任何单个的种类都要重要。人类文明允许合理性和智力的发展；它没有其他的路可走。文明（Culture）是复杂的，远非人类的智慧所能预测或编排，不管我们的智慧是否已经足以使我们实现登上月球的梦想，也不管我们的想像力在艺术领域当中有多么丰富，它是永远也不会被人类理解的。

然而，历史表明，我们在城市规划上能领先一步。地球各大洲，除了南极洲（保护它就其本身而言，是一个不错的想法）外，都有许多成功的城市

规划的例子。一些是总体规划的产物，更多的是分片区规划的结果，但是这其中最成功的都是那些能够体现一个地区自身的景观特色与人文气息的规划成果。它们有界线明确的中心和边缘，健康的邻里环境，令人振奋的区域空间和功能强大的交通走廊。实际上，那些没有按照自身的特色进行规划的城市，都会像休斯敦和东京那样变得丝毫没有特色和令人难以捉摸。本书认为，我们能想像和规划大都市区域——尽管它的边缘越来越没有固定形状。并不是说郊区的发展总是无序的；在大多数情况下，它们的发展都在人们的预料之中。但是从整体上看它们是由那些不连续的块状开发粘合在一起的结果。对一个区域的设计并不需要一个单独的总体规划或构想。它可以是在关键时候对关键地区的一系列的改造和重建。对不同地区改造和重建的范围和强度是本书第二部分所论述的内容。

私人掠夺

在小汽车出现之前，拥有路面电车的城市郊区（教堂山，麦迪逊公园和Leschi 等地区）的重要性十分突出。小汽车出现的时候，以小汽车为主要交通工具的郊区化也显出合理性。生活在一个宁静的有溪流的绿荫小巷，那里只有座位充足的校车可以接送孩子们，那是一种比生活在吵闹混乱城市邻里中更诱人的选择。这些内城的邻里环境正在被破坏，因为高速公路已经穿过它们到了郊区。接下来发生的都太相似了：夜晚无人的城市中心区；邻里学校、教堂和商店的减少；城市重建；大量闲置的土地和空地；交通拥挤；死胡同式的分区；日益加宽的主要干道和更长的红灯时间；区域购物中心和办公园区；商品蔬菜农场越来越少；日益增加的犯罪；停车场越来越多而绿地越来越少；烟雾和空气污染；缺乏发展动力的城市中心区；发展停滞的郊区……

西雅图已经避免了上述的这些噩梦。在那里，坚强的中产阶级和中上层阶级仍然没有逃到郊区去。再者，我们以比我们想像更快的速度在把西雅图这个区域洛杉矶化。从皮阿拉普（Puyallup）到埃弗里特（Everett）的交通和从圣莫妮卡（Santa Monica）到圣贝纳迪诺（San Bernadino）的一样，经常都是长时间的拥堵。并且我们的这块盆地中有建筑潜力的土地比洛杉矶盆地要大得多。我们可以用建筑从山地到海峡完全覆盖它。如果你在西部斯诺霍米什(Snohomish) 小镇驾驶，你就知道当地的沿街购物设施带已经相当普遍，因为那里的交通和西雅图市中心的一样糟糕。我们需要担心的只是零售数量。仅仅是谁能购买所有的商品？他们是真的需要它吗？

并不是说郊区的发展总是无序的；在大多数情况下，它们的发展都在人们的预料之中。但是从整体上看它们是由那些不连续的块状开发粘合在一起的结果。

这个区域内的很多郊区居民上班都要花45分钟在路上，这样，在他们的孩子成长的第一个18年后，他们8小时工作日花在交通上的时间加起来就是2.4年。而且他们也不愿意要孩子，因为目前在美国，有孩子的夫妇仅占新成家的住户总数的四分之一不到。

图4.1

这些洛杉矶和西雅图的地图的比例尺都是相同的。因为山区（图中粗的灰线所示）形成一个盆地，所以普吉特湾盆地地区的可建土地和扩展潜能都比较大。（一个西雅图公民的个人观点）

因此，我们如何能结束这种窘境呢？和那些阴险的批评家所主张的相反，这不是一个明显的故意的或是早安排好的阴谋。就像城市文明的产生一样，郊区文化和社会的到来也是一个十分复杂的现象以至于人们远远不能控制或掌握。当然，人们和各种机构一直在试图控制事件的进程，但是没有任何一个企业集团能够将其完全掌握在手里。正如刚才所说的那样，石油企业和汽车制造商在促进郊区化方面已竭尽全力，政府也做出了很多努力，诸如修高速路，下水道工程，为家庭抵押贷款减税等。建材工业，包括木材公司，已经知道他们经营的利润更多的是来自于郊区而非城市中心区。宽松的环境也为整个项目提供保证。但是这不是完全归咎于大型企业的贪婪和政府的集权。作为个人，我们是贪婪的消费者，能轻易地到麦迪逊大街和夕阳大道去进行购物和其他的消费活动。正如温德尔·贝里（Wendell Berry）所阐明的：

> 无论政府的政策和企业的方法和产品有多么大的破坏性，问题的根源
> 还是存在于个人的生活。我们必须学会看到每个涉及我们的问题……总是
> 直接和"我们如何生活"这个问题相联系。毫无疑问，这个世界正在被有
> 钱有权的人所破坏。它同样也被人们的普遍需求所破坏。没有足够多的有

权势的人来消耗这个世界，因为没有无数的普通消费者就没有他们这些有权有势的人。[2]

我们原本在内城的邻里中的那种缺乏精致与安逸的生活正在迅速地被另外一种生活方式所取代，那是在郊区的大房子里守着电视的轻松、平淡的生活。尽管杰斐逊（Jefferson）的反城市主义流传已久，但美国城市中的那种在历史长河中逐渐形成的市民文化还是被我们很快地丢弃了。幸好我们还有来自各个有着公众领域的国家（和那些富人居住在中心而不是边缘的城市）的移民，他们的到来丰富并加深了一些美国本身早就具备了的城市和种族观念。但是很多来自欧洲的移民却要舍弃公众生活。诚然，欧洲现代主义的先驱者们曾反对传统的城市街道以及它们所容纳的凌乱混杂。在由20世纪欧洲最神秘建筑家之一——勒·柯布西耶所发起的、国际现代建筑协会（C.I.A.M）的《雅典宪章》中，引入了如何在一种新的城市环境中将行人和车辆更为合理分开的争论，后来这种观点对美国产生了巨大的影响。

图 4.2

勒·柯布西耶为解决巴黎城市中心区的衰败和建设一个由摩天大楼和高速公路组成的现代化城市所作的规划（1925年）。它几乎全部否定了原来的那种城市街道和街道生活的想法。这是在欧洲的背景环境下所做的又一次要将原来的城市全部重建的大胆的规划范例。（勒·柯布西耶，《明日的城市》，1928年）

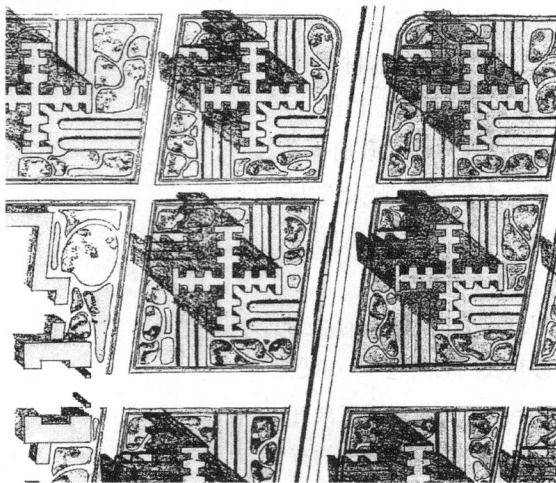

图 4.3

"街道的宽度不够……各个十字路口之间的距离太短……城市的街区，街道系统的直接副产品……早已不能满足任何需求……行人与机动车的路线要分离开来。这将是对城市交通方式的一次根本性的改革。没有什么能够比这更明智，也没有什么能在城市主义中开辟更新颖更丰富的领域了。"——国际现代建筑协会的《雅典宪章》，1933年

非洲裔美国人——被以最不公平的方式强制带到美国的人群——保持了他们那种牢固的而且丰富多彩的街头生活方式。就像拉丁美洲人一样。但是欧洲裔美国人仍旧继续逃离公众领域——最近的例子是他们离开了城市的公共空间而把自己困在郊区的私人领地中。他们带走了钱和最好的学校。我们城市的公共花园无法与郊区高尔夫球场的郁葱、富有相提并论。目前，约有半数的美国人住在郊区，郊区居民的收入平均比城市居民的收入要多60%。在美国，好的生活是和私人空间，而不是和公共空间联系在一起的。私人的保险箱都装满溢出了的同时，公共财产却在日趋减少。

尽管我们不可能从微观上去逐个控制那些导致城市蔓延发展的力量，但是我们能较好地控制其中的一部分。首先，我们必须消除两个导致城市蔓延的主要因素：人为因素造成的廉价的土地和廉价的能源。就像一个超大型油轮，要走10英里（约16km）才能停下来，美国经济发展的转变也将是缓慢的，尽管我们要扭转自身的观点并不困难。然而，如果我们不将这两个推动城市蔓延的主要因素改变的话，那许多其他的城市改革就将成为徒劳。同时，我们也要允许农村的单一栽培，因为在那里现在最挣钱的农作物就是像麦子一样迅速成长的房屋。我们把农作物成长的季节换成房屋建设的季节。这种影响深远的转换法将会把汽油和农村的土地变得更加昂贵，以至于它们的市场价格能够更为真实地反映它们真正的价值。

绝对地说，填充城市在资本和运行费用方面都要比低密度的乡村土地开发少得多。蔓延发展的资本费用很高：新的高速路、道路、下水道排污、公用设施、水处理系统、新的学校和校车队、新的商店和需要员工有私人汽车的工作，这就加剧了空气污染、交通拥塞和时间的浪费问题。然而，我们在高成本的条件下依然继续开发扩展城市边缘。这是为什么呢？因为这种做法所能够带来的利润是十分可观的。土地的资金成本仍然很低廉，但是会有基础设施的负担，尽管在第一章中我们提到过并行的趋势，也经常能够转嫁到公共部门身上去。此外，政府在能源方面给予的补贴掩盖了郊区居民巨大的生活成本——所有小汽车和校车的燃料费和维修费，以及所有独立式房屋的供暖和空调费用。

填充式的城市开发的资金成本是比较少的，因为大部分自然的、商业的和机构的基础建设都已经具备。操作成本也比较低，因为城市的密集开发产生了那种能够更有效地利用能源的建筑物和较少的通勤运输量。不幸的是——非常不幸的——我们的不确定的市场体系的价格机制对郊区土地的标价远远低于对城市土地的标价。企图把公共成本转移给发展商并且依次转移给房屋购买者，以此来弥补市场的不足。但是，并不能弥补所有的缺陷：

场馆的建设费用，比如动物园、水族馆、城市公园、艺术馆、植物园和交响音乐厅，继续成为城市纳税人越来越重的负担，而很少能从郊区税收中得到帮助。在都市区范围内的收入共享和土地改革一样重要。

　　另外一个对付乡村土地的标价过低和土地投机商的横财暴利的方法是让公共部分本身也能在市场上进行投机买卖。在这种情景下，当地政府以农业用地的价格在城市边缘购买土地，再分区后，再把土地卖给发展商。财政紧张的政府部门因此能够得到那些通常都是被开发商赚取的巨大利润。由于分区而增加的价值被公共部分获得并用于基础设施建设以后，还能留下大量的赢余作为其他的公共用途。再者，它能指导、要求发展符合一个首选的模式，甚至是为发展绘制地图也要符合这个首选模式。在欧洲同样十分普遍，但这个想法却是美国所特有的；除了乔治·华盛顿外，还有许多人也曾这样做过。作为总统，乔治·华盛顿谴责了在哥伦比亚特区大量的土地私有，并让朗方（L'Enfant）来规划设计一个美丽的首都，而其中的一些土地被卖回到私营部门去进行开发。

　　这个方案比在项目进行的同时上报财政有更多好处，特别是在美国城市为争取资金而奋斗的时候。然而，它却有一个巨大的潜在漏洞：它把政府变成了商务事业。正如简·雅各布斯（Jane Jacobs）在《生存体系》（Systems of Survival）[3]中明确地指出，政府在商业方面是做不好的，企业在处理政府事务方面也不能做好。当这两个基本领域——商业运作与监督机制——颠倒时，混乱和问题就产生了。简而言之，政府官僚可能太缓慢、太缺乏效率和太陷于公正和保护的价值观中以至于不能在商业市场所擅长的买卖中做一个可信的工作。土地发展对贪污来说可能也是一个非常大的诱惑，因为有些时候，增值土地的价值可能是非常巨大。我们在采用这种方法的时候必须小心谨慎，但是虽然如此，还是要测试它是否适用于美国的大都市。

　　如果人为标价过低的土地是导致蔓延的首要原因，那么低价的汽油是下一个最大的罪魁祸首。汽油价格多年来已经明显下降了。如果我们用完全成本价格购买石油，那么抽水机的价格可能会高出许多。正如在第一章中提到的，外在性包括在地球更边远地区更深层的钻探而产生的环境成本，清除空气污染、石油渗漏和温室气体所需的成本，更不用说保护国外石油资源安全的人员成本和军事成本。我们需要一个很重的汽油税，越快越好。我们仅能做那些很早前欧洲和日本就有理智去做的事。

　　这些大规模的宏观经济改革超出了国家或地区的能力或权限。然而，一个城市必须通过改革它的土地使用和交通政策来解决本地区的当务之急。为了重申中心论题：没有足够的时间和资源能一次性地解决社会中的许多问

> 如果人为标价过低的土地是导致蔓延的首要原因，那么低价的汽油是下一个最大的罪魁祸首。

题，我们需要一个能同时解决许多问题的全面的想法。因为许多我们的政府
设施和机构都陷入困境——12年义务教育、大学教育、卫生保健、公共安全、
公共福利、公共交通、道路和桥梁、为无家可归的人和穷人提供栖息之所等，
所以说一场真正的危机正在酝酿之中。因为我们能够解决的只是局部性的问
题，许多美国城市的发展现在都面临崩溃，许多州的财政预算也出现了赤字。
修建一条高速立体交叉公路的费用和建设一家医院的成本相同，用建造一座
核电站的钱就可以建起一个大学。

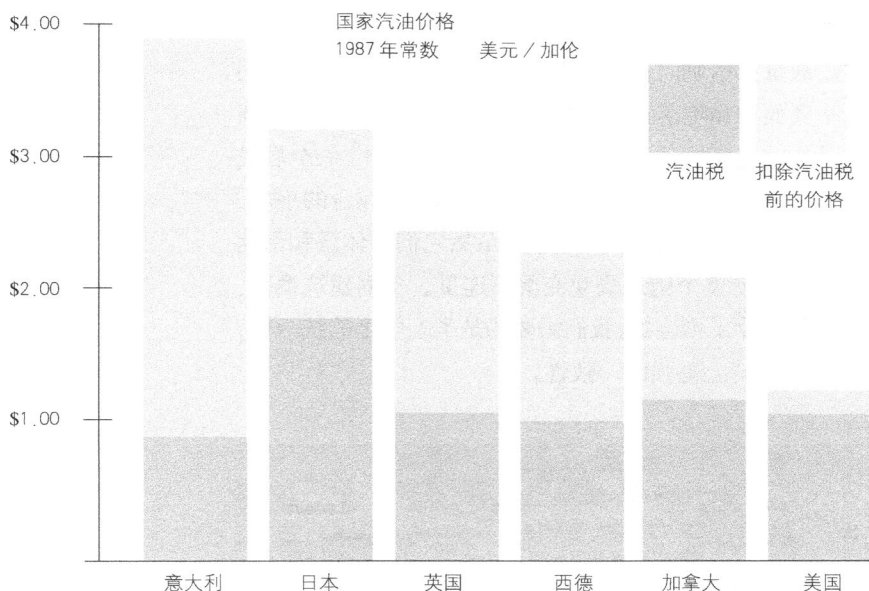

图 4.4

那些燃油税比较高的国家，所征收的燃油税能够越来越接近汽车和卡车使用的燃油真正成
本。美国因为人为的低价汽油而自我愚弄，变得更加地依赖汽车。与那些具有同等的生产力水
平和社会经济繁荣程度的国家相比，美国人驾驶汽车远行的频率要高得多，因此消耗的燃料也
就更多。

功能分区遭破坏

除了改革土地利用和交通政策，国家和地区还应该对城市内部的功能分
区和土地使用法进行重新修订。分区和有关的法律通过将不同的城市功能分
隔开来，一直都在尽力保护城市居民的健康、安全和福利。有害的生产活动
远离那些不会对城市居民造成危害的生产活动，因为居民区被看作一个城市

最应该被保护的功能区（现在，出于各种原因，工业区有时也会得到最好的隔离与保护）。体量上的要求，比如建筑物后退红线的距离和高度限定，被加进去以确保室内光线和空气的充足和督促防火。不幸的是，这些规章已经被越来越多的运用于保护财产价值而不是保护人们的生命与健康。

虽然美国城市都有十分明确的功能分区，但是给人的视觉环境却是混乱而不连贯的。现代分区已经倾向于在单一区域内实现功能上的统一，但是这样的分区在视觉上却是凌乱的。如果你考虑到分区从来没从本质上考虑城市设计价值本身，那么这个结果就不是那么让人吃惊了。分区的初衷并不是要达到某些特定的建筑学和城市设计的目的。它由律师撰写，也经常是为律师而写，它的语言通常在数量上精确而在质量上有缺失。通过统一的建筑用途和建筑的最大高度、基底面积和院落设计，产生了在物质形体上彼此分离的各个地区和邻里。但是这些地区的建筑类型经常不相容。比如，一个居民区的街道在同样的土地大小上，可能会有一排房子，其中包括带凉台的平房、两到三层的小别墅、错层式房屋和农场主式的别墅。虽然它们在体量和用途上都符合规定，但是它们还是使整个街道景观变得不连贯。不同建筑类型、建筑风格与相应的材料特征导致了不连贯。我们需要的是类型学上的统一性，而这种一致性会反过来带来建筑上更强的一致性。

"功能分区不是无罪的手段，它是破坏前工业城市的社会、民主和文化的无限复杂的社会和自然结构的最有效的手段。"
——L·克里尔

图4.5

大型购物中心，一个完全用于消费的机器，是一个被沥青海洋所包围的单一用途建筑。它经常被化妆成公共领域——因为它的展品和表现力——但是，它是被私人利益所占有的，而私人利益的根本在于私人利润而不是公共利益。

在西雅图和塔科马，最值得纪念、在建筑上最成功的邻里就是那些建筑物类型相似的地方（先驱广场、国会山的部分、圣安妮皇后大街、拉韦纳、麦迪逊公园、沃灵福德和塔科马北部）。正是那些建筑类型千差万别的地区（丹尼坡的部分、市中心的局部、弗斯特山的局部）破坏了整个城市的景观秩序。虽然这些地区通过良好的建筑和维护能够恢复，就像在弗斯特山，但我们说这样的案例是成功的，并不是因为其中采用了多种多样的建筑材料。另一方面，在类型上过度一致，而缺乏在细节上的变化，也能像完全没有秩序一样带来负面效应。让我们看看在费城、纽约和巴尔的摩的那些相似的联排住宅和廉价公寓以及那些在城市郊区不断重复的一排排新殖民主义住房建筑或农场主式的房屋，就不难看出这种过度一致的负面效应。好的邻里设计的目标应该能够找到多样性差别和有序统一的平衡点。

正如第一章所提到的，郊区土地利用分区已经产生了大块单一用途的地区：居住区、以公寓为主的建筑综合体、购物中心、办公园区、学校区和娱乐区。每个大的分区都是通过大片的空地和一些宽得令人无法徒步穿过的主干道来彼此分隔。人们不仅开车往返于各分区之间，就连人们在居住区内或是办公园区内的许多活动也要借助机动车来完成。当然，合伙使用汽车的情况并不普遍，因为人们是不会选择在他们把车放在家里的那天步行去餐馆和干洗店的。办公园区内的美丽风景和独具特色的水池看上去固然漂亮，但是这些园艺的装饰掩盖住的却是一种社会文化的荒芜。最近我们尝试在入口处修建加油站、餐馆和便利店，尽管这种措施并非强而有力的，但可以说这也是在朝正确的方向迈进。在环境方面，用草木茂盛的风景和美丽夺目的标志来装饰依赖汽车的办公园区就像在有毒、恶臭的垃圾堆上洒香水一样愚蠢。除非人们能真正减少对汽车的依赖，否则，不论办公园区看上去是多么舒适，它终究会成为一个无法解决的问题。

我们目前所需要的是在更小的范围内更紧凑的真正集多种用途于一身的适合步行的开发模式。再者，郊区分区中功能划分过于清晰。我们需要在功能上稍微含糊一些，但是因为现今的分区法则，要做到这一点很困难。一个老式的城镇不可能同时具备充满生机活力与混合的土地利用这两种特征。实际上，要在大部分郊区地区修建一座传统的市镇也是不合法的。但是，正如由杜安（Duany）、普拉特 - 柴伯克（Plater-Zyberk）和卡尔索普联合公司（Calthorpe and Associates）等城市规划者在全国所进行的一些项目那样，我们也可能战胜这些过时的法规。他们的工作并没有遵从传统的、为城市设计而设立的分区法则，虽然这些法则的篇幅通常只有几页纸这么长。

当市政当局的规则比它的电话号码本还要厚，除了律师，其他任何人都不可能完全弄明白的时候，这些图解和图表就成了一种普遍的毒药。因为传统的分区法则数十年来已经被非设计专业人士撰写和增加了多次，所以难以想象它们在空间上所造成的后果。建筑和功能分区规则就像美国国税局(IRS)的税收规则一样需要简化。在华盛顿州，4卷1000多页的《建筑规范》现在仍然需要十几个其他的法规作为补充。功能分区法规能够凌驾于所有规章之上。制定这些法规的初衷都是好的，但是它们的累积效应着实令人难以接受。设计指导，无论是为私人开发还是为城市或国家发展，都应该被设计和计划者用易懂的英文起草。简单图表能让开发商和非专业人士迅速理解。

设计指导方针是一个与功能分区根本不同的类型学管理方法。分区法则是技术上的、语言上和附加的，而设计指导方针是图表式的、说明性的、综合的。西雅图目前的通过抽象构思得到的、不明确的功能分区法则，比如NC-1、DOC-2或R-5000，就是典型的禁止性的、有条件的、模棱两可的法则，而不具有说明性和启发性。在某种程度上，现代的分区法则就像一种行为规范，也就是说，它们要求符合某种条件和标准，而通常上是数量标准。结果，这些法则并没有规定首选设计方案的选取标准，却对设计可行性（一个十分符合现代建筑的观念）的范围作了很多规定。这种自由就相当于建筑学上的轮盘赌，特别是当其与放任自由的现代主义结合时。统一土地利用和建筑体量的代价就是视觉上和建筑学上的混乱——如此的杂乱以至于后来人们不得不采用建筑指导方针来进行弥补。"设计"指导方针和"建筑"指导方针不同，后者更加关心美学和建筑细节、建筑材料和色彩的一致性。正是由于这种混乱，我们只能把设计指导方针称为"城市设计"导则的时候，才能使设计指导方针更容易被理解和接受。

尽管对于每个州的发展都必须要求的区域发展总体规划而言，城市设计导则是它的一项重要基础。但无论是总体规划还是城市设计导则都无法满足指导区域发展的全部需要。第三个基本要素是邻里规划，也叫做特殊地区计划或特殊计划。它对于社区规划和社区建设的重要性就像凳子的第三个腿对于凳子来说一样。如果区域发展总体规划为市政当局提供了全方位的架构和设想，同时城市设计指导方针也阐明了发展的特点和空间构架，那么邻里规划将规划出一个特定的邻里或地区的将来。它不只是一张土地利用地图，还是一个说明了特定地区内的建筑类型和使用的总体规划。它能真实地描绘街道和各个地块，正如美国城市的公共部门所作的工作那样。（市政当局不应该再允许由私人开发商来执行这一重要的职能，至少应该提出和强化指导方针的作用。）邻里规划中还针对不同的发展阶段提出了各个阶段的发展方案，对重点地段还要绘制三维立体图以及建立相应的几何模型。虽然专业的城市设

……要在大部分郊区地区修建一座传统的市镇也是不合法的。

计者和规划者对实施这些规划来说是不可或缺的,但是市民在实施这些规划中所起到的积极作用也非常重要。

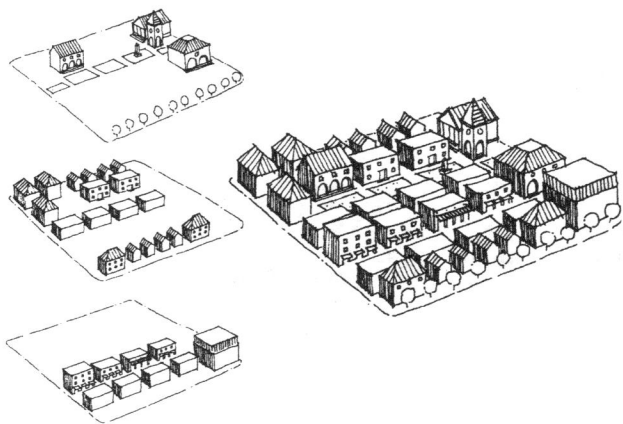

图4.6

设计指导方针必须对不同的建筑做出明确的分区——公共区域和私人区域、大众化的建筑和经过精心设计的建筑,前景建筑和背景建筑。在这里,一个城市的三个重要组成部分——公共机构、住宅和商业建筑——的分布是清晰可辨的,由于它们因不同的建筑类型而被完全划分开来。(卡尔索普联合公司绘制)

本书的第二部分所反映设计专项组的工作和成果,基本上是邻里规划的代表。它们划分不同的土地利用类型,划分地块和街道,并对各种建筑类型作了说明。它们尤其关注那些没有邻里或开发商的未被充分利用的土地。对于既有的邻里和区域来说,邻里规划的实施是重要的,在许多方面也是比较困难的。通常一个邻里应自觉地完成规划的实施并制定出一个适合自身特点的发展计划,这个计划不仅能和区域发展总体规划保持一致,也要和市政当局所采用的城市设计导则的规定保持一致。实际上,启发并帮助地方、包括社区的设计专项组自觉地进行规划实施工作,是本书的主要目标之一。

城中村

为什么说西雅图的城中村的存在是合理的? 首先,城中村的存在是合理的——在某种程度上它们是充分发挥城市对区域发展的作用的有效方式。它们也能很好地配合该城市现存的许多不需要增加密度的邻里的要求。这对于那些处于选举阶段的官员们来说也是一项重要的政治资本。

其次,它们是经济的,因为在诸如因特湾(Interbay)、西雅图康芒斯

（Seattle Commons）、索多（Sodo）、诺多（Nodo）、雷尼尔(Rainier)大街、诺斯盖特（Northgate）和塔科马多姆（Tacoma Dome）等这些可能的地方上，大部分基础设施已经位于合适的位置。这些地区的建设成本在绝对量上看是比较可以接受的——也就是说，它们对社会和个人的总成本比在城市边缘建一个新的邻里所需要的总成本要低。

图4.7

西雅图总体规划所描述的居住城中村　　　　　西雅图总体规划所描述的中心城中村

　　第三，它们是适宜步行的，这一点比交通导向设计要好。因为它们又小又密集，并且包含了各种不同的土地利用类型的混合，所以许多居家活动都可以用步行——在交通体系中最便宜、最健康、最令人愉快的交通方式。人类本身就可以轻易而舒适地行走，甚至曾经有可能进化成为游牧的种族。(比如，我们的大脚趾已经进化得能轻易在我们优雅的步态中给我们推力，而这种步态的速度能让我们和我们周围的社会及物质世界发生丰富的相互作用。)步行是各个时期交通问题的一个永久解决方案，因为它避免了对机动交通的依赖。(商品就另当别论了，它们需要的是更多的手推车。)

　　第四，它们也是有利于交通的。适宜步行的邻里是交通运输最好的起点和终点，因为在交通路线的两头人们都不再需要使用汽车。如果它们是紧凑密集的，那么在公共汽车、有轨电车或是车站附近它们就能够集聚到修建一个公共交通系统所必须的足够多的乘车者。全世界所有的公交系统都在某种程度上被给予补贴——以后我们社区内的任何社区运输系统也是这样，注意到这一点对我们来说是非常重要的。但是高速公路也应该被给予补贴。我们应当意识到，社区运输系统和高速公路都是一项投资而非一个单纯的交通系统；它们是城市基础设施的重要组成部分，它们是支持城市机体的骨架。但是，要在高速公路交叉处或是六车道的主要干道的交叉处建设统一、连续的邻里是非常困难的。另一方面，建立轻轨车站是形成、组织邻里的最佳方法。

　　第五，城中村有利于创造友好的邻里气氛。它们能产生从来没有的团结的邻里。比如，要在西雅图康芒斯的范围内建设三个不同的邻里是完全可能的，而且每个邻里都有自己的小公园和便利店。近年来的一些研究和无数的经验表明，一个每平方英里有 2500~5000 居民（约相当于 1000~2000 居民/km²）的地区将适合做良好的邻里——城市的组成部分。一个邻里能支持一个小学校，两个邻里就能支持一个超市，而学校和超市对于形成一个社区来说都是必需而且重要的。

第六，这些城中村通过帮助减少诸如空气污染、温室效应、能源短缺、自然资源枯竭、居住地减少、农业生产萎缩和开敞空间缺乏等环境问题，是有利于城市的可持续发展的。它们也是对社会有益的，因为它们把不同年龄段、不同社会经济阶层、不同种族和不同的家庭类型（包括单身人士和那些在依赖小汽车的郊区化时期没有受到良好照顾的老年人）都混合到了一起。虽然这种混合没有装有大门的分区那样舒适和具有上流社会的风范，但是社会隔离会慢慢变成一种疏远，并最终可能成为导致城市暴动的不稳定因素之一。正如在第一章所说的，在日常生活中相互发泄我们合理的不同见解和抑郁比将这些情绪在种族和阶级动乱中发泄要好。更多的人与人之间的交流肯定能促进人们的相互理解。这并不是说各种族群体不应该拥有自己的邻里，即使他们非常想拥有也不行。而是说，在城中村这个范围内的社会种族大混合比城市中的大面积犹太区要好。（邻里中的住房、商店和娱乐设施的配置都是平衡的，而地区是不平衡的，并且经常是有意被用作单一用途，比如用于娱乐或工业。）比如，在西雅图康芒斯附近最初建议的三个不同的邻里或城中村能够具有不同的社会经济和/或种族特点。至少存在这种可能性，即截然不同的邻里能保持各自的特性但是又能共用一个大型中央公园。各个种族群体能和谐共存在诸如苏厄德（Seward）和马利摩尔（Marymoor）的地区里。最理想的就是每个新的城市邻里都能拥有自己的小公园和社区中心。

第七，也是最后一点，城中村是生机勃勃、丰富和让人愉快的环境。郊区的生活和环境最多是普通的，弄不好还会是十分乏味无聊的。由于它们的单一的居住功能，它们是卧室区而不是邻里。再者，郊区的发展模式，不仅仅吞并了乡村，实际上也正在侵占城市。在单层建筑前的大型停车场已经占据了西雅图南部的雷克工会和雷尼尔大道，并且已经长期控制了曙光（Aurora）大街。塔科马和艾弗里特的部分地区已经被彻底郊区化了。这些地区最后也需要重新改建成为邻里或者至少是运输导向明确的地区。在大学区等地方的更多的城市邻里需要强化，并且在"穹隆之王"以北的停车场这样的地方也应该像各设计专项组所提出的方案那样进行填充式的开发。

城中村也是多样化的、富有生机活力的、适应城市居民生活需要的袖珍

在日常生活中相互发泄我们合理的不同见解和抑郁比将这些情绪在种族和阶级动乱中发泄要好。

地带。其中，位于底层零售商店上面的居住和办公用房都面对着宽阔的人行道，人行道两边还有行道树和小餐馆。那些位于停车厂或工厂车间之上的廉价公寓看起来更像是一排马厩。高楼大厦顶部的阁楼和公用屋顶花园的地理优势是可以领略到这个地区的美丽景色。所有的建筑物都不应该高于6层：在一层商用或停车用的混凝土楼层上再建筑4或5层的木质结构——这是一种经济型的建筑类型并且在丹尼坡和西雅图其他地区已经被证实能够使许多适宜居住的设计变为实现。这就是汽车出现以前的城市建筑群。它更注重行人导向的各个细节，而不是关注那些专门设计成能被人们在高速行车时从挡风玻璃看到浮华的雕刻标志和独立建筑。

住房和商店应该是背景建筑，在街道的一边构成界限清楚的街墙。这些街墙应该尽可能连续，而不被停车场随意打断。正因为西雅图先民广场的设计是适宜步行的，所以那里的街墙就可以被赋予更多细部设计样式和个性化的制作工艺。这些构成街墙的背景建筑可以有不同的修建方式和所有权形式，但它们的基底通常都要占据一部分的人行道而且檐口线的高度都基本一致。街道的线性空间有时会被公共广场所打破，欧美购物中心附近的广场就是一个例子。这种连续的大面积的开放空间在城市中强化了公众室外活动的范围与场所，必须给予周密细致的规划设计，因为这些开放空间在城市里代表了这个地区被开发后所遗留下来的自然环境的面貌。那些街道和广场让人们感到欣慰的是它们完全是依据人性尺度来设计的，人们可以畅快地步行其间——而不像是从几英里以外看到的高耸的天际线那样能够让人倒吸一口凉气。但并非每一条街道的设计都是如此，除非那里有相应的大型开敞空间，譬如纽约的中央公园（Central Park）。

城市耗损

以上的文字也许会让读者觉得作者对城中村的支持态度过于乐观了，其实我们对此还有几点疑问。一是城中村对工业生产可能产生负面效应。如果像西雅图茵特湾那样的地区被恢复到居住城中村的状态，那么随之而来的就是工业布局的混乱或工业企业的减少。因此，91终点站／茵特湾设计专项组在进行土地利用重组时尽量保留原有的工业并使之分布得更为密集。然而，西雅图康芒斯设计专项组的成员们发现无法在他们改造过的邻里中对所有的工业仓储和轻工业设施进行布局重组。尽管我们可以说无论如何工业应当搬到城市甚至乡镇之外，但一个健康、可持续发展的城市应当是一个多样化的城市。一个发展到成熟阶段的城市在拥有精彩纷呈的居住、商业、科研和娱乐设施的同时也需要一些生产和制造功能。

那些被严格定义的服务型城市终将会像许多城市郊区那样变成由白领阶层垄断的单一文化区域。一些在城市里长大的孩子就可能从来都没有机会去看看飞机制造、轮船装卸、服装裁剪和报刊印刷；在郊区长大的孩子们也没有见过农场养殖的动物，除了在动物园。尽管城中村确实能够将居住与生活结合起来，在居住区中还有工匠、艺术家、各种技术层次的家庭手工业的工作场所，但城中村却加剧了城市中重工业及其所提供的就业机会的流失。这种趋势必须得到有效遏制与逆转，因为我们需要的是健康发展的城市经济与文化。

另一个吸纳人口增长的办法是鼓励那些现有的独户住宅（即一座房子里只住着一个家庭的居住模式）为主的邻里接受辅助住宅单元（accessory unit），这种方式在华盛顿州已经是合法的了。许多现有的独户住宅可以将自家房内的辅助单元出租或将房子隔成若干个小公寓后再租出去。然而近十年来在城市范围内大量修建了新的房子和公寓楼的同时，西雅图的人口只增长到了54万，早在20世纪60年代西雅图的人口数量就已经达到了这个数字，到70年代和80年代的早期的时候又下降到49万人。这些数字表明了在那些比较陈旧、面积较大的房子里会有许多空余的房间。另外，这些数字也说明了即使是那些对人口增长的抱怨之声最大的邻里，它们的实际居住密度也比过去要低。为什么不把这些空余的房间拿到市场上去进行出租呢？这样既能够给租房者们提供价格合理的住房，同时又可以为房主节省一部分房屋维护费用。房屋内部的分割并不会影响邻里的外在形象，如果这个邻里靠近公交站点的话，这种做法也不会导致街道停车场地需求的增加。

一些在城市里长大的孩子就可能从来都没有机会去看看飞机制造、轮船装卸、服装裁剪和报刊印刷；在郊区长大的孩子们也没有见过农场养殖的动物，除了在动物园。

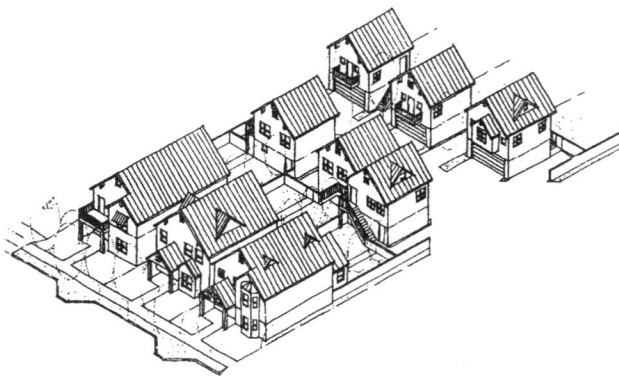

图4.8

带有地界零线（zero-lot line）的独户住宅和有底层车库的公寓楼能够聚集足以支撑公交线路运行的人口密度，同时还能保持独户住宅邻里的氛围和尺度。（卡尔索普联合公司绘制）

图4.9

西雅图的一个独户住宅邻里内的一座车库，车库的上面带有公寓。车库上面的辅助单元——也叫做老奶奶套间、岳母公寓和车库公寓——是提高居住密度最有效和经济的方法。因为这样既可以给单身人士和年轻的夫妇们提供租金较低的住房，又可以给那些大家庭或人口扩充后的家庭提供额外的空间和收入。

　　我们这个地区的历史比较悠久的一些城镇都从那些小巷中受益匪浅。这些小巷是垃圾处理、公用设施配置、停车位、洗车房和儿童游戏等的理想场所。许多小巷的两边都是车库或简易车棚，加在车库之上的第二层的通常是出租的公寓或家庭式的作坊、工作室，又或者是孩子们的卧室。那些对本地发展持反对态度的人担心租房收入不稳定以及犯罪率会提高，其实这些问题都已经被证明了是不存在的。但不幸的是这种想法在政府允许和鼓励辅助单元的解释下还是被传开了。政府的法令没有起到允许建设独立式的辅助单元从而为城市居民提供更为密集的、价格合理的住房的作用。这些法令同时还要求增加离开街道的停车空间，要让居住在公交车站周边方圆1/4英里（约400m）的范围内的居民不再需要使用机动车出行。

　　当萨克拉门托的第一个公交导向的发展计划提出要建设这样的小巷时，警察部门提出了反对意见。但是这些车库单元建设起来、警察部门不再保留他们的意见的时候，也就预示着这些小巷实际上可以起到减少犯罪的作用。本身就居住在出租单元内的房东在租房的时候会比别的公寓楼的户主注意挑选有责任感的房客。这些房东们还能够更持久地为租房者们提供价钱合理的住房单元，因为这些房子的租金不会像一些出租的福利房的房租那样被炒作。辅助单元和车库公寓就像房产业的"多乘车汽车专行线"，显然可以给投资方带来最大的回报，使我们应该大力推广的一项战略措施，因为我们总是会先去摘那些在果树上挂得最低的水果。

　　现在一些现有的邻里中还有一些选择性地向外拓展用地的项目正在进行中。然而市民们反对这样做，他们认为邻里中商业区的一部分可以被很好地

辅助单元和车库公寓就像房产业的"多乘客汽车专行线"。

转化成为居住用地。这些新增的住房可以采用一些新的公寓楼的模式（将后院建到人行道上，采用地下停车的模式），还可以在分割得比较小的地块上填充联排住宅、复式公寓或独立式的房屋。停车通常被认为是应该在邻里内被禁止的。当人们使用公共交通、自行车通勤和步行方式的可能性逐渐增加的时候，城市中对停车的需求就自然会降下来了。

也许以上的这些措施都是我们所需要的。当被问到这个城市对预先制定的区域人口增长的贡献率时，西雅图原计划在未来的20年内要吸纳约8万户居民。这个目标到后来又被调整到了6万户。尽管这个数字要大大低于在现有的规划区内可以建造的14万户居民住房的数量，但这仍然是一项艰巨的任务。假设新增家庭平均每户1.2人，也就是约有72000人要迁入12~24个新的城中村，平均每个城中村将容纳2500~5000人。并不是说没有地方兴建这些新的城中村。一些城中村，例如以前的西雅图康芒斯或现在的大学区，都是超过5000人的大型城中村，其中包含了好几个邻里。以下是在合理的情况下的一个比较粗略的估算：

类型	人口增长	
城中村	2 × 12500(例如西雅图康芒斯，茵特湾)	25000
	2 × 7500 (例如北门、大学区)	15000
	(3~6)×(2000~4000) (例如"穿隆之王"北部地区)	12000
车库公寓单元	4000 × 1.25 人 / 户	5000
辅助公寓单元	6000 × 1.0 人 / 户	4000
公寓大楼	6000 × 2.0 人 / 户	12000
填充的房屋	1000 × 2.0 人 / 户	2000
	总共	75000
	住房供给减少	-3000
	净增人口	72000

如果像西雅图这样一个没有受到太多各种社会、环境和经济问题困扰的城市都无法进行城中村的发展战略，那么我们就不可能再指望别的城市能够成功。许多东海岸的城市都或多或少地放弃了这种发展战略，因为它们无法承受在进行新的计划的同时所造成的大批资金流向郊区或其他地区的后果。执行这样的战略需要一个全新的成功模式和强大的政治力量的支持。城中村将是这个成功典范的主要组成部分。

行人主导的社区、运输导向的发展（TODS）与传统邻里设计（TNDS）

如果说城中村和分区改革是适合于城市与郊区地区发展现状的，那么什

西雅图将参与区域的预计人口增长（A rough cut at absorbing Seattle's fair share of predicted regional growth.）。这种增长并不代表比例上的份额。如果大都市区在未来20年的增长超过100万人，西雅图则必须从54万人增长到72.5万人才能维持其现有的在区域中的人口份额。这表明18.5万的人口增长或约2.5倍于计划的增长。

么才是新的郊区开发所需要的发展战略呢？在郊区我们最急需的是新的、强制性的类型管制——我们需要将在城市建成区外围低密度、同类型的建筑群整合成为有边界的、充满生机活力和适宜步行的社区。那种独户住宅、大面积的草坪、车库、游泳池、弯曲的死胡同、坐汽车去上学、上班、购物和娱乐的这种过时的模式仍然在许多规划者、开发商和设计专业人士的头脑中挥之不去，也是许多购房者的梦想。

20世纪80年代以后出现的一种新的郊区发展模式就是行人主导的社区。这个概念由彼得·卡尔索普（Peter Calthorpe）提出，从一系列环境保护的原则发展而来。一群曾经参与设计被动式太阳能建筑的年轻建筑师和其他的环境保护主义者在80年代早期一起组织了一个针对城市可持续发展的设计专项组。五年后这个小组，联合了另外的一些也参加过被动式太阳能建筑设计的人共同编写了《行人袖珍读本》（The Pedestrian Pocket Book）一书。此后卡尔索普和他的同事们将这个概念应用到了遍及全国各地和澳大利亚的几十个开发计划中，还在国内外的多个会议中发表了相关演讲。他们的这些开创性的规划工作取得了丰硕的成果，例如在萨克拉门托的西拉古纳地区（Laguna West），这个地区还采用了运输导向的发展模式（TOD）作为当地的城市设计指导方针的主要原则。在佛罗里达和华盛顿州等其他地方还有一些正在规划设计之中或者还处于建设阶段的项目。

行人主导的社区或TOD，也就是针对小型并适宜步行的社区的一种开发模式，这种社区的特征是有功能混合的低层、中等密度、各种户型的住宅建筑群，在一条主要街道上聚集了零售、休闲、公众活动和职业介绍的中心场所——所有的这些都在以一个轻轨或公共汽车站为中心的半径为1/4英里（约400m）的范围内。这种封闭的区域外围可以是由一些比较传统的独户住

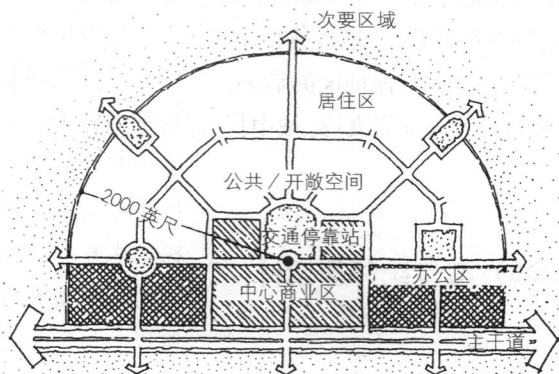

图4.10

TOD 图解。我们注意到由周边地区到中心区的步行距离从 1/4 英里（约 400m）增加到了 2000 英尺（约 610m）。
（卡尔索普联合公司绘制）

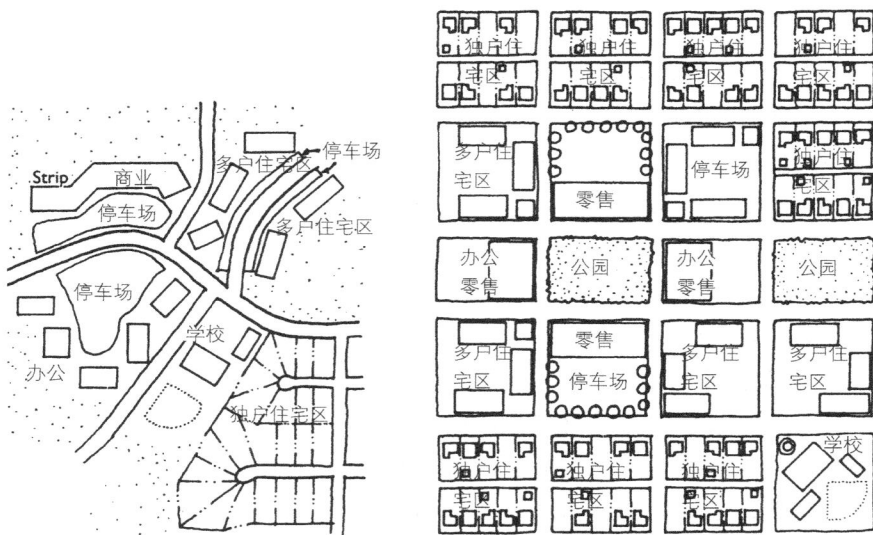

图 4.11

传统的郊区开发模式（左）将土地分割成大块的、功能单一的区域，树状的道路系统中交叉点的数量不足，左转的地方不够，更显出土地利用的零乱状态。传统的邻里设计（TND）（右）在一个邻里中将各种土地利用形式混合在一起，为行人和机动车提供了通畅的道路系统和更多的道路交叉点，便于居民的出行。

房组成的第二圈层，有天然的屏障将其与周边地区隔离，通过行人或汽车交通与外界产生联系。这样的社区并不是孤立的，机动车、自行车和各种公共交通工具将一个社区与其他社区、现有的城镇以及它所要替代的郊区的大型购物中心和办公园区相连。行人主导的社区面积不大——30~50英亩（约12~20hm²）——在理想的状态下，它的周围应该有一定的开敞空间将其与周边地区隔开，同时也起到防止社区蔓延发展的作用。为了方便那些有私人汽车的住户，社区内有充足的停车位，但他们使用汽车的次数和汽车形式的距离显著降低，大约减少了40%~50%。尽管每一个这样的小社区内土地利用的混合状况是相似的，但它们各自的总体规划却因为不同的自然环境条件和投资状况而有很大的差别，就像建筑的类型会因为不同的地方文化、气候、建材和工艺条件而形成特定的模式或样式。行人主导的社区这样的方案并不是新创的或独特的；逐个地考察我们就会发现实际上它是传统的人类定居点模式的再现，但正是这样的统一的社区模式在郊区地区构成了一种引人注目的新景观。

当行人主导的社区和TOD模式在西海岸兴起的时候，传统的邻里设计，或TND模式早就已经在东海岸普及开了。安德鲁斯·杜安（Andres Duany）

和伊丽莎白·普拉特-柴伯克是TND概念的开创者，他们还一直在全美和全世界的范围内将这个概念发展并付诸实践。这还涉及到了新传统主义的概念，包含了建筑和城市规划的原则。TND和新传统主义者两个模式之间有许多共同点：小尺度、混合的土地利用、对环境的变化十分敏感、内部的建筑和见到的类型保持统一、有明确的区域边界和中心、适宜步行、两边都是带辅助单元的住房的小巷以及用简明的图解指南代替了传统的分区编号。这样的概念得到了许多人的一致认可，而且这些人来自不同的地方、有不同的专业背景和政治理念。行人主导的社区和TOD模式源自于能源与环境保护的规范，TND则起源于更为严格的欧美城市主义概念。行人主导的社区和TOD模式以地方主义为出发点，是一种涉及城市规划和环境保护的概念。尽管TND模式中也有许多关于环境保护的内容，但实际上它源于更为传统的城市、城镇、类型学和建筑学的概念。因此，在意识形态上它们是完全不同的概念。

尽管在城镇或邻里这一级的尺度上它们有大量的共同点，但在其他级别的尺度上还是有很大区别的。TOD强调地方上的公共交通和开敞空间体系，而TND对于建筑的类型、样式和细部设计的要求更为严格。TND对于建筑和城市设计都具有指导作用，甚至还规定了院落栅栏的样式和房屋的颜色。TOD和TND都致力于要在规划中建立一套层次分明的建筑类型体系，但在TND中设计者的注意力更多地放在了对历史建筑类型的重新演绎上——至少在马里兰州的肯特兰斯（Kentlands）和佛罗里达的温莎（Windsor）是这样的。新传统主义对建筑的垄断地位也许随时间的流逝会得到缓解，就像在佛罗里达的锡赛德那样，那里曾经是TND的发源地和美国城镇规划发展的里程碑。

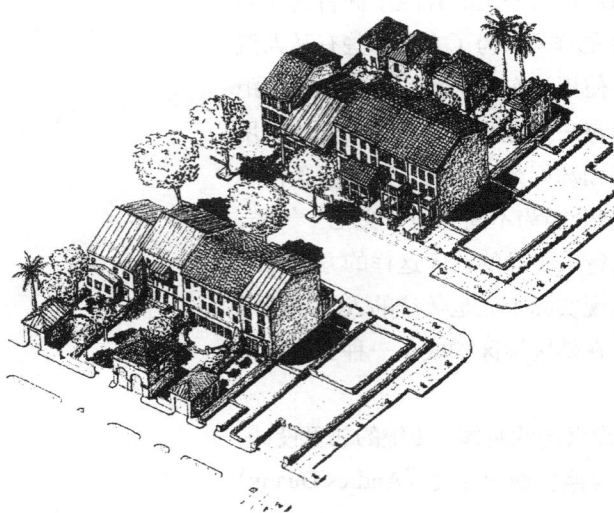

图4.12

TND模式提倡将土地划分为相对较小的地块。和TOD一样，它也强调建设那些停车场地和设有辅助单元的住房聚集的小巷。TND在建筑表现上更具有新传统主义的风格，在建筑类型上的要求更为严格。(Dover, Kohl & Partners)

尽管在起源和方法论上有所区别，但是东西海岸的规划方法和结果都是基本一致的，特别是对于可以有无数的设计方案的郊区地区而言这种相似性就更为突出。这两种方法都致力于增加自然环境和人类社会的多样性、增强抵抗破坏和实现可持续发展的能力，强调使用公共交通和建设步行可达的社区环境。在美国的邻里、乡镇和城市进一步无限蔓延发展和不断地重复自我之前，将它们营造成为一种人性尺度的、富有人文气氛、公共与私密空间有机结合的环境。

新城市主义代表大会

　　TOD 和 TND 在内容和实施效果尚是如此地相似，以至于许多建筑师和规划师们以极大的热忱将他们的思想和理念结合在一起，形成了新城市主义（New Urbanism）。1933 年，第一届新城市主义代表大会（CNU）在弗吉尼亚的亚历山大（Alexandria）举行——会议由创始人安德鲁斯·杜安、普拉特 - 柴伯克（Plater-Zyberk）、卡尔索普、波利佐德(Polyzoides)、莫尔(Moule)和所罗门(Solomon)召集。从那以后还连续召开了三次代表大会，并加强了与其他的环境保护和社区组织的联系。CNU 的纲领中明确阐述了人们普遍关注的城中村、行人主导的社区、TOD、TND 和新传统主义并将这些概念溶入到新城市主义运动中。新城市主义章程的前言部分详细阐述了他们的价值观和目标。

新城市主义代表大会

　　应该看到在城市中心区的投资被撤出、城市无节制地蔓延发展、各种族和收入阶层的分化日趋加剧、环境退化、农业用地和野生动物栖息地的减少、人类社会的文化遗产遭到破坏，这些都是当前建设一个相互联系的社区所要面临的挑战。

我们的立场

　　在连续的大都市区内重建原有的城市中心区和各级城镇，将蔓延式发展的郊区改造成为包含真正意义上的邻里和多样化区域的社区环境，保护自然环境和人类的建筑文化遗产。

我们认为

单纯从物质环境建设方面无法彻底解决我们所面临的社会和经济问题，但是没有一个连续的、强有力的物质环境的支持也就不可能实现经济、社会和自然环境的健康、可持续发展。

我们提倡

重新建立一套公共政策和发展战略体系以支持以下的一些原则：邻里内的土地利用和居住人口应实现混合与多样化；社区建设中应当像重视小汽车一样重视居民步行和公共交通的需求；各级城镇都应当具备一定面积的、全开放式的公共空间和社区服务机构；城市地域内的建筑和景观设计应当反映地方的历史、气候、生态和建筑工艺等特点。

我们代表

广大的市民群众，包括各种政府与非政府组织的领导人，社区活动积极分子和多种学科的专家等等。我们承诺，通过有广大市民参与的规划和设计工作，重新建立建筑艺术与社区建设的紧密联系。

我们的目标

我们致力于重建我们的家庭、街区、街道、邻里、城区、乡镇、城市、区域与环境。[4]

对新城市主义的批判

新城市主义者们在逐步实现他们的目标的同时，越来越多的批评也就随之而来了。这在一个开放的社会中是正常的、有益的，尽管其中的许多言论最后都演变成为了支离破碎的各种消息。麻省理工学院的城市设计师和建筑学教授迈克尔·丹尼斯（Michael Dennis）指出，新城市主义的原则和实践方法都不是他们所特有的，他们主要的研究点，至少从他们的文章和著作上看是郊区，而不是城市地区。

第一点几乎是毋庸置疑的，但并不绝对。诚然，新城市主义重新发扬了许多现代主义运动之前城镇规划的主流思想。新城市主义者们也明白一味地追求"新"并不能带来更好的邻里、乡镇、城市与区域，将那些被证明了是正确的老的观点重新应用在当前的实践中的做法无论是在道德上还是在艺术上都没有错。新城市主义的"新"就在于强调整体，它试图为特定的区域整体提出统一的设计理论——从小尺度（建筑、街区、街道）、中级尺度（交通走廊、邻里、城区）到大尺度（区域的基础设施和生态系统）。尽管它的许多观点明显都是前人已经提出过的，但新城市主义将这些观点组合、调整后得到的结果却是全新的。还有新城市主义坚持物质空间的建设必须与公共政策紧密联系的观点也让人耳目一新。新城市主义在市、州和联邦政策改革上所发挥的作用都要远远超过前人。

关于第二点——新城市主义的主要研究点并不真正是城市——是错误的，尽管到目前为止有一定的新闻媒体的误导作用。许多位于郊区绿化带中的项目，例如海滨城、西拉古纳、坎特兰和哈勃镇等地的项目都引起了广泛的关注。新城市主义者们对于建设和改造郊区地区的议程才是值得报道的，因为他们对郊区社区的建设和运作摆脱了传统发展模式的局限。但新城市主义实质上是一种区域战略，还包括许多对于市中心和内城邻里发展的重要思想以及对区域发展总体规划的浓厚兴趣。（在本书的第二部分所提到的7个设计专项组中，只有一个是对郊区地区进行研究的，新城市主义代表大会的发起者们所作的工作都是针对城市地域的。）也许这种让人产生误会的情况能够通过名称的改变而得到改善，用"新传统主义设计"、"传统的邻里设计"和"行人主导的社区"来表示在郊区的工作，而"新城市主义"则代表区域总体战略。

对新城市主义的另一种指责是他们在这场运动中鼓吹杰出人物统治论。尤其是早期的新城市主义代表大会就被批评说是不对公众开放。新城市主义代表大会有充分的理由来解释这种政策，他们不想把这次运动特意组织成为一个社团的。召集者们认为在早期对参与者的限制是非常必要的。在某种程度上，早期的代表大会的意图是要制定各种思想和原则并在公之于众之前加以解释、说明和整理。后来的会议就允许被曾经参加过代表大会的成员提名的人参加，再后来就向所有缴纳了会费的人开放了。这样的政策触怒了许多专家和业内人士，回想起来，所造成的损害大大超过了操作上的便利。1994年，在旧金山举行的新城市主义第三次代表大会精心筹划要壮大自身的队伍并加强与其他城市团体和环境保护组织的联合。1996年，在查尔斯顿举行的第四次代表大会邀请了反对新城市主义的知名人士参加，就新城市主义的各种原则和实践的问题进行了公开探讨。代表大会从来就没有故意要把自己变成那种现代的、自由问答的集会或讨论会，因为这样的讨论会通常提出的问题比回答的问题多，最终将给与会者造成更大的困扰。不断地问问题和寻找答案并不能帮助我们设计和建设社区。我们必须遵循各项规范、标准和特定的设计要求，在所有的问题尚未得到完全解决之前行动起来。

或许新城市主义所面临的最大问题是它是一种以自上而下的方式来构思、

图 4.13

加利福尼亚的一座大型购物中心正在被推倒，取而代之的将是一片高密度的居住区和功能混合的公共交通中心。在那些孤立的购物中心（和办公园区）从消费中心向更完善的社区中心转化的时候，郊区地区的改造运动就愈发普遍了。（卡尔索普联合公司）

制定、宣传的理想化的蓝图，而并非针对特定的区位和地方文化。有评论指出建筑师和规划师们提出的往往都是美丽洁净、能够改变这个世界的方案，尽管一些方案让人非常感兴趣甚至可以说是非常杰出的，但它们都太过于理想化，没有与特定的地域相联系，或者说是脱离了实际。在很大程度上来说整个20世纪的情况都是如此（圣泰利亚、加尼尔、勒·柯布西耶、赖特、克里尔）。新城市主义者们也遭到了这样的批评，"是北美洲景观建设的片面的代表，否认了社会、自然和经济的多样性。"[5]的确，他们提出的方案旨在实现一种理想化的图像或计划。但是许多忠实于新城市主义的开发计划都对地方的历史、文化、气候和建筑特点有充分的认识和表现。也许在早期的时候，TOD和TND对于一个地方的规划的确是太过于刻板——遵循着同一个设计模板。但就是凭着这种单一的模式和信念，还有简单、清晰的图表，它们就发起了一场新的运动。在今天各种媒体的竞相炒作下，发起一场新的运动比上个世纪奥姆斯特德研究景观设计学或霍华德发起田园城市运动需要更多的自大与豪言壮语。

与这个问题相关的一个问题是城市主义者的工作成果是否过于孤立,脱离了他们所在的自然和社会环境背景。这是一个让人头疼的问题,因为他们所在的自然环境已经千疮百孔以至于没有什么可以值得他们借鉴的东西。由宽得可怕的车行道和无数的沥青停车场组成的城市的主干道上车流涌动,主干道旁边是低矮、廉价的零售小商店,这也不是一种值得称赞的背景环境。郊区也没有太好的建筑群可供设计师们参考。在城市的建成区,特别是那些集中了大量建筑物的地区,人们对现有建筑物和城市基础设施的再利用和填充式开发的呼声更高。无论是在再利用还是新的开发项目中,与现有的社会网络打交道都不是一件简单的事情。通常对于设计师和规划师们来说,在一片空旷的绿地上进行开发建设要比在现有的邻里中进行新的开发要容易得多,因为在那些邻里中存在着许多社会、经济和政治团体,要使他们同意改变现状是非常困难的。如果新城市主义者们要在实践中实现他们的章程,他们就必须更多地进行零碎的、折衷的填充、修补式的开发计划,无论是在城市中心、城市邻里、郊区、新城或小城镇中都是如此。

对新城市主义的另外一种批评是认为,尽管有这样那样的说法,但他们始终没有实现他们在交通方面的给人们的许诺和期望。这种评论指出在这个汽车的世界里土地利用和道路交通的联系正在被削弱,行人主导的社区对减少家庭机动车行驶里程(vehicle miles traveled,简称VMT)的作用不大。在

居住区工作日机动车出行发生率

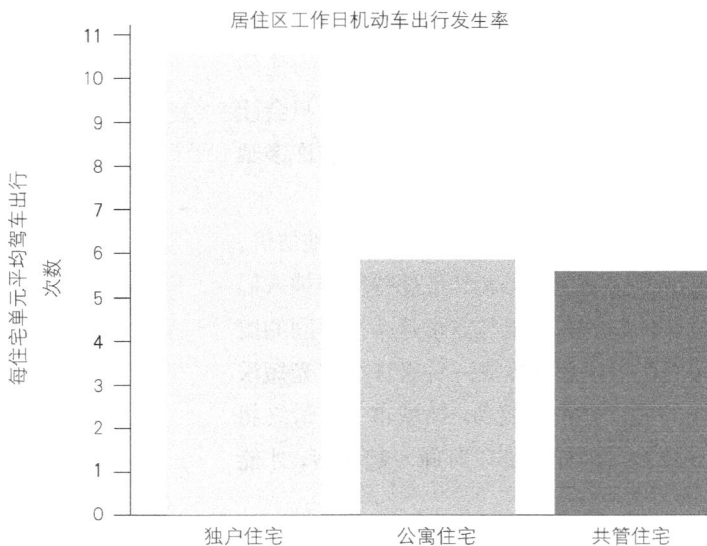

图4.14

独户住宅的居民比多户住宅居民更多地驾车出行。在美国,公共交通、步行和自行车不可能完全地替代私人机动车,但这个图表显示了我们仍然有降低家庭机动车出行的希望。

TOD和TND模式建议的步行里程只是对机动车行驶里程的补充而并非要取而代之。[6]尽管让步行和使用自行车变得更安全、更方便这个方法本身并不足以减少人们对机动车的依赖，但它对于全面解决机动车依赖问题来说却具有实质性的意义。取消汽车在我们的社会中所享有的那些补贴、优先权和权威也是非常必要的。在土地利用混合开发的地区需要更多更好的公共交通服务，以便让居民们能够通过步行或骑自行车到达日常通勤的上下车站。应该承认，公共交通和步行永远都不可能完全替代私人小汽车，但新城市主义能够最终将每个家庭每天机动车出行的次数由10次左右降到6次，并将缩短每次机动车出行的距离。另外，公共交通也不可能完全消灭交通阻塞，因为当高速公路的拥挤状况得到缓解的时候，就会有更多乘坐公共交通工具的人想要驾驶汽车了。机动车对人们生活的影响已经根深蒂固，我们必须承认要改变人们对机动车的依赖绝非一件轻而易举的事情。只有彻底实施CNU章程中和新城市主义的其他著作中的所有计划、政策和发展战略才有可能够实现这个目标。

最后一点批评是认为新城市主义的开发模式在市场运作方面并不是很成功，人们对此没有充分的准备或者根本就不欢迎这样的开发。现在还不是对新城市主义开发模式的可销售性进行评价的时候。到1996年初，全美少数的几个TOD和TND项目建设的住房单元只有几千个。西雅图新的城中村还处在规划阶段。对消费者的调查显示了购房者和租房者的各种意愿，还有未来要居住在这里的市民的反应。萨克拉门托外的西拉古纳的财务运作在加利福尼亚州最严重的经济衰退期间也变得非常糟糕，但是现在这个项目最初的开发商又活跃了起来，住房销售量不断增长。除非公众有机会看到新城市主义更多、更成熟的建筑和景观设计，除非经济领域内的竞争变得更加公平、定价能够反映市场的需求，否则在这之前所下的任何判断都为时过早。另外，只是从表面上简单地照搬TOD和TND模式只会让情况变得越来越糟。（同样的问题也在困扰着太阳能运动，其中充斥着许多骗子和过分夸大的言辞。）

就算是公平的，通常市场对于像社区那样复杂的系统也无法准确地估价。人类并不总是会选择能给自己带来最大利益的东西，尤其是那些很难被人们理解的长期利益，例如可持续发展。有时人类的欲望与需求是两个不同的概念。另外一些时候，补贴和罚款让人们在不经意间养成一种奢侈或目光短浅的习惯。当然，只要能够禁受住市场的考验并获得成功，新城市主义最终将被市场所接纳。但只有与市场价格反映真实消耗的那段时间一起考察，才能够确定它的真实价值和有效性。

新城市主义肯定有其不完善之处。一些人试图要宣扬那些积极的部分而丢弃那些不能令人满意的部分。接受提倡步行但反对狭小的地块；保留整体上的连贯性但要淡化过度对称的城市规划；包含独户住宅的居住模式但要减少高人一等的优越感；保护城市但也要把它们绿化好；建设高速的公交系统但也不能摒弃小汽车等。不幸的是，社区是一个整体，不可能让人们任意地改变。社区设计是由一系列复杂的交易组成的，其中只有数量有限的双赢的结果出现。在大多数情况下，社区设计都是缓慢、艰难、反复、多元化而且竞争激烈的，其中不时地还会有一些创新性的突破。这不是一项要求精确的工作。社区设计是一种近似，社区的发展则是一种折衷的结果。但这并不是说它就是随意的、临时的工作。一旦被采用——无论有多么地不尽人意——无论是总体规划、邻里规划还是设计指导方针都应该被连贯、坚定地执行。(L·克里尔提议将破坏规划的执行认为是一种犯罪。)

一些城市规划专家会问，到底为什么要建设新的郊区？我们没有选择，因为美国所有的郊区居民和他们的后代们都不愿意回到他们原来从那里搬离的城市或农村的社区中去。在城市的边缘地带我们尤其需要新城市主义的发

图 4.15

由威尔霍瑟（Weyerhaeuser）房地产公司开发的尼斯阔利三角洲（Nisqually Delta）附近的西北码头地区是西雅图区域内第一个依照新城市主义原则新建的大型社区。图上显示的是一条街道旁的临街面比较窄的房子，前面有门廊和小院子，街边整齐的绿化带，路边供来访者停车的泊车位，后面还有车库。两个大型的工商业中心与这个社区的距离步行可达。

展模式。尽管它有这样那样的缺点，但新城市主义显然要优于其他已有的传统的郊区发展模式。TOD、TND和城中村等模式在经济、社会、环境保护和城市设计方面都远远强于普通的郊区发展模式。在大多数情况下它们都是一种双赢的主张。良好的经济发展态势、健康的生态环境、社会改革和设计的完整性与新城市主义的原则、宗旨都是非常契合的。很少有这样的发展模式能够在道德、经济等方面产生这么大的正面效益。

新城市主义在太平洋西北岸扎下了根，波特兰的LUTRAQ和西雅图的城中村都受到了新城市主义的深刻影响。彼得·卡尔索普参与了威尔霍瑟房地产公司在杜邦（DuPont）和斯诺夸尔米（Snoqualmie）的开发项目。位于杜邦西北码头地区是西雅图地区第一座建成的新城，其中实现了许多新城市主义的规划原则。同样地，在西雅图地区许多华盛顿大学的设计专项组和研究室在近十年中将这些原则付诸实践，一些项目还在计划当中。本书的第二部分主要地就是要对这些案例进行说明。

第二部分　设　计

"设计专项组模式最大的优势就在于在最讲求压缩精炼的时代里,它可以让那些最杰出的设计者们对于一些最难以解决的问题提出最富有创造性的建议。"

——帕特里克·康登(Patrick Condon)、詹姆斯·泰勒(James Taylor),大不列颠·哥伦比亚大学景观建筑学教授

第五章 城市中心区

——亦称为市中心或中心商业区（CBD）

美国主要都市的中心区正在面临着一场浩劫。这个问题在一些东部城市中，例如波士顿和纽约不大明显。但是像底特律和费城就正在被大规模的抽回投资资本的行为所打击。虽然南部的一些小城市，例如查尔斯顿和萨凡纳一直表现出处于美国城市化的最佳时期的城市所具有的状态，但是其他很多城市都处在困苦中。中西部城市在挣扎，使它们团结起来的是它们的工业传统而不是对城市家园的热爱。（另一方面，多伦多是北美洲人口密度最高的都市区，这个城市的人口中包括了世界上最多样化的种族与民族。）西部城市的中心区萎缩，尽管萎缩的程度并不大——而旧金山、波特兰和西雅图是例外。旧金山一直是美国最健康、最能令人心情愉悦的城市，其市中心区中还有真正意义上的邻里单元。波特兰的市中心是北美洲最适宜步行的地方。西雅图的城市中心区依然以步行为主并保持着经济繁荣，遗憾的是，CBD中缺乏真正的邻里单元和令人注目的城市广场的交融。即使是美国最有影响力的城市中心区，也无法让人们对它的发展抱有长久的信心。任何一个美国的城市中心区的发展都可能只是一个特定时代的产物，技术、经济和人口的郊区化条件下的偶然结果，但曼哈顿则是个例外。

以下将要提到的两个设计专项组将针对西雅图的城市中心区进行研究。他们试图要把第一部分的理论在特定的城市形态中付诸实际。

蔓延发展的代价

"穹隆之王"（Kingdome）和"西雅图康芒斯"（Seattle Commons）这两个设计专项组都强调应该优先在城市的中心进行投资。城市中心区可以利用它们的区位、人口密集的优势直接地阻止城市向周边地区蔓延。市中心为城市的蔓延发展付出了巨大的代价。我们在城市周边的开发地带中每花费1美元，都意味着要先从城市中心区中抽走1美元。从社会中流失的钱可能还不止1美元，因为城市边缘区的人均基础设施投资要高于中心区。蔓延所引发的社会与环境问题也集中地滋生在了城市中心区,因而引发了社会功能的失调——缺少交流、犯罪、失业、家庭破裂、无家可归、植物枯萎、环境污染——都集中在内城。在大多数的城市中都没有设立专项资金来解决这些长期的社会、环境问题。如果无法从城市税收中划拨出专项资金,这些问题就不可能得到纠正与解决。

批判的地方主义

市中心也许是最难在建筑上表现区域差异的地方。就像大面积横向的建筑要服从于垂直方向上的重力作用一样,对超高层建筑的设计就要特别注重水平方向上的风力和地震的影响。高层、大体量的建筑的外观比小型、低层的建筑更容易趋于一致,因为风力、地震和重力对建筑的作用在地球上的每一个地方都是几乎完全相同的。正如第一部分中所述,内部的热量载荷(来自于建筑里的人、照明和机器设备)对大型建筑的影响程度要大于地方气候对建筑的影响。这种工程上的法则要凌驾于地方差异性之上了。

"穹隆之王"负责西雅图市中心最古老的部分——市中心(centro storico)。先驱广场上依然保留着在现代人眼中已经十分古老了的19世纪的建筑群。其实这些砖结构的建筑大多模仿了那个年代旧金山和纽约的著名建筑,但这并不足为奇,因为在1889年大火发生的时候,西雅图只是一个人口不到4万人的新兴城市。大火烧光了原来的房子,为新建更多更大的建筑提供了可能。许多先驱广场上保留的建筑的风格、工艺都反映了西雅图的历史。"穹隆之王"设计专项组十分崇尚这些建筑,时常地将这些建筑的图纸复制并赋予新的内涵。许多小组成员得到的结论是,先驱广场所反映出来的19世纪的城市建筑在设计上是难以超越的。

"西雅图康芒斯"则主要研究城市的边缘区,那里的建筑并不像历史悠久的城市中心区里的那样统一。那里现有建筑的建造年代和品质各异,没有像发生在先驱广场的保护历史性建筑那样的市民运动。虽然如此,但在城市边缘区人们对保护那些具有良好经济效益的建筑和行业却十分感兴趣。还有,尽管缺少历史遗迹,这里的楼房从建筑学的角度上看还是有一些优点的,例如具有弓形桁架的仓库、砖结构的货栈和明亮的工厂。大多数的设计团队尽力保持这些建筑低层的尺度和体量。这尤其可以体现在他们对处于康芒斯公园以东的喀斯喀特(Cascade)邻里的建议上,因为其中的建筑都是混合排列的。

类型学

第一部分中曾经提到类型学与批判的地方主义之间中有一种相反的关系，类型学代表经典和普遍的，而批判的地方主义则强调各地方的特点和差异。基于同样的原因，所有市中心的摩天大楼都难以很好地表达其所在地的地方特质，都有发展成为统一模式的趋势。许多市中心区的街道也具有类型学上的一致性，因为一些相同的原因和更加制度化的管理规范了街道上的建筑，减少了可以自由开发利用的空间。另外，当类型学成为建筑与城市形态的主要决定因素的时候，早先的建筑就更容易被保留下来，先驱广场内的邻里单元也许是西雅图最具有类型学上的一致性的地方。大部分的建筑都有相同的基底形状、结构、高度和材质。"穹隆之王"在规划设计世纪交替的城市建筑时延续了这些建筑的尺度、体量和外形设计。有的成员还将先驱广场的建筑形式编码化——底层为商业、3~6层为办公或公寓、顶上有阁楼而且没有相连的基底。其中一个组声称这是在新邻里中惟一可以容许使用的建筑类型。

他们对西雅图康芒斯邻里所提出的建筑类型也是统一的，尽管这种类型与传统的建筑类型不同。除了少数的高层公寓建筑外，城市的建筑以中、低层的建筑类型为主，主要是公寓和住宅单元在楼上、低层为商业的模式。还有一些联排住宅，尽管这种建筑类型并不起源于西雅图（也许是对于西雅图阴沉的天空来说它们界墙的颜色太深了的缘故）。这里还有底层是车库、上面是居住或办公用房的楼房，很少见那些独立式的建筑。大部分的街区的边界都由地下是停车场、底层是商业的4~6层的楼房构成。对于本书中所提到的大部分设计专项组，他们的实验中所涉及的建筑类型主要是街区类型、街道类型，还有它们的层次和混合使用。

新城市主义

以上提到的两个设计专项组都是典型的新城市主义的代表，也是西雅图总体规划中城市群落战略的主要例证，它们共同的特点是——低层、高密度、功能混合、公共交通、适宜步行、窄小街道、零后退、为不同邻里建造了相同的中心区和截然不同的边界地带。城市群落也包含了新城市主义所强调的一些深层次的原理，例如对城市的历史性建筑及各种历史街区的恢复、多样化、人性尺度、集中和平等。设计专项组在康芒斯公园周边开发了 3～4 个城市群落。这样，这个公园就可以为来自不同街道邻里的多种人群服务。两个小组还成功地保留和强化了城市中心区现存的邻里，并为其中的环境保护和机构设施提供资金。他们还为城市在各个方面的协调发展提供了帮助。

图 5.1

高 250 英尺(约 75m)、直径 720 英尺(约 216m)的"穹隆之王"(Kingdome)，是世界上最大的独立支撑的水泥屋顶。它从水面上以及 5 号州际公路上看都十分壮观，但却显得与其周边景观格格不入。

"穹隆之王" 设计专项组

"他们的任务是要为市民提高生活质量，为我们提供住房，让我们满怀希望，在高密度和多样化中为我们的城市生活提供良好的发展机遇。"

——简·雅各布斯（Jane Jacobs）在《美国大城市的生与死》(The Death and Life of Great American Cities) 一书中写道

考虑到大多数美国的城市是怎样地无计划开发，我们就不难在城市中心区找到可以开发的土地。在那些撤离投资的现象已经发生、停车场旁的高层办公楼已经被搬迁了的市中心里这更不是一件难事。这种要么全有要么全无的棋盘式的开发布局造成了有缺陷的、不连续的城市景观。人们的生活和建筑，城市的血液和骨骼，在许多城市的中心区都显得十分薄弱。

在郊区明显存在的缺少功能混合的邻里社区的现象在市中心也一样存在。许多人都在市中心工作，有时会在那里购物，但却很少有人住在那里。西雅图市中心的几个区域都在努力地寻求商业与居住的平衡，因为只有那样才能构成一个真正的邻里。丹尼·雷格里德（Denny Regrade）、派克场所（Pike place）市场和先驱广场地区都开始开发一定量的居住建筑。国际区（International District）一直以来就保持着商业与居住功能的平衡发展，是西雅图市中心真正的邻里，尽管实际上它是一个城区。其他的城区如果要成为真正的邻里社区就需要尽可能多的居住区。这个设计专项组试图要拓展先驱广场地区的自然空间并把居住建筑填充其中。

先驱广场地区是这个城市保存的最为完好的历史区域，至少对于欧裔的美国人是如此。这块原来只有在潮落的时候才能看见的15000英亩（约4000hm²）的土地，在1853年的时候就被欧洲殖民者开发了。1889年大火后的重建中，其中的建筑都是用了砖和石头作为材料，因而这里一直保存了19

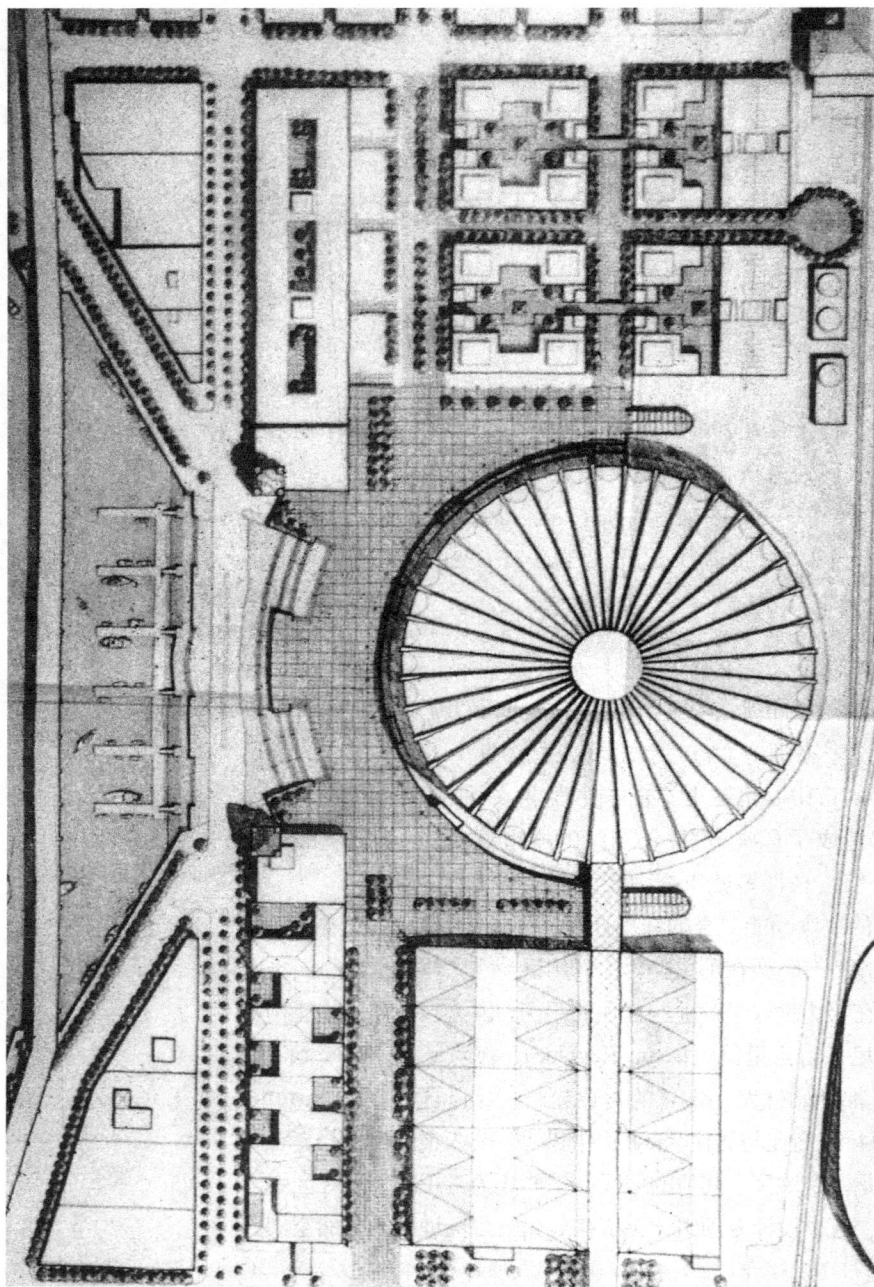

图 5.2

由唐·普罗利（Don Prowler）和戴夫·米勒（Dave Miller）领导的第二组，在北边的停车区增加了4个完整的街区，在南边的停车区上设计了展示中心/篮球馆。办公和公寓建筑被建议布置在西边主要街道的两旁。西边的边界与一条散布道相连。南边的一个室内停车场没有被包括在图中。

图 5.3

先驱广场邻里是一个各种功能有序混合的邻里,主要是由下层是零售商业、上层是办公或住宅的建筑组成。这些建筑的基底面积都不大,高度一致,构成了多样化而又整齐的街道立面景观。这个历史城区并没有出现过分的所有权混乱现象,就像由劳里·奥林(Laurie Olin)所做的这些图中所反映的那样。居民们最喜欢的休息区在先驱大楼的入口处,这座大楼被美国建筑师学会(AIA)誉为"芝加哥以西最精致的建筑"。

世纪的以步行为主的尺度和特征。它是金县(King County)的第一个历史城区,因为它的 19 世纪的特点一直被完好地保存着。"目前,这个区域是我们在美国所能找到的一个重要的功能混合的社区,集中了保存得最完好的19世纪商业建筑群。"[1]

不像美国其他城市的历史区域,先驱广场并没有出现所有权混乱的现象,也没有被作为一个室外的博物馆而停止了发展的脚步。尽管那里有为无家可归者搭建的临时住所和乞丐,但先驱广场仍然为旅游者和当地居民所钟爱。作为西雅图的第一家锯木厂、胶粘剂厂、百货商店、妓院、酒吧、赌场和血汗工厂的所在地,那里曾经弥漫着呛人的气味和飘着沙粒的空气。每个西雅图人都知道,"破旧的街道(skid road)"一词就起源于这里,后来这个词被用于形容破落的城市中心区的街道。[2]

问题与机遇

先驱广场地区被1990设计专项组选中的原因是它为这些小组提供了三个机会:在紧邻西雅图市中心的地方添加居住建筑、扩大这个需要拓展的区域、改善"穹隆之王"及其停车场与周边环境的不协调、不连贯的状况。在城市中已经很难找到可以进行这么大手笔改造计划的地方了。在 20 世纪 60 年代末,这个区域的领导者和规划者们就显示了他们卓越的眼光,决定不把主要的体育场所建设在郊区,尽管在郊区这些场所的设计才可能是完全可以自主的。"穹隆之王"在市中心的位置使得人们可以步行或乘坐公共交通来到那里。然而，这座在白天被淹没在汽车的海洋中的纪念碑式的建筑物到了夜晚就变成了沥青的荒漠。

这座圆形的建筑物的设计无视城市的建筑群和轴线。"穹隆之王"有250英尺（约75m）高、720英尺（约216m）的直径，是巨大并且完全与环境分离的物体。事实上它是世界上最大的自立式的水泥屋顶，被固定在36英亩（约15hm²）的垃圾填筑地上，建筑插入地下黏土层的深度达到6英尺（约1.83m）。从埃利奥特湾或从空中看去，它的白色屋顶就是市中心南缘的标志，与太空针（Space Needle）瞭望塔明显地强调了北缘一样，甚至更为明显。运动会、音乐会和博览会定期地为这里吸引的人流能够达到6万人左右。"穹隆之王"对于城市文化来说是一只巨大的野兽，但这正是这4个设计专项组的团队所要做的。这个巨大的建筑给设计团队同时提供问题与机遇的情况并不是第一次了。在1982年，五人小组（Gang of Five）提出了更好地将"穹隆之王"与周边环境融合在一起的方案，并分4期刊登在了《西雅图周刊》（Seattle Weekly）上。

设计专项组的工作主要围绕了三个焦点问题，这几个问题至今对于我们来说仍然具有很大的挑战性。

1. "穹隆之王"自身，特别是它压倒一切的尺度和与周边环境的不匹配的问题。用第二章的观点来说，就是缺乏地方感、历史感、工艺感和限制感[杰克·克里斯琴森（Jack Christiansen）对这个圆屋顶的工程设计倒是体现了他对自然及其伟大力量的深刻理解和认识]。它的圆形的基底、剖面和连续的建筑表面没有对周边环境的丝毫认同与呼应。它无视了与第2大道的轴线关系以及面对着第1大道的事实。到那里参加活动的人们很难找到入口，一旦进去了就不容易找到出去的方向。里面提供给贸易与工业展示会的地方不够。它的北侧入口与一般观念中的"正门"概念不符。尽管已经有了2200个停车位，但为新的发展提供停车场地仍然是一个难题，需要增加或在别的地方新建停车场地。改善这一地区的交通流也是一个亟待解决的问题。

2. 住房，尤其是由市场决定价格的商品房。这里的邻里中现在已经有了大面积的福利住房、低收入阶层的住宅和为无家可归者搭建的临时住所，占了这个地区住宅单元的大约75%。为了要达到更加均衡的混合居住的目标，需要修建一些适合于中等和高收入阶层居住的房屋。新增的商品房可以提高这个地区的居民多样性，还可以为这个人口稀少的地区增加人气。与许多城市或乡镇中的邻里不同，先驱广场一直在致力于建设那些多户住宅。简而言之，"穹隆之王"的北侧地区是市中心最大的一个公有的、可以进行住宅开发的开敞空间。

3. 先驱广场邻里，尤其是保护它的尺度和特点。作为这个镇上最古老的城市化区域，它本身就是一笔重要的历史与文化财富。其中的建设密度、尺度、高度、门窗设计和石造建筑合在一起造就了一个优美的、人性化的城市环境。有序的功能混合，主要是底层为零售商业、上面是办公或住宅这样的楼房，这些建筑的体量都不大，基底所占的面积不到一个街区的四分之一，为市民们营造了生气勃勃的街道环境。数量不断增加的小店铺所产生出来的"主要街道"的氛围是与那种城市中心区的大型购物中心带给人们的感觉截然不同的。

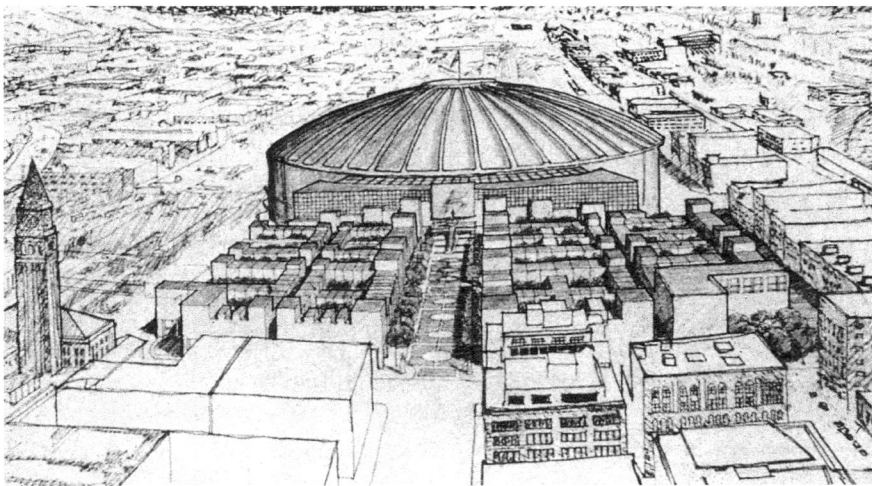

图5.4

从南边看去。4个组中有3个选择了在北侧的地区增添4个新的混合开发的城市街区，主要由那些由市场定价的商品房组成。

问题之一就是这个区域范围太小。与美国其他城市的历史城区，例如新奥尔良的法兰西区或殖民时期的查尔斯顿和萨瓦纳相比，先驱广场区的大小是微不足道的。从第1大道走一到两个街区就走出了这个区域。在北侧的停车区增加4个精致而有特色的街区将大大丰富了这里的步行空间。

对于这4个组而言，混合开发是最有可能解决大多数问题的途径。如何规划出最有效的功能混合区域是一个难题，也是一个关键性的问题。那种数量处在不断增长、甚至几乎可以占据整个街区的住宅在零售商业之上的楼房是最适宜这个区域的建筑类型，因为它们可以补充、丰富现有的城市格局。一些办公楼的开发，包括水手区（the Mariners）和海鹰区（the Seahawks）的法定区域，也是非常必要的。先驱广场社区理事会，通过先驱广场最高委员会，已经意识到了在这个区域内需要建设更多的住宅。国王县和西雅图城已经实施了在市中心进行集中的住宅开发的政策，目的是为了减缓城市的蔓延速度。市中心土地利用和交通发展规划中规定了"穹隆之王"北侧的停车区为住宅与商业混合开发的目标地区。这个地区的公共交通完善，包括有地铁隧道（the Metro bus tunnel）、滨水电车（the waterfront trolley）和渡轮，在进行混合功能的开发时具有许多优势：

1．将"穹隆之王"与周边的社区更好地综合在一起。

2．丰富了人们在"穹隆之王"内参加活动的体验。

3．扩展了先驱广场在横向上的空间跨度，原来其横向跨度尚不足两个街区。

4．为人们提供了更多市中心住宅的选择，减轻了城市中对现有的独户式邻里开发的压力，抑制了城市向外蔓延。

5．建立了通往国际区（the International District）的桥梁，填补了这两个区域之间的空白地带。

6．通过带来更多的居民、更多的社区管理者，改善了这里的公共安全状况。

7．发现了开发力度不足的城市土地以及与停车场共享空间的可能性。

项目要求

这个设计专项组提出了一个简要的项目计划：

- 底层为零售商业，临街
- "穹隆之王"的展示空间——60000平方英尺（约5580m²）（在"穹隆之王"南侧）
- 西雅图"水手"办公区——20000平方英尺（约1860m²）（位于北侧地区的西北角）
- 西雅图"海鹰"办公区——20000平方英尺（约1860m²）（位于北侧地区的西南角）
- 住房——提供平均800平方英尺／单元（约74m²/单元）、由市场定价的公寓，数量待定。（例如，25%的工作室，50%的一居室和25%的两居室）

- 停车：

  住宅——1.2 个停车位 / 单元

  商业——提供2500个公共停车位（大致相当于北侧地区的一半大小）

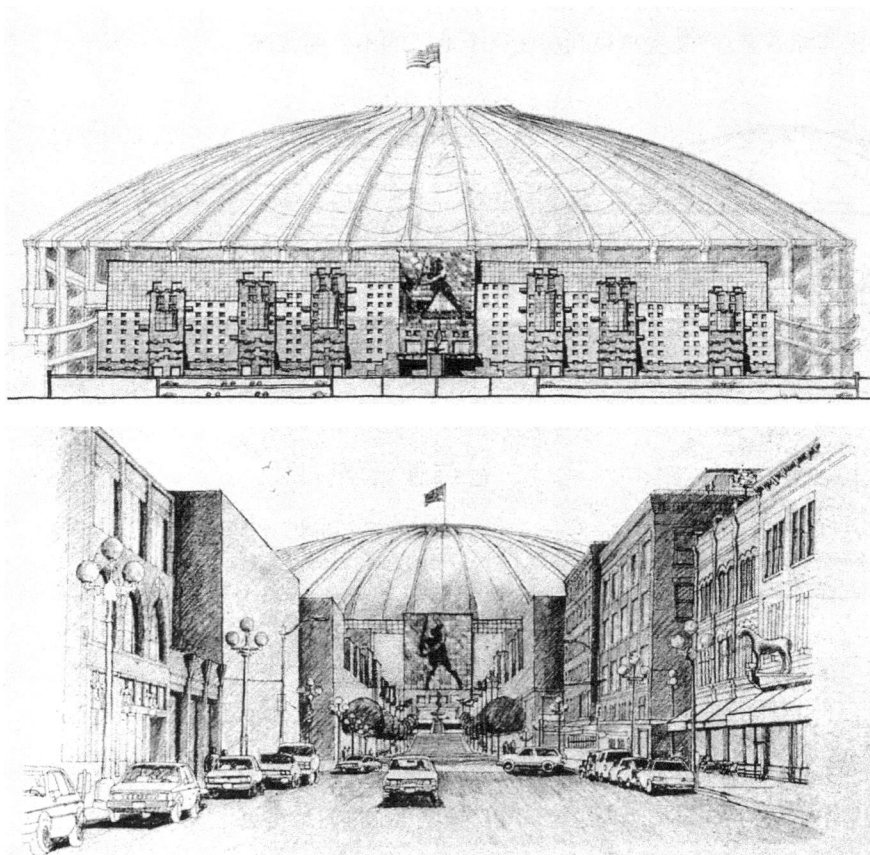

图 5.5

第一组，由麦克·皮亚托克（Mike Pyatok）和苏珊·波伊尔（Susan Boyle）率领，在第2大道通向"穹隆之王"的尽头处安放了一块巨大的电子记分牌，记分牌的一侧是正对着"穹隆之王"的一家宾馆。

设计建议

与其他华盛顿大学的设计专项组一样，其中的每一个组所要完成的设计项目都是独立而完整的。4个组中的3个对北侧地区的开发采取了相似的战略方案。他们将它分为4个部分，每一个都是一个城市街区。这是一个绝对明智的方案：它在使先驱广场扩大的同时也使之成为了一个真正的邻里。4

个新的街区可以容纳新居民1000人，还可以为这个正处于全面的衰落之中的区域增加一些必要的建筑群。4个新增的街区为当地居民和旅游者们提供了更多的漫步与探索的空间。长期以来先驱广场的发展就偏重于商业，新增的居民能够促进这里的商业与居住功能的平衡，使之成为真正的邻里。新的居民还可以帮助消除居民与旅游者、商品房与福利房在这个地区的不平衡状况。

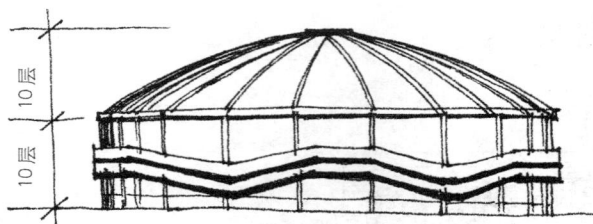

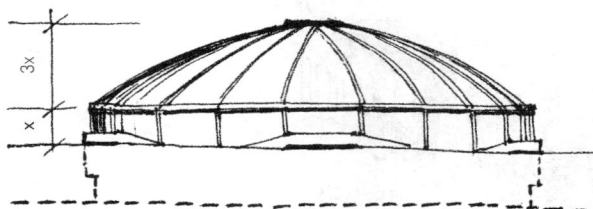

图5.6

通过在停车场周围建设5~7层的建筑物来弱化穹隆之下的部分的高度，使这个圆屋顶在先驱广场的天际线上更加突出。

    增加4个街区在建筑方面也有许多好处。这些街区的建设解决了"穹隆之王"与城市建筑群之间的过渡问题，因为它们掩盖了穹隆下面的鼓状部分而更加彰显了那个巨大的圆屋顶，使其在凌驾于周边建筑的房顶之上的同时显得更加的自然、优美。从感觉上来讲，穹隆的高度相对于下面的鼓状部分来说越高，看起来它就会越突出。目前，鼓状部分的高度超出了穹隆本身，使这个建筑给人以臃肿、笨重的感觉。任何可以降低鼓状部分高度的做法——比如说连接那些可以模糊或掩盖鼓状部分高度的建筑——都将起到协调"穹隆之王"这座建筑的比例的作用。当四周围的建筑都建成了以后，步行到"穹隆之王"就成为了一件富有趣味的事情。就像在一个中世纪的城镇中遇到了一座大教堂，狭小而曲折的街道让你无法看到教堂正面的全部。如果街道宽敞而笔直，那么在这样的情况下人们可能得到的惊喜也就大大减少了。与"穹隆之王"并排的这些小型建筑将使这座大型体育场看起来更加宏伟壮观。进入其中去参观一定比从汽车内向外看过去要有趣的多。如果在南侧建设一个大型的停车场，就能够减少从距离"穹隆之王"1英里（约1.6km）以外的停车场涌过来的人群。

图5.7

由"穹隆之王"正门延伸出来的第2大道向北看去，可以观赏到史密斯大楼（Smith Tower）的美丽景观。可以注意到这些新建筑都是底层为零售商业，之上5层为公寓或办公。

增加4个街区还有城市设计上的优势。第2大道的轴线正好从"穹隆之王"的正中心穿过，将第2大道向南延伸就会使得这种偶然的关系更加显著。这还构成了这座巨大的公共设施的一个更为雄伟的入口。第2大道两旁的5～6层的建筑加强了它的轴线效果，与现有的杰克逊大街与梅恩大街之间的单侧建筑轮廓形成了鲜明的反差。在街道的上方还应该有一排抛光的弓状结构屋顶，从而形成了可以延伸至最后的一两个街区外的一个开敞的步行走廊。在所有的这些方案中，"穹隆之王"的主入口都被穹隆下的鼓状部分清楚地划定，改善了目前入口方位不明晰的状况。方案一的主入口是现在的前门，而方案二的则是现在的侧门。方案一在第2大道轴线的末端安放了一块巨大的电子记分牌，方案二中则是在主入口上方设计了一个大窗口。

方案三所寻求的是整合"穹隆之王"与周边环境的另一种视觉方法。它试图通过在两侧建设两座细长的办公楼来降低"穹隆之王"的高度。这两座楼的高度比圆屋顶的高，形成了尺度和对位性的反差，就像在清真寺低而柔和的穹隆旁边放置了一些高耸的尖塔。这两座大楼的顶上分别设计了象征橄榄球和棒球的标志。

一些方案将这几个新街区置于矮墙之上，下面是停车场。这将为新的居民和商业从业者们提供停车场地。如果"穹隆之王"的停车面积保持不变，那么新建街区的地下停车部分就需要有两层。但是对于这样一片垃圾填筑法平整出来的土地来说，地下的高水位使得要切出建造两层地下停车场所需要的横截面是不可能的。在新的开发计划中要解决地上停车面积不足的一种可行的方法是在"穹隆之王"的南侧停车场上建设一个大型的室内立体停车场。大部分的设计专项组都推荐这样的停车解决方案。

图 5.8

　　（左）许多人认为"穹隆之王"的尺度对于这个区域来说是过于巨大了，通过在"水手区"和"海鹰区"建造两座尖塔式的办公大楼可以从视觉上降低"穹隆之王"高度。

　　（右）一条运河流入了"水手区"，正对着"穹隆之王"的前门。主入口外的广场强调了西面的重要性，因为第 2 大道的轴线成为了一个补充性而又重要的入口。

　　这还有一个与在北侧地区建设 4 个新的街区相联系的重要问题。在南面，大卡车和旋转的漂白器按固定的路线来回工作，从而侵占"穹隆之王"的入口。这种情况可以通过将入口抬高到 100 级台阶以上、卡车的入口在下面的方法来解决。这种情况下要求第 2 大道在到达"穹隆之王"以前要通过斜坡来抬高整整一层的高度。很多方案中都提到了这种高度变换。方案一将一家宾馆与鼓状部分相连，宾馆的底层可以作为体育场的入口。

　　所有的组在设计上都将新街区的建筑体量和外形与现有的先驱广场相匹配。街区内都是 5～7 层高的楼房，这些楼房在功能上也是相似的，底层是商业，上面是居住或办公，顶层上还有阁楼。它们还具有相似的特征——人行道旁大片的商店橱窗、带有用冲孔器钻出来的窗户的石造建筑、阁楼的檐口高度比美国城市中通用的高度要小。庭院、进光井和停车都需要穿透到街区内部，而这些都由街区内的小巷来组织串联。人行道上栽种的植物和车辆的平行停放也是按规范来设计的。这种模式本质上是 19 世纪城市的模式，也将被证明是最适宜步行和能够经受住时间考验的城市模型。

图 5.9

从一艘正在驶向"穹隆之王"入口广场的船上看去。这个广场被"水手区"和"海鹰区"的塔楼从翼侧包围了起来。

方案二将"穹隆之王"的主入口放在西面。在那里展开一个大的平台，面向第1大道。这个开放式的广场既是"穹隆之王"前的一个平台，又是观看游行队伍经过第1大道的一个检阅场地。从两侧包围和划定这个广场的是两座小的办公塔楼，一座在"水手区"而另一座则位于"海鹰区"。穿过了这条大街就是一个快船码头，每逢有活动的时候小艇和渡船就可以在这里停靠。这个需要收取停泊费的码头通过一条运河与埃利奥特湾相连。不仅在这个方案里，在其他方案中也是这样，在"穹隆之王"南侧的地区和皇家布劳汉姆大街（Royal Brougham Street）南面的空地上规划了停车

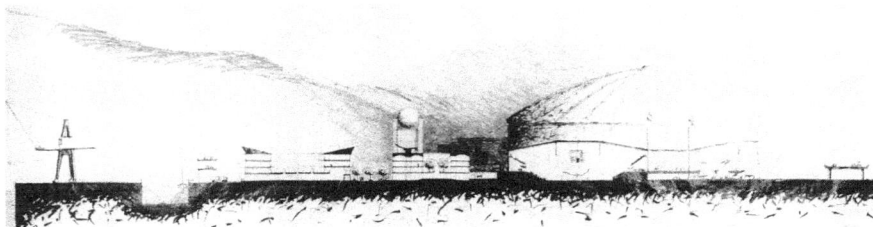

图 5.10

面向北部的横截面，穿过了展示厅、篮球馆、公寓楼、阿拉斯加之路高架桥（Alaskan Way Viaduct）、运河以及西雅图集装箱港口。

用地、新的展示空间和一座新的篮球馆。

方案四与其他三个方案的区别体现在以下几个方面。第一，它铺开的网比较大，涉及到这个城市中更大的范围。它的立场是认为先驱广场邻里在北面与市中心、在东面与国际区、在西面与工业区的连接都能够更加连贯，消除不连续的通道和边界。它还认为先驱广场区的面积和人口都应该大幅度地增加。因此，它在"穹隆之王"的东西两侧规划了新的城市街区，但却没有在北侧的地区规划四个新的街区——与其他方案的第二个主要区别。相反，它提议在那里兴建一个大型的人民广场，认为迄今为止西雅图还没有这样的广场 [西湖广场（Westlake Square）在性质上更像是一个商业广场]。在这个长方形的广场上可以举办各种大型的公共活动，包括跳蚤市场和露天歌剧。第三，这个组积极地主张运用严格的类型学的方法，认为只有有限的几种建筑类型适合于这个地区。具体地说，有三种类型：建筑的周边楼区，商用上面的5~7层为住宅；相似高度的周边楼区，上层为办公楼区，下层为商业区；零售商场上的5~7层为车库。每一座建筑顶上都有阁楼。其他的建筑类型都被认为是模糊或混淆了这个地区原有的连贯的特点。他们在撤走阿拉斯加之路高架桥的一部分上持强硬观点，认为居民享有一个完整邻里的权利高于驾驶者享有的高速、便捷的车辆通行的权利。

所有的方案都强调了与公共交通的连接。他们提出建设使行人能够直达金街（King Street）和联合车站的公共汽车站。滨水电车延长到了距离"穹隆之王"更近的地方。居民在这个地区享有的公共汽车服务将更为便利。一些方案中提出在"穹隆之王"的南北两侧可通行的铁道上建设新的车库。

图 5.11

"穹隆之王"北侧的人民广场将成为这个城市市民的公共起居室，来弥补西湖地区商业广场的不足。

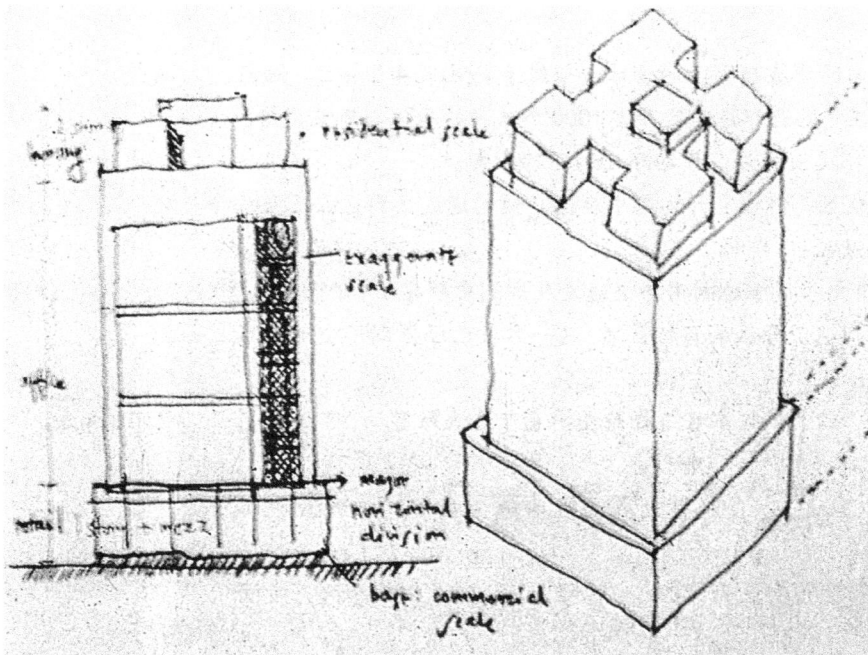

图 5.12

　　由斯蒂芬诺·波利佐德（Stefanos Polyzoides）和伽林·米纳（Galen Minah）率领的小组，强调了类型学作为建筑与城市设计之间的桥梁的作用。将待开发的建筑限制在三种类型之内，而且这些类型都是由三部分功能组成的。每一种在底层都有店面和大厅，上面是4~5层的停车、办公或公寓，在顶层有阁楼或办公室。在主水平面上可以标出每幢建筑的基底、轴线和顶部。每一幢这样的建筑都将占据一个街区的四分之一。

　　设计专项组的成果出来以后，将举办一个展示会以供一些团体和政府官员参观，这些人的接受能力都很强。斯图尔特的拥护者汤姆·拜尔斯（Tom Byers）和约翰·萨沃（John Savo）起草了一个这个城市酝酿已久的法令条例，如下所述。结果，市镇议会的议员们召开了一个历史性的会议，决定展开一项资助金额为10万美元的研究。几年后又有了类似规模的研究。每个项目都有一个混合式的开发日程，先驱广场的项目仍然还有实现的可能。

市镇议会的联合决议

　　鉴于，先驱广场历史保护区是国王县内设立的第一个历史保护区并且还代表了这个地区丰富的历史和文化资源；

　　鉴于，先驱广场社区理事会在制定规划的过程中代表了来自各方的利益从而使社区得到巩固和发展；

　　鉴于，社区理事会，经过社区最高委员会，确定了在这一区域内急需修建大量的住宅；

鉴于，由市镇资助的华盛顿大学的设计专项组于1990年4月成立，他们的任务是在"穹隆之王"的北部停车区开发1000个单元的居住与商业用房；

鉴于，设计专项组提出的许多住宅开发的可行方案；

鉴于，国王县的政策是将住宅开发集中在这个镇的建成区内，从而振兴经济发展和防止城市蔓延；

鉴于，西雅图城市中心区土地利用与交通发展规划中确定了"穹隆之王"的北侧停车区为开发商住混合区的目标区域，这一方案已经得到了全市各界的认可与支持；

鉴于，"穹隆之王"的北侧停车区是西雅图内属于公众所有的、可供住宅开发的最大的一块土地；

鉴于，这个区域公共交通便利并且与西雅图地区最大的工商业中心毗邻。

因此，此决议，市镇议会认为寻找在"穹隆之王"的北侧停车区开发面

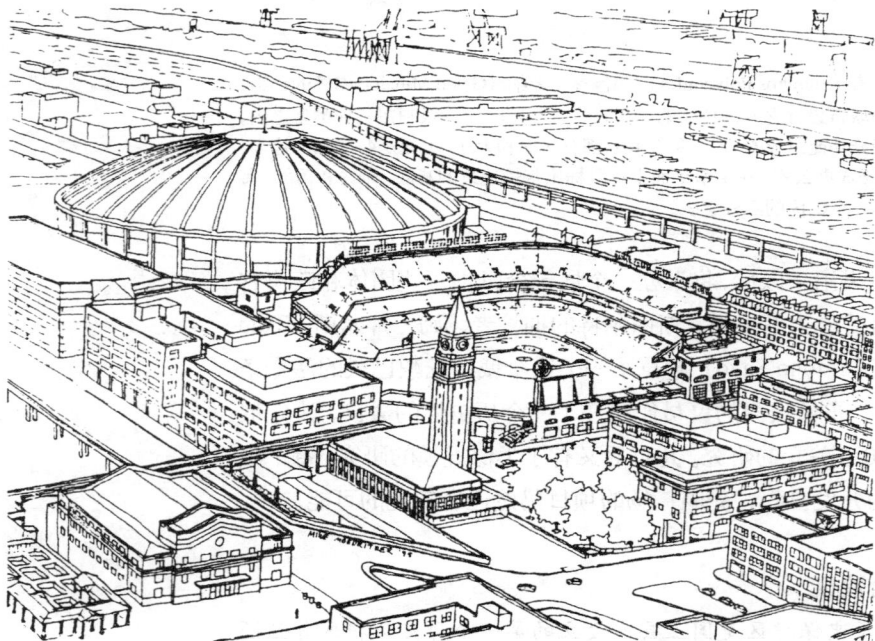

图5.13

对于如何利用"穹隆之王"的北侧停车区的问题另外一种方案是在那里建设位于市中心的一座棒球馆。由当地的设计专家设计的国王大街棒球场是一座传统的运动场，非常协调地处在城市的建筑群中。它所在的区位有方便的巴士、轻轨和轮渡交通，与市中心的办公、住宅、餐馆、酒吧和公园的距离都在步行范围内。（Drawing by M.Moedritzer）

向各个收入阶层的住宅的可能性是为大众所关心的问题，另外为了促进城市邻里的健康发展，还需要建设配套的商业、零售业和停车场等设施。

再思：棒球馆

设计专项组规划了一个公共设施区（Public Facility District）并在其中对一座新的大型体育场馆进行了选址、设计和建造。有收缩屋顶的和露天的方案都有人提出。一些市民，包括作者本人都认为，在西雅图，即使不是在美国，最好的建设棒球场的区位就是在"穹隆之王"北侧的停车区。在这个位置上能够让棒球场与市中心的办公、住宅、餐馆、酒吧和公园的距离都在步行范围内，还有方便的公共交通系统配套，在这里建设体育场馆比住宅更能够发挥其区位优越性。一些志愿加入的建筑师和工程师组成了"国王大街棒球场设计团队"，要设计出一座传统的露天体育场，能适合于这块宽阔的城市空间，并可以让人们在其中清楚地看到远处高大的城市建筑以天空为背景映出的轮廓。这座棒球场不仅是观看比赛的好地方，也是市民们歌颂、赞美团结和生活的理想场所。另外，之所以要撤掉北侧的地区是因为那样有利于皇家布劳汉姆大街南侧的一片地方的改造——那里需要更多的城市生活和建筑元素从而使之能够与美丽的大街北侧地区相匹配。[3]

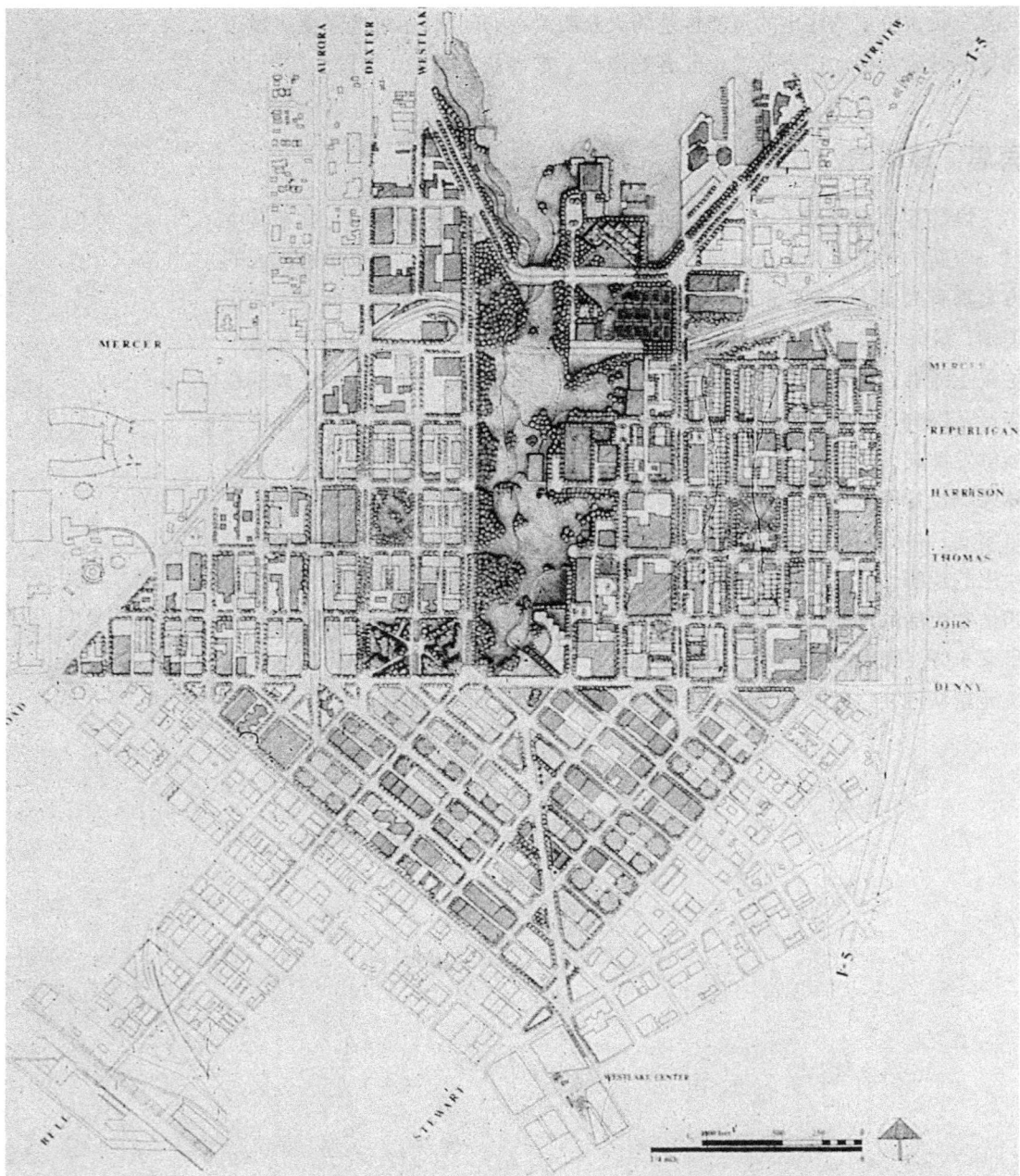

图 5.14

奥姆斯特德（Olmsted）方案的总体规划图，由安东尼·沃姆斯利（Anthony Walmsley）、大卫·赖特（David Wright）和作者共同领导的设计组设计。在西湖大道旁增加了一系列的小型停车场（parklets）后，停车区就一直从市中心商业区的心脏地带——"西湖中心"（Westlake Center）延伸到了雷克工会（Lake Union）。

"西雅图康芒斯"设计专项组
——对一个城市群落的展望

"度量任何一种文明的标准是它的城市，度量一座城市的伟大程度的标准则是它的公共空间、公园和广场的品质。"

——约翰·拉斯金（John Ruskin）

在西雅图市中心与雷克工会（Lake Union）之间的区域长久以来就被人们认为是开发不足。跟丹尼坡（Denny Regrade）一样，这片地区既不繁荣也不衰落，只是对于一块如此接近市中心的地方来说它的开发的强度还不够。这个区域中大部分是低层的商业和轻工业建筑，很少有住宅或开敞绿地，还有大片的废弃的公园和房子。这个区里大部分的街道的交通都十分拥挤；交通阻塞最严重的是在默瑟大街(Mercer Street)，这条大街还有一个别名叫"默瑟混乱"（Mercer Mess）。实际上，在这个区域中建造一座大型的市中心公园是完全有可能的，奥姆斯特德兄弟公司（The Olmsted Brothers）就曾经有此设想，这也是对这个地区进行再开发的原因之一。无论开发商们的兴趣是在于新建一座新的市中心公园、面向低收入阶层的住房、交通缓解设施或增加商业开发的力度，他们的要求似乎都不可能在这个区域内得到满足。这里，我们为这个地区同时综合地开发这些功能提供了一个独特的机会。

项目简介

设计专项组的计划被认为是合理而可行的，从而证明了这个地区的确存在开发不足的问题。除了要在这块面积为280英亩（约112hm²）的规划范围内重新排列现有的商业和住宅设施，设计组的任务还有：在其中规划一个面积不小于40英亩（约16hm²）的停车场；对这个地区的交通设施进行升级和重组，包括一级公路（所有的这些要求目前都处于或高于原先设计的能力范围）；增强面向自行车和步行方式的可进入性；考虑大容量的公共交通路线；要容纳下 15000 名新居民。另外，设计组关心的问题还有：在主要的商务区周边建设一些过渡区（buffer zones）[例如华盛顿天然气公司（Washington Natural Gas),西雅图时报（the Seattle Times）等]；合并一些小型邻里的停车场；提高环境质量，例如改善水质和排水设施；增强区域内的生机与活力；在设计上全面考虑经济、社会、美学与功能等方面的要求。

华盛顿发展管理法案（Washington's Growth Management Act）要求西雅图在未来的几年中吸收大量的新的城市居民。莱斯市长对此持积极立场，认为西雅图能够吸收的新居民占这个区域新增加城市居民的比例比它对区域的经济增长贡献率更大。这是因为西雅图康芒斯地区内现有的基础设施和服务机构设施可以做到这一点，这个地区还非常接近西雅图的市中心，它因此而被认为是西雅图最大也是最可能容纳这些新增城市居民的地

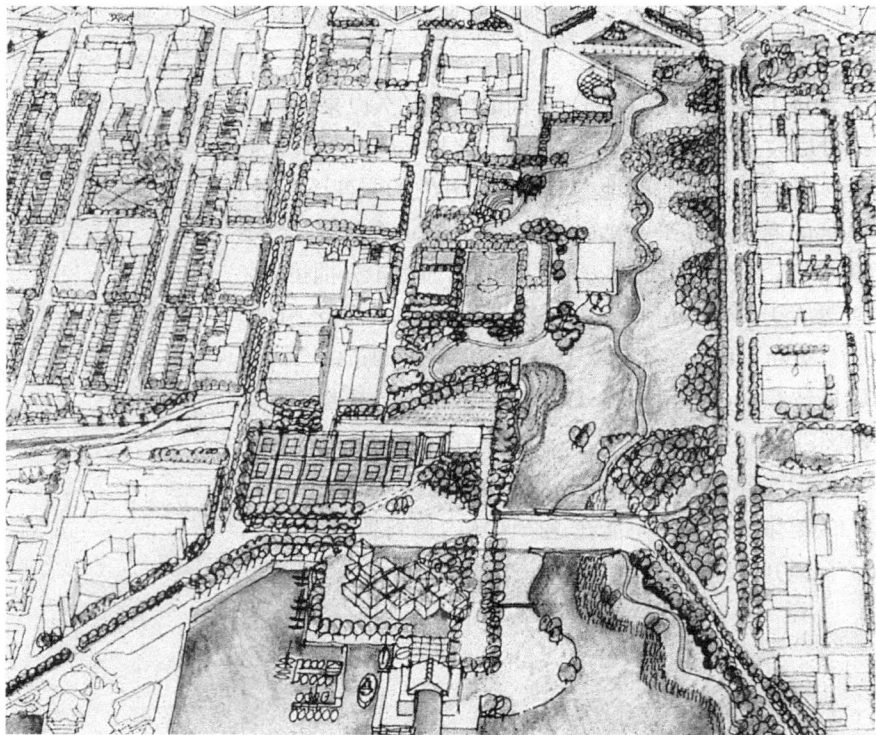

图 5.15

奥姆斯特德方案鸟瞰图。这个方案和西雅图康芒斯发展委员会原来所追求的实现这个地区再开发的方案有所不同。主要的特点有：一个大型的中心公园，部分被遮盖的默瑟大街，公园西侧高密度的建筑以及对公园东侧的卡斯凯德邻里的填充式的开发。设计中还包括了将位于湖的南岸的海军预备役部队的临时建筑改建成轮渡乘客的渡口。

方。西雅图康芒斯地区的开发能够在不破坏原有的由独户住宅组成的邻里的情况下实现城市的新的发展，并且还在城市的心脏地带增加了一个停车场。

奥姆斯特德方案

本方案将这个地区划分为4个不同的区域——中心公园和3个各有特色的邻里，3个邻里分别位于公园的东西南侧，由3条林荫大道相连。中心公园是这个方案中的重要组织元素，通过在通往公园的西湖大道两侧的三角形街区内点缀上许多小型的公共绿地将"西湖中心"与西湖串联在一起。

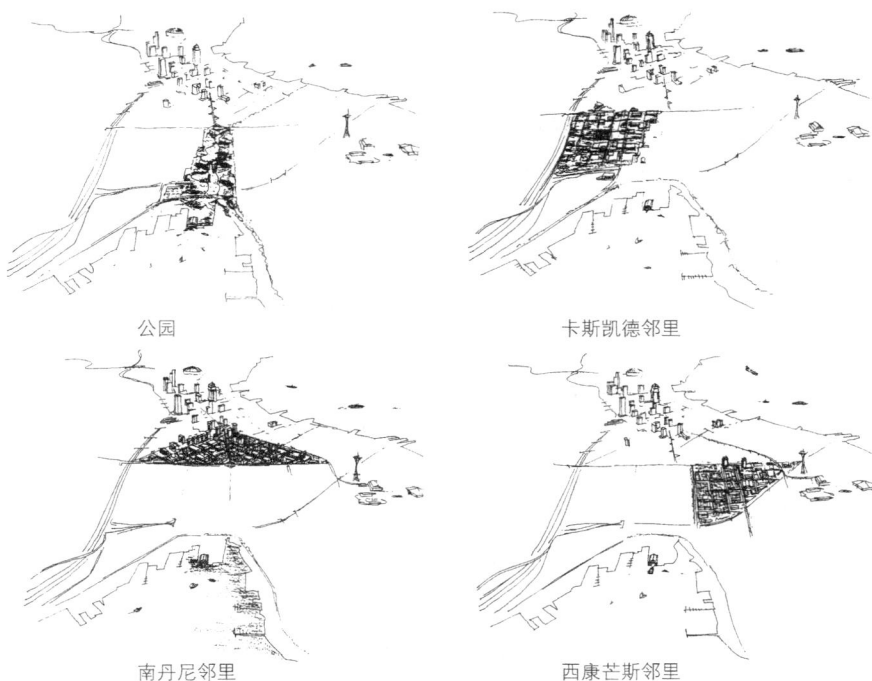

公园 卡斯凯德邻里

南丹尼邻里 西康芒斯邻里

图5.16

奥姆斯特德方案提出围绕中心公园建设3个新的邻里。卡斯凯德（Cascade）邻里将是现有的商务办公大楼与新建的面向低收入阶层的福利住房的混合。南丹尼（Denny South）邻里内高层住宅塔楼林立，这对于单身贵族和中老年人来说具有相当的吸引力。西康芒斯（The West Commons）邻里内大多是底层相连的商品房，这些住房将可以容纳比其他两个邻里更多的家庭。

公园的主题分在3个小公园中呈现，它们都具有水的特点，重现了那条以泉水为源头、流经国会山与圣安妮皇后山（Queen Anne hill）之间的小河。从公园南侧70英尺（约21.4m）高的假山和喷泉中流出，这条回流的小河一直蜿蜒到了公园的北部，一路上收集地表径流，最后终止在一片沼泽地中。

那里有生态化的水处理设备,在一定程度上解决了大雨过后市中心街道雨水泛滥的状况。

位于中心公园以北的默瑟大街周边的4个街区地势较低,其中西侧的两个街区的植物繁茂,几乎可以将这两个街区全部遮盖起来。在这个方案中还规划了一个东西向的小型交通疏导——设计组的成员们坚信5号州际公路上出现的拥堵现象是由于高速公路的辅路的堵塞造成的,对这个地区的机动车使用状况进行实质性的改变是改善这种交通堵塞的惟一途径。他们希望在更多的员工住进康芒斯社区后,这个地区的交通压力能够得到缓解,尽管这个过程是非常缓慢的。

设计组在中心公园的周围规划了3个邻里。位于公园南侧的三角形的大型邻里就是南丹尼邻里。它主要由功能混合的高层建筑环绕而成,将可以容纳的居民超过7500人——尤其适合那些注重景观环境、安全和都市生活品质的单身贵族、丁克家庭(没有孩子的夫妇)和老年人——还有一些商务办公用房作为CBD(中心商务区)西北部的扩张部分。

西康芒斯邻里是中心公园西侧"硬的"边界。西康芒斯的规划早在中心公园向北部扩展完成之后就在纽约完成了,面向公园的一侧是连续的6层高的住宅楼,这些没有电梯的中层商品房适合于那些孩子已经长大、喜欢都市生活、能够接受住房、办公和零售功能相混合的家庭。超过5000名居民能够享受到这种临近市中心、西湖中心、新的中心公园和雷克工会的便利。

喀斯喀特/东湖邻里为市民们提供了最优惠的商品房、新式联排住宅以及专门提供单间的旅馆。这里为那些享有住房补贴的低收入阶层和体力劳动者提供了良好的邻里环境,能够容纳超过2500名新居民。其中保留了老的家庭住宅框架和砖结构的公寓楼,还有各种小教堂、议事厅、服务业和轻工业用房等等。为了要保留特里-伯伦大道部分沿线的建筑,中心公园的东侧边界是不完整、有缺口的、"软"的边界。这样设计的目的是为了让一些建筑能够与公园融合在一起,使公园能够延伸并被包含到城市的建筑群当中。

中心公园将城市与西湖重新连接在一起并联合了3个邻里,它揭示了这个地区水环境的匮乏,营造了能够代表这个区域特征的从湿地到地上树林的景观层级,还有助于解决这里的机动车交通和步行空间的问题。除了使用比机械方法更经济、更有效的自然方法来提高这里的水资源品质外,中心公园的设计基本上遵从了噪声的环境标准。它的设计坚持了奥姆斯特和其他的方案中对在连续的开敞空间中进行城市开发要有利于历史保护的原则。这个公园是新的邻里成长、繁荣的社会中心,尽管各个邻里都有不同的特色和社会经济成分。它将是一个真正的公共空间，各种不同的社会和种族文化都能在其中相互交融、共同发展。

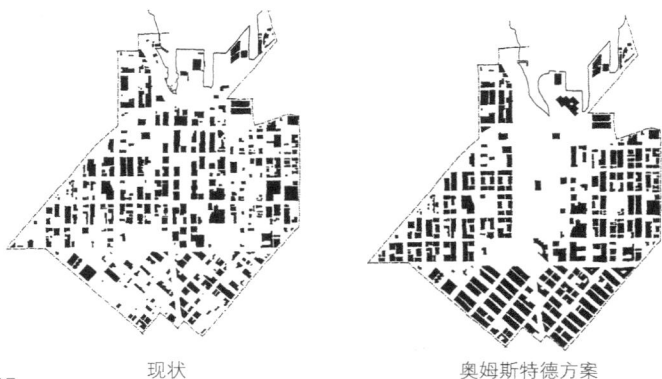

现状　　　　　　　　　　　奥姆斯特德方案

图 5.17

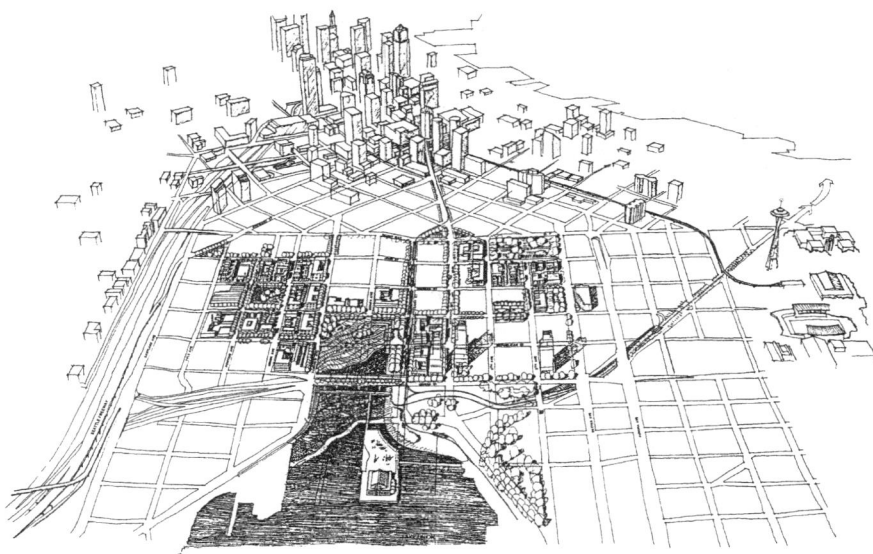

图 5.18

　　"默瑟－马什"方案的鸟瞰图。这个设计组由琳达·朱厄尔（Linda Jewell）、罗·卡斯普里欣（Ron Kasprisin）、安妮·弗恩兹·莫顿（Anne-Vernez-Moudon）领导。此方案的主要特征是沿湖的一片20英亩（约8hm²）的湿地，默瑟大街的一座立交桥架于其上，还有许多小型的邻里停车场、通向市中心的电车和一些逐步开发的不同类型的填充式的住宅。

"默瑟－马什"方案

　　这个设计组的基本目标是要创造一个充满生机活力的工作与生活环境。与前面的一个设计组不同，这个组的成员们兴趣的焦点不在于康芒斯作为这个地区的主要开敞空间的重要意义，而是在于在市中心区的周边地区建设一个巩固的社区或一些邻里单元。这种立场来自于这个地区给设计组的成员们留下的最深刻的印象——他们相信在陡峭的山间、特里大道的陡坡、市中心的塔楼之间，还有西湖本身，要形成一个巨大的开敞空间是完全可能的。这个设计组对康芒斯的理解更为宽泛：拓展雷克工会现有的资源，通过一系列的地方化的公园和园林式的街道来丰富正在兴起的高密度的住宅邻里。

"默瑟－马什"设计组为实现他们的设计目标而创造了许多新的设计理念。首先也是最重要的一个就是他们将康芒斯作为雷克工会周边地区重要的新的开敞空间和主要的现有的开敞空间这两种想法结合了起来。设计组并没有创造一片完整的开敞空间来降低这个湖的美感和在城市环境中的重要性，而是将开敞空间的开发完全源自于西湖，20英亩（约8hm²）广阔的湿地和沼泽将陆地和水面统一在了一起，成为了一处具有阐述性和教育意义的场所，还能起到清洁和过滤地表径流的作用。因为它是这个地区最北端的一条交通干道，设计组在默瑟大街上增加了人行道和自行车道，从而增加了这条街道的交通容量。他们还考虑到如果人们在经过这个区域的时候不得不坐在车内，那么这些人也能看到美好的景致。湖泊侵入了陆地，因为那片沼泽地延伸到了共和大街（Republican Street）附近的原始海岸线。交通方面的改进还包括将"曙光"号的运行路线向北延长了3个街区，目的是要增进西雅图市中心的周边地区与康芒斯的联系；将布罗德大街（Broad Street）改造成了园林式的步行街，并使其能够将市中心和曙光（Aurora）邻里连接了起来。另外，这个设计组还建议增加两个有轨电车系统：一个沿着现有的特里大道铁轨可通行的部分，另一个是意向中的麦瑟大街到市中心一线连接雷克工会、特里大道的陡坡、圣安妮皇后山的低处和埃利奥特湾。

"默瑟－马什"设计组用4个邻里来构造这个区域，邻里之间通过一系列开敞空间和绿荫小道有机相连，同时这些开敞空间和绿荫道也起到了组织和疏导邻里间的人流和车流的作用。设计组在设计中为每个区域都赋予了不同的特征，沿着丘陵东部的喀斯喀特地区（Cascade Area）、沿着南北轴线的西湖谷地（Westlake Valley）、沿着陡坡西面的曙光地区（Aurora Area）还有处于街道网格变化之中的丹尼路（Denny Way）的北部地区。一些服务业和零售业关键性的区位布局也在一定程度上促进了邻里之间的联系。

这个设计组的设计、开发理念是分阶段、逐步地展开的。街道的重建使许多建筑能够被保留下来，新的开发采用了填充建设的方式并且终将取代现

图 5.19

左：这个区域的南部景观，包括那片沼泽地和填充式建设的住宅楼，包括一些可以作为"地标"的豪华的塔楼，这些塔楼的建设有助于带动这个区域其他部分的开发。

右：沿着特里大道从北部望去，映入眼帘的是一些轻轨和一种"批发市场"的环境氛围，与派克地区市场（Pike Place Market）有些类似。

有的一些建筑。他们还为填充式的住宅开发制定了详细的计划，使得六种不同类型的住宅建筑能够保持统一的基本用地增长。他们精心设计的六种住宅建筑兼具传统和可辨别的特点：平房住宅（一层，上有可以住人的阁楼）、小型的联排住宅和方形的联排住宅（两层，上有可以住人的阁楼）、大型住宅楼（没有电梯设备，由4~8个单元组成）、高层住宅（有电梯或无电梯设备，8层以上两侧有房间的（double-loaded）的公寓建筑）和超高层住宅（15层以上有电梯设备的豪华塔楼）。针对不同的建筑类型，设计组对这个区域进行了重新分区，将不同的建筑类型与其适宜的街道类型相匹配。最令人惊讶的变动也许就是在湖岸兴建几座"地标"式的豪华塔楼，这些塔楼的高收益有助于带动这个地区其他收益较低的项目的开发。

图 5.20

左：两边是底层车库、上层住人的建筑的小巷街景。

右：填充式的住宅开发将喀斯喀特邻里的建筑密度增加到了每英亩30~40个单元（约75~100单元/hm²）。

"城市美化"方案

"10英亩市中心的土地与1英亩滨水地区的土地的价值是相等的"——奥姆斯特德（F.L.Olmsted）

这个方案最引人注目的地方是它没有采用中心公园的模式,而是在水边设计了一个面积为80英亩（约32hm²）的绿化带。西湖和布罗德大街成为了主要的林荫大道,还有轻轨也经过那里,将新建的邻里与市中心以及埃利奥特湾连接在了一起。3条东西向的街道也变成了小型的绿荫道:共和大街、托马斯大街和丹尼大街。曙光邻里位于默瑟大街的北端,构成了新的街道格网。两座新的桥梁,类似于丹尼大街的过街天桥,横跨5号州际公路,使喀斯喀特地区与国会山地区恢复到像高速公路开通之前的那种互为毗邻的状态。在保证机动车驾驶者视野的同时,一条开放式的拱廊在默瑟大街上支起了一条公共的散步道。行人在散步道上可以走下富有趣味的阶梯而进入公园里面。

散步道以北是休闲区和球场,东面是那片具有过滤功能的沼泽和一个小型的游艇船坞,西边是一条沿着湖岸线弯曲延伸到码头的小道和一所帆船学校,由此围成了一个小的港湾。中心是一座位于被保留下来的海军大楼里的海事博物馆,还有许多餐馆、轻便的临时建筑和灯塔/瞭望台。

为了在这片开发区中心保留大量的开敞空间,"城市美化"设计组在这个地区规划的独立的邻里数量将不会超过6个。沿着西湖林荫大道的那些零售商业将主要为这6个邻里的居民服务。设计组没有在这个区域的中央规划一座公园,因为那样会将这个相对较小的区域划分成两半,他们认为用一条像西湖林荫大道那样的街道作为这个地区的主干道,使其成为零售商业的中心区位,像一块磁铁一样吸引来各类商业设施在此集聚,因为这里有能够确保商人盈利的、足够大的市场。在西湖两侧的任意一边可以排列低层为零售商业和办公、上面5~6层住宅的混合型公寓楼。

喀斯喀特邻里是位于这个地区东北部已经建成的邻里,这个区域还是要进行面向大众的商品房的开发,特别是沿街2~3层的联排住宅和小巷两边的底层为车库上层住人的单元房。密度将增加到每英亩30个单元（约75单元/hm²）左右,以喀斯喀特运动场为中心。伯伦公园邻里（Boren Park Neighborhood）将以特里大道为中心,在新的开发中在现有的工业用房周边兴建一些商住混合的楼房。在西湖的东面、规划中的公园的南边的是德克斯特公园邻里

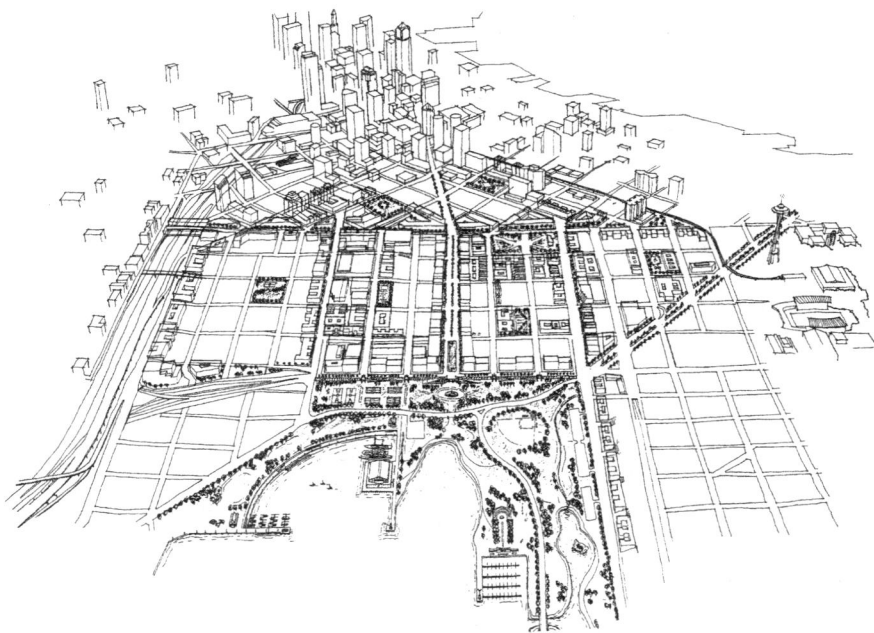

图 5.21

"城市美化"方案的鸟瞰图。这个设计组由伊丽莎白·莫尔（Elizabeth Moule）、麦克·皮亚托克（Mike Pyatok）和丹尼尔·格伦（Daniel Glenn）领导。他们这个方案的前提是认为 10 英亩城市中心区的土地与 1 英亩滨水地区的土地是等价的。他们提议沿湖建设一个占地 80 英亩（约 32hm²）的公园，与此同时保留这个地区的大部分原有建筑。

（Dexter Park Neighborhood），是商业与轻工业的混合邻里，建筑密度大约为每英亩 30~40 单元。和喀斯喀特邻里一样，这样的建筑密度将要通过进行填充式的开发来取得。在公园的南缘，因为有默瑟林荫大道旁的景观公寓大楼，建筑密度将达到每英亩 100 单元（约 250 单元 /hm²）。丹尼公园邻里（Denny Park Neighborhood），围绕西雅图的第一座公园，将进一步被填充入更多的家庭住房，建筑密度要达到每英亩 40 单元，并且沿丹尼路两侧的建筑高度和密度都相对地比这个邻里中的其他地方高。密度最大的地方是位于丹尼路北侧三角地带的两个邻里。这两个邻里的建筑密度每英亩有 80~100 单元，主要为老年人、单身贵族和自由职业者提供住房，聚集在一组项链状、模仿纽约格拉玛西（Gramercy）公园设计的开敞空间周围。

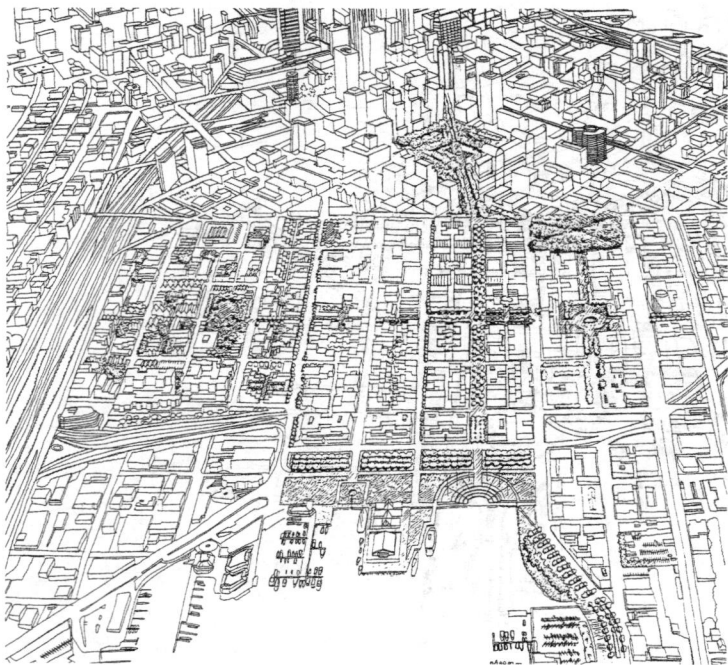

图 5.22

　　在美术风格 (Beaux-Arts) 方案中, 开敞空间在这个地区内被设计者们均匀地分布开来, 通过林荫小道将一些小型的街区公园相连接。这个设计组提倡适当地开发新的建筑类型, 连同那种小巷两边底层为车库上层住人的住房类型一道增加这个地区的建筑密度。

图 5.24

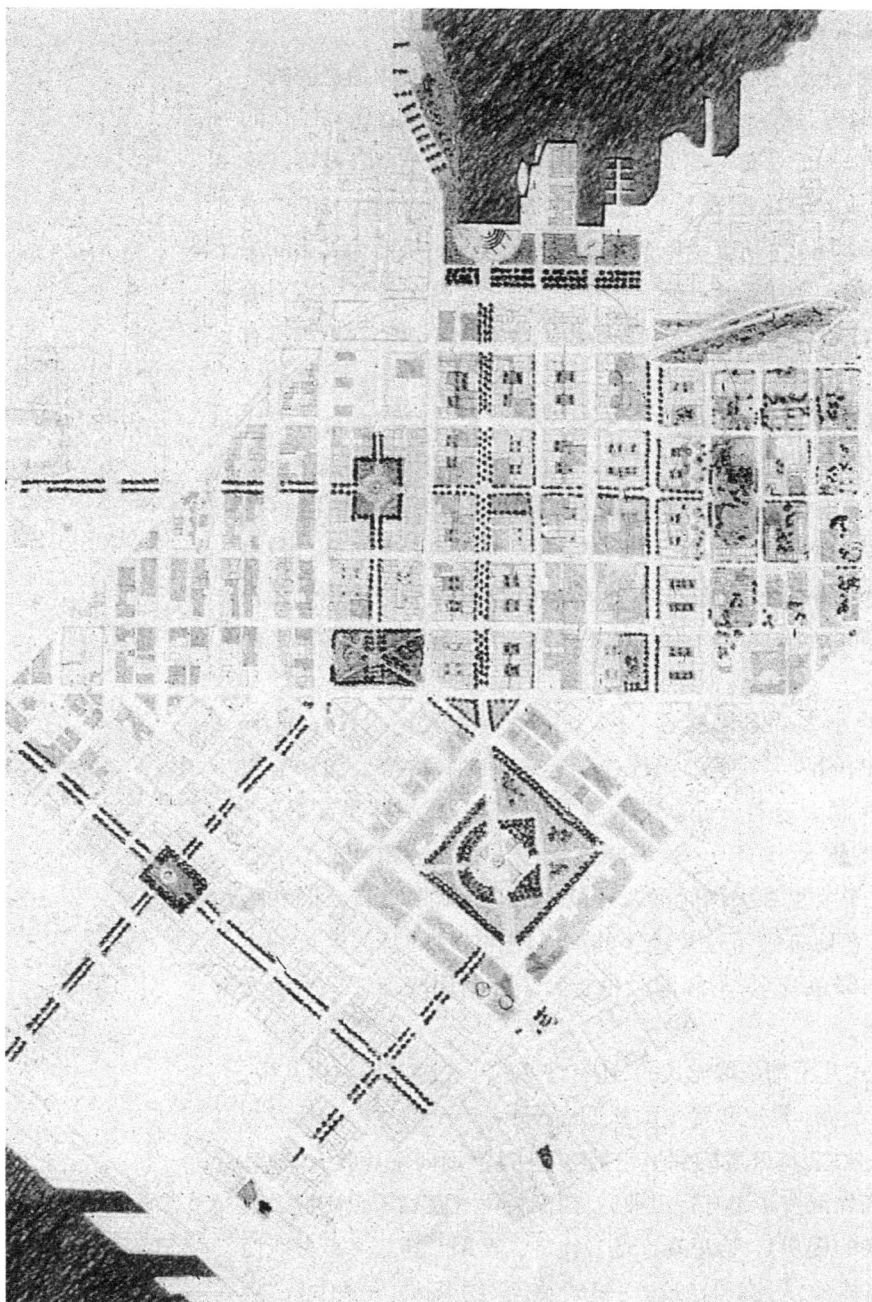

图 5.23

从美术风格方案的总体规划图上我们可以看到在这个区域内散布着一些小型的街区公园，其中最大的格林公园（Green Park）位于此图下方。这个设计组由李·科普兰（Lee Copeland）、杰克·邓恩（Jack Dunn）和彼得·斯塔泰（Peter Staten）领导。

美术风格（Beaux-Arts）的方案

美术风格的方案也许是这个规划设计小组所提出来的方案中最稳妥的一个，它主要基于3个前提：第一，这个方案的设计组认为应该在雷克工会的南面建设一些小型的公园而非单一的一个大公园，一系列的小型公园可以减少由于公园建设而造成的工商业搬迁量，它们还可以成为周边地区开发的中心。而且这些小型公园的边界长度比一个大公园的还要长，从而为更多的居民可以亲近公园的环境创造了条件；第二，尽可能地保留这个社区中原有的建筑群、工商业和医疗服务设施；第三，设计组希望能在新建的邻里与原有的邻里之间建立起进一步的交流与联系。

为了达到这3个目标，设计组编制了一个概念性方案，称为"哑铃方案"。两个公园——一个位于雷克工会的南端而另一个正处于西湖大道与斯图尔特大街的交叉点处——将由一条经过重新规划设计的西湖林荫大道相连接。西湖和特里大道将被拓宽称为双向街道，即在两边各有两条机动车道和自行车道，正中间还有景观绿化隔离带。在西湖大道的西侧和特里大道的东侧还设有停泊和装卸车道。向北行驶的电车经过特里大道一线，南行的就必须走西湖大道了。

还有穿过西湖的小型的景观轴线：一条在哈里森大街（Harrison Street）将这个区域内的两个邻里公园连接了起来（喀斯喀特公园和哈里森广场）；另一条将西湖大道与一座新的斜坡公园相连（在贝特里和第3大道）；还有一条沿着罗伊大街（Roy Street）连接了雷克工会和西雅图中心（Seattle Center）。位于哈里森大街轴线末端的小公园（喀斯喀特公园和哈里森广场）的设计有意地打破了这片地区的街道网格，目的是为繁忙的主干道提供一些清新的绿色景观，与此同时也起到了限制那些与邻里生活无关的交通通过的作用。

对邻里的开发方式几乎都是填充式的，还有许多的小型停车场点缀其中。商业开发主要集中在西湖、丹尼和费尔维尔（Fairview）大道，这样能够发挥商业和服务业的集聚效应。待开发的邻里包括喀斯喀特（面向中等收入家庭，中等密度），伯伦（商住混合，还有轻工业），西湖特里（底层零售商业、上面4～5层为居住用房的楼房），哈里森广场（住宅、娱乐、商业／事务所设施的混合配置），和格林公园 [高层建筑——160英尺（约48m）——作为"哑铃"南端的背景建筑]。因为这个设计组所提出的改造交通和保留现有建筑的目标，还有较小规模的改造工程，将使得美术风格的方案成为诸多方案中在经济、政策上都最为可行的一个。

后记

在这个设计专项组的各个方案出台以后，一场声势浩大的实施建设西雅图康芒斯（Seattle Commons）社区的活动就展开了，活动的领导者是一个私人的非营利组织。这个组织积极地从事于这项计划的宣传和土地回收等工作。尽管华盛顿大学的设计专项组一开始并没有投入到这项活动当中，但是他们对于项目设计的解释与改进也做了一些工作。最终被西雅图康芒斯理事会采纳的方案最接近于奥姆斯特德方案，这个方案是由一个专业的设计团队完成的，还有大量的市民组织参与其中。由私人机构来推动这个方案的执行有其特殊的原因——至少在1995年秋到1996年春天的这段时间之前，市民们曾经以投票的方式反对这项方案的实施。

无论如何，西雅图康芒斯计划都代表了一种个人对城市更新改造的独特的、引人注目的甚至是伟大的尝试。在这个项目方案中，公共部门不再做私人机构土地开发前的购买、平整和征集工作，他们的角色正好反过来：一个由微软公司的创立者之一保罗·艾伦（Paul Allen）资助的私营企业，拥有将这个城市开发成为公共花园的永久性的开发权，开发过程中有许多团队和有才干的个人加入了进来，项目进行得快速而有效。起初，市政当局为了安全考虑，逐步地将这个项目推向某个特定的方向并在第一次市民投票后将这个项目计划压缩。如果简·雅各布斯（Jane Jacobs）在《生存体系》（Systems of Survival）一书中的观点是正确的，那么公私部门角色的对调就是一种不符合一般规律、不可持续的状态。她认为私营机构从本质上就是公共部门的政策执行者，当它们试图要承担本应属于政府部门的工作时，通常都会以失败告终。

各个公私部门对这个项目都给予了高度的关注。诚然，这种关注主要来自于这个项目最令人不安的一面。如果一个市政项目就能够吸引这么多的能源、新闻媒体的关注、志愿主义者、热心的支持者、自以为是的人，钱财和服务的捐助都是如此的巨大，那么这个城市的一代人就必然只能完成一项这样的项目了。尽管一代人能留下一项伟大的工程总比没留下什么要好，但我们还是应该建立一种更为省力的市政开发模式。否则，即使一个良好的市民也会畏惧去做这样一件事情，即使做了他们也会逐渐地发现自己已经没有精力再去做一些有趣的、日常的工作了。如果这项巨大的工程都无法获得足够的民众支持，那么今后市民们就更不愿意为别的市政项目提供支持和服务了。

在西雅图的历史上还没有哪一个市政项目能够让人们给予这么多的关注，

然而这些关注都没有起到实质性的作用。如果市政当局能够从这个项目5年来的分析、设计、合意建造和投资过程中吸取出一些更好的方法，那么这种对资源与市民的好意的浪费就会大大地减少了。这个地区终将、而且马上就会被商业投资所改变，它需要政府的帮助以便实现可以达到最大价值的土地利用。

戴维·布鲁斯特（David Brewster）曾经悲观地写道："西雅图康芒斯项目决定性的失败，残酷地突然性的结束，将长久地为西雅图的政治家们所铭记……也不可能有哪个对手在几年内能够将这个项目做成。在康芒斯计划中没有被压倒的企业也很难在短期内就地东山再起，因为开发商们都已经把所有的土地买走了。至于这个地区内的新住宅和面向低收入阶层的住房……将大大地减少……康芒斯是一项史诗般、宏伟的开发项目，从政策上振兴西雅图市民的士气和精神。项目的拥护者们将不同的利益团体融入了项目建设中。他们开启了潘多拉的盒子，民主设计、统一进程……康芒斯，作为一次用民主的方法进行决策的伟大实践，已经反过来变成了被一群隐藏着的精英们独裁统治下的产物了。"[4]

第六章　城市邻里

——被遗忘的第一环

在美国的许多大都市中，邻里早已经被人们所遗忘。由于在城市中心或郊区都没有相应的政治或经济影响力，邻里跌入了介于城市中心与周边郊区之间的灰色地带。虽然那种呈同心环、主干道从单一核心向外放射状发展的城市模式在美国已不再盛行，但市中心区仍然有很高的地位。市中心通常被认为是城市健康发展最醒目的标志，在发展上也得到了许多的扶持和照顾。与此同时，大量的新的住房、零售商业和工作机会出现在了郊区地区。正是城市邻里在美国——内城与紧贴城市中心的第一环郊区地带——没有得到足够的投资、资助或财政援助，而且这种低税收的项目也无法为政府带来很大的收入。当问题出现而税收减少时，邻里就陷入了日趋加速的被遗忘的漩涡中。

在许多城市里，城市邻里曾经是富人聚居的繁荣的邻里，里面都是大房子和美丽的公园。许多是新潮的有轨电车通达的郊区，还有的是比较朴素的由中产阶级组成的巩固的社区，还有的是由工人阶级居住的小平房构成的。现在，许多的城市邻里都在衰退，最好的就是成为了维多利亚和爱德华时期的那些继承亡夫爵位的富孀们的居住地，最糟糕的就已经衰落成为城市中的少数民族聚居区了。不管是扩张、衰退或是生气勃勃，邻里都是美国大都市区在其发展的雏形时期里的一笔宝贵财富。它们接近城市中心，基础设施配套齐全，有宏伟的楼房和高大的树木，被狭窄的街道和小巷所分割以方便行人和机动车的流动。居住的地块通常都很窄，但很深，而且在垂直方向上的高度也不大，通常临街的是2~3层独立式的房子。在郊区，那里的建筑高度更低、在水平方向上扩展得更充分，临街的那一边的长度也很长。而市中心地区的邻里就不同，在那里建筑密度能达到每英亩60个单元（约150单元/hm²），包括辅助用房。这种本质上就是独户住宅的模式为公共交通的运行提供了足够大的人口密度。城市内环地区的复兴是必然的，只是时间上的问题而已。诚然，许多邻里，例如波士顿的比肯希尔（Beacon Hill）和华盛顿特区的乔治敦（Georgetown）在它们所在的城市中都是最负盛名的地方之一。

值得庆幸的是，西雅图的城市邻里并没有遭到侵蚀和破坏。贝克山、马德罗纳、国会山、圣安妮皇后、弗里蒙特、巴拉德、沃灵福德、莱斯齐、丹尼布莱尼、华盛顿公园和麦迪逊公园就是健康、功能完善的邻里。一些邻里是富人们的聚集地，其他的则是中产阶级的家园。另一方面，一些地区，例如中心区、雷尼尔谷和灯塔山却正在遭受着投资撤离、种族隔离和贫困的威胁。总的来说，上层和中产阶级还没有撤出这个环绕城市中心区的第一环，这是这个城市最强有力的重要标志之一。

西雅图的城市中心能够保持繁荣的一个重要原因就是因为有了这些美丽的内城或城市邻里。因为在西雅图，中产阶级向劳动阶级居住区移居并不像在美国的其他城市中一样是一个大问题，点状集中的再投资项目取代了固有的、低收入阶层的住宅区。那种将许多邻里的生活品质逐步提升的做法比在个别已经衰落的邻里中进行急速的改建投资要更能为生活在其中的人们带来平等与交流。一些观点，特别是建筑群、景观和亲近市中心的观点，从一个世纪以前就已经意识到了城市邻里所带来的集聚的重要性。尽管有大面积的贫民窟和衰败的房产，但西雅图镇1995年的平均房价还是比贝尔维尤地区的房价高，那里是西雅图最富庶的郊外地区之一。要在西雅图或其他的地区保持和增进这些城市邻里的健康繁荣就必须有意识地、不断地给予它们关心和帮助。（另外一方面，将贫民窟带出贫困要在我们的经济体系中进行一些结构性的改革，这不在本书的讨论范围以内。）西雅图城市邻里管理局（The City of Seattle's Department of Neighborhood）就是响应邻里的要求而诞生的地方管理部门。当邻里教堂和学校逐渐消亡以后，政府部门对邻里提供的这些公共服务和配套设施就显得愈发的重要了。

华盛顿大学建筑与城市规划学院的许多设计研究室通常都会把这些城市邻里作为他们研究的焦点问题，特别是著名的西雅图邻里商业中心。但是在华盛顿大学诸多的设计专项组中至今为止只有一个是专门研究城市中居住邻里的内环地带的——也许是因为这些地方已经在各个研究室的设计项目中被反复、深入地研究过。而且，它们作为成熟、综合性的社区，其中的一些居住邻里很难在研究上给予那些五天工作制的工作小组一些实质性的帮助。就像鼎盛的森林一样再难以得到发展和改善。尽管如此，1995设计专项组还是将目标锁定在了大学区（University District）。在华盛顿大学对其他的邻里、地区和行政区域提出规划、改造建议十年之后，这些散布到各个地方的建议看起来就只能够在华盛顿大学自家的后花园里实施了！

因为大学区内必然会因为有大量的学生而产生人口在区内分布的不均衡，所以它正确的叫法应该是一个"区域"（像一个娱乐区或仓储区）而不是一个

当邻里教堂和学校逐渐消亡以后，政府部门对邻里提供的这些公共服务和配套设施就显得愈发的重要了。

"邻里"，因为邻里代表的是一种更为均衡的用地和人口分布状态。一旦被授予了"西雅图市第二中心"的名号，那就意味着这个地区的用地和人口都是密集混合的，在人口学和建筑学上的特殊性是由华盛顿大学造成的。这所大学在白天的人口是50000人，其中22000人生活在这个区域中。这个区域每天都使用公共交通的有18000人，这个数字是除市中心区外的地区中第二高的。定期穿过整个城市的公共汽车在大学区内每两分钟经过一辆，许多乘客就是构成了这个区域的独特性的学生们。

这个设计专项组以及进行后续工作的研究室在工作中如何与第一部分的理论一争高下？

蔓延发展的代价

大学区是西雅图市内从增加建筑和人口密度上获益最大的区域。学生们热衷于步行。他们中间的越来越多的人住的地方都在与校园在步行可达的距离内，与此同时他们使用机动车的里程数就越来越少了。这种逻辑还适用于教师，他们中只有极少数人住在大学区内。大学没有为现任或退休的教师在大学区内提供住房。在这个区域里购物的教师职工也比几十年前少了一倍，而停车位、空置或未开发的土地数量却在翻番，这就为建设各种类型的建筑提供了条件。这个地区选择更高密度开发的另外一个原因是这里良好的公共交通设施。这个地区的轨道交通规划在整个区域中是做得最好的。官方要求在这个地区内要建设2200个住宅单元，这是西雅图的城市总体规划中对城市中心区的要求。这些住宅建起来之后，它们将形成超过1平方英里（约2.6km²）的城市蔓延地带。

批判的地方主义

大学区的历史可以追溯到20世纪初，区内有一些华盛顿州最杰出的建筑物。那些设计精良、材质考究的建筑在校园内随处可见。具有讽刺意味的是，许多的这些新哥特式和学院派哥特式的建筑都与当地的历史、建筑传统或文化没有任何关联。这些建筑直接引自于东海岸的大学，而这些东海岸的大学所设计出来的建筑又是单纯地在几个世纪以前从大西洋彼岸继承而来的。这些建筑形式的引入，其目的就是为了要让这些大学能够在短时间内获得与校园景观的美丽程度成正比的正统性，进而提升学校的知名度。华盛顿大学的校园建设是如此美观和有条理——就像这个区域内新哥特式的公寓楼。这些楼房表面的陶瓷釉面的拼贴方式都与校园里的许多建筑相似。

最近在校园中新建的建筑巧妙地对学院派的哥特式建筑风格进行了新的诠释，这种风格的历史悠久至今已经成为了一种地方传统，尽管它的根源并不在这里。的确，哥特式建筑有机而又不规则的空间概念和主题明显地背离了轴向、对称和清晰明了的美术风格的校园规划思想。（这种思想最讲究真实性和完整性。）大学区内最具有地方特色的建筑不是大学或研究机构的大楼。它们是沿着位于大学区南缘的波蒂奇湾（Portage Bay）的滨水地带的沿海建筑。而且，位于区域北缘拉文那的一些艺术与工艺建筑业是具有地方特色的建筑范例。最后，两座学校的教学楼——海茨和拉托那大学——是西雅图公共学校在近年来建设的优秀建筑的典范。大部分设计专项组的方案都深入了解和保持了这些建筑的体量、特点和比例关系。

类型学

这个区域的建设很好地体现了类型学的思想。这里不仅有正规按类型排列的都市建筑，还有图书馆、礼堂、教室和实验室、工作室和行政办公楼等校园建筑。校园里的建筑的协调性比城市中一般的区域要好。这就为设计专项组理清思路创造了条件，在这个案例中可以更好地实现轴线的强化和四方院落的划分。就像在第七章所讲述的沙点（Sand point）军事基地和任何一个科研院校的校园一样，这是校园所具有的在建筑类型和风格上充分整合的潜力。单一的所有权和运营管理机构，加上共同的志向与目标，使得这种整合的完成变得更加容易。尽管建筑的风格随时间在不断地变化，但清晰完整的建筑类型却能够将整个校园统一在一起。（这种局域性的整合，其代价是在一个更大的区域内的整合过程，但是对于学校来说，由于学校与人们的日常生活有所分离，所以这种整合是完全可能的。）

不那么严格地说，类型学还可以将这个区域中的其他地方一并整合起来。大学路（University Way）街墙的样式相对来说比较统一，底层是对着人行道的零售商店，上面则是办公或住宅用房。罗斯福大街（Roosevelt Avenue）旁的商业建筑是标准的平房大杂烩，除了一些新建的多层的楼房和医院。住宅建筑的类型也不那么令人满意，任何一个街区都由大量的两层小楼和高层公寓混合排列而成。几乎可以形成一个由低层和中层公寓楼组成的密集的住宅区，但缺少了几幢楼房。第47大道以北的居住区在建筑类型上比较统一，其中的一些房子还可以说是西雅图在建设带走廊的平房方面的力作。

这个设计专项组发现他们基本上不用再去发掘新的建筑类型。尽管很多都已经变得杂乱而衰败，但设计师们还是可以从中找到足够的可以借鉴的建筑类型，特别是住宅建筑。(对于经过了几千年在无数的情况下进行的住宅建设来说，创新的余地已经很小了。)更确切地说，这是一个如何以一种明智的方法将新建的住宅融入既有的环境背景之中的问题。尽管如此，这个设计专项组还是和其他设计专项组一样，创造了一些新的类型。麦克·皮亚托克(Mike Pyatok)所领导的团队提议建设磁力车库——特别是连着小型学生公寓的多层的停车场。迈克尔·肖(Michael Shaw)和他的利物浦大学的学生们在原有的美国的建筑类型的基础上增加了一些新的公寓及其辅助单元的模型。J·斯托纳(Jill Stoner)的"康特拉达"(Contrada)为我们重新诠释了传统意大利邻里的样式与内涵。做后续工作的研究室也开发了一些新的建筑类型：散布的、带有的购物设施的青年公寓，还有一种在将来可以改建成为公寓楼的停车场。

新城市主义

城市邻里在美国各大都市区的横截面中都是最具有挑战性的部分。它们并没有在城市总体规划、主体景观或是新的城市模式中占据压倒性的地位。它们需要的是显微外科手术，而对于那些心脏脆弱，在某些地方甚至没有心脏的郊区地区来说，它们需要的则是器官移植和肺部替代管。城市邻里表现出来的是较为成熟的社区所具有的杂乱、不规整的问题。在很多情况下它们往往是社会"另类"的垃圾倾倒场（那些对于地方上来说不能够接受的土地利用）和病态、缺陷的温床。尽管许多西雅图的城市邻里都是人性、团结、稳定、面向大众并适宜居住的，但有一些邻里还是迫切地需要开发与重建。然而生活在其他邻里中的人们还没有想到他们所必须承担的社会责任。（例如我所居住的北教堂山邻里，试图要把一幢大房子改建成为无家可归的妇女提供的住房，还要把教堂的停车场在工作日的时候用于给通勤者们提供停车场所。其中的一些居民已经提出了要求政府给予2.5亿美元的费用来将附近的 5 号州际公路与周边地区分隔开。这种对本地区发展的反对态度以及对市民权利的过分敏感反映了我们的目光是如此短浅、城市的社会风气是那么的自私。）

新城市主义者们并没有急于面对存在于城市中心的这种挑战，因为在那里小规模、填充式的开发比节庆日花车的消毒和中学校车的清洗工作都要重要得多。老的切斯特菲尔德城市邻里安逸而沉闷，不需要我们太多的关注。

城市邻里在美国各大都市区的横截面中都是最具挑战性的部分。它们并没有在城市总体规划、主体景观或是新的城市模式中占据压倒性的地位。

而那些犹太人的聚居区又太过于破败，没有足够的资金支持的话，要改变那里的这种现状是不太可能的。尽管在它的周边无节制的郊区发展势头已经得到了迅速的控制，就像拿出我们对铁道线和高速公路开发建设的控制一样，但是城市邻里仍然是我们的社会在未来的竞争中生死存亡的决定因素之所在。

　　大学区设计专项组尽可能地为城市和学校的教职员工们创造了更多的公共空间，其实城市的发展与学校教职工们的需要这二者并不总是一致的。他们设计的景观环境没有西雅图康芒斯、新社区和茵特湾这几个设计专项组的设计那么引人注目。如果要完全发挥出新城市主义的能量，那新城市主义者们的眼光就不能够只停留在郊区的绿地和城市中的荒地上。新城市主义必须为处在高端、高楼林立的城市中心区和处于低端、以低层建筑为主的郊区之间的城市邻里的发展做出自己的贡献。

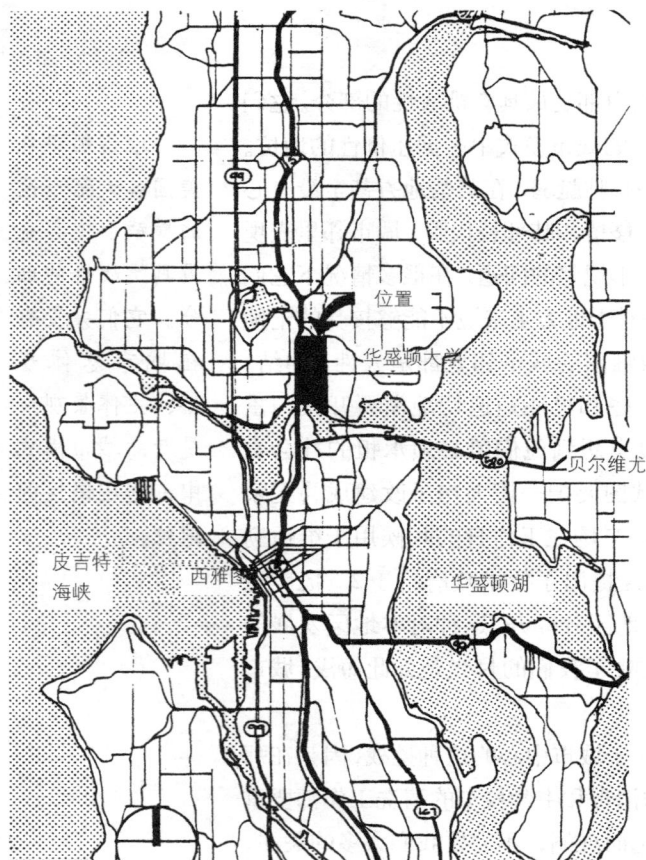

图 6.1

大学区设计
专项组的位置

大学区设计专项组和工作室

> "先锋派反对任何形式的集中。这样的观点是基于他们的一种天真的想法，认为创造力只有在摆脱一切共享的束缚后才能勃发起来。为了艺术他们要宣告自主权，但却将形式的自主权和创造者的自主权混淆在了一起，前者是真实的，而后者只是虚构的。他们没有认识到发明和创新必然起源于一个公共的领域。"
>
> ——N·约翰·哈布莱肯（N. John Habraken）[1]

历史回顾

大学区是从一个叫布鲁克林的社区演化而来[2]。布鲁克林的早期发展是独户住宅区，其中包含了面向社区的工商业和服务中心。在1891年布鲁克林被西雅图市吞并了。1895年华盛顿大学搬到了它现今所在的地方。那个时候这里的主要商业街是布鲁克林大道而不是大学路。布鲁克林大道最初的目标是要发展成为仅次于西雅图市中心的工商业的主要街道。但由于各种各样的原因，包括电车线路的铺设、商业中心向第14大道的转移，后来改名叫"大学路"，并且通常被人们称为"大道"而不是"路"。大学的进入使得这个社区逐渐地由工商业中心向科研机构和服务业中心转化，同时还配备了专门的住房和零售商业设施。

从20世纪30年代到40年代，这个城区经历了它的低迷时期、大萧条时期和第二次世界大战。大学区与这个区域和国家内的其他地方一起经历了经济繁荣与萧条的交替循环，就像它在自己130年的历史中所经历过的那样。在这个时期内建设或重建的几座桥梁对于后来机动车进入或通过这个区域发挥了至关重要的作用。机动车可进入性的提高促使更多的消费者到大学区来购物。

第三小组的规划方案　　位于海兹大学社区中心 (University Heights Community Ctr.) 上层的商品房

公园、运动场和农贸市场

上层是住房的人行通道、杂货店和车库

位于教堂停车场上层的 50 个老的公寓单元

西大学海兹社区：200 户住宅

邻里公园

有 800 个车位的"Magnet"车库；45 个居住／工作附属单元；95 个顶层阁楼

带有价格合理的住房的办公大楼

商品房（位于大街两侧）和廉租小公寓（位于小巷内）

只有一个房间的廉租公寓，可以提供各项社会服务

有 500 个车位的"Magnet"车库；30 个居住／工作附属单元；50 个顶层阁楼

校园大道 (Campus Parkway) 上的新商业／大学建筑

已婚学生和教工宿舍

邻里运动场

大学南侧的火车站

位于大学西南侧的停车场

西南校区

西南校区的市场、餐厅和广场

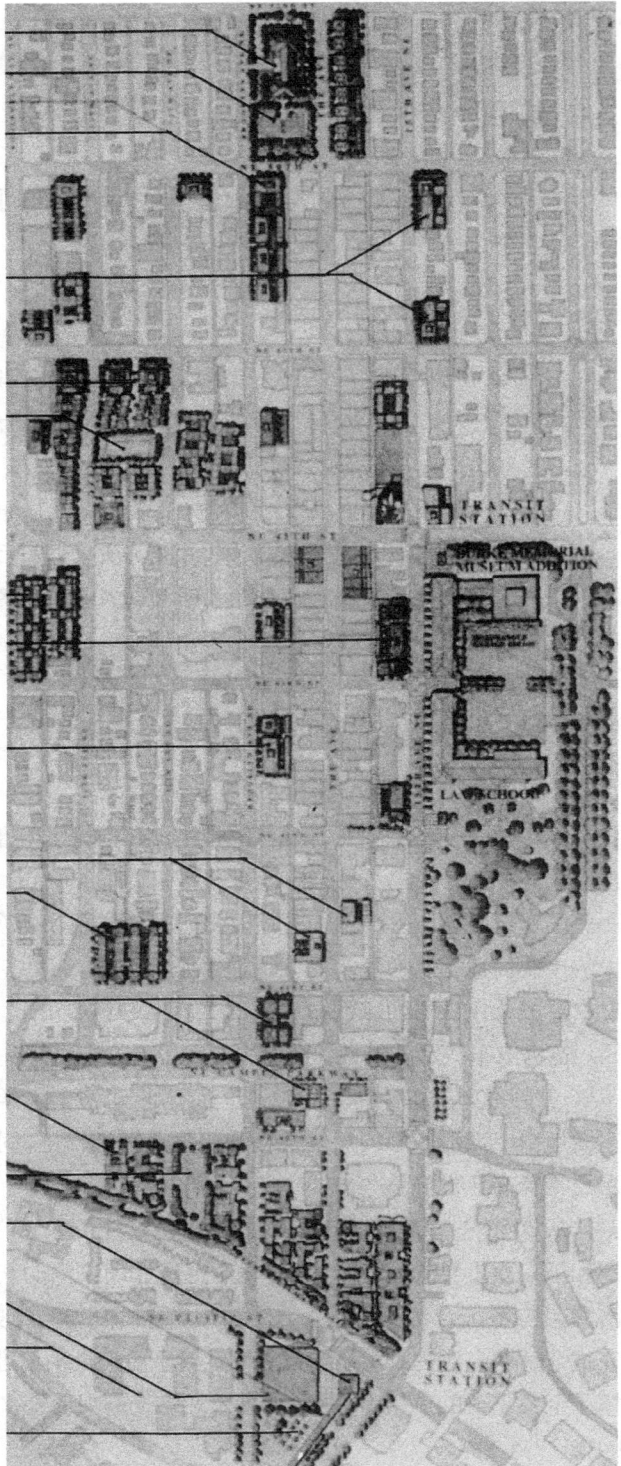

图 6.2

图6.3

　　在1910~1950年这段时间里,这条熙熙攘攘的大街是西雅图的"第二个市中心",但在1950年后它就逐渐衰落了。

　　在20世纪50~60年代的经济繁荣时期,随着对高等教育和军需品需求的激增,华盛顿大学的招生人数迅速地增加了。1945年的学生人数大约为7000人;到了1960年时学生的数量就已经变成了18000人了。在这20年中美国的人口和人民的生活方式发生了重大的转变。许多家庭纷纷搬离了像大学区这样的老的城市邻里,到郊区新建的社区中去。华盛顿大学区内的那些住宅楼都已经有30~50年的历史了,对日常维护保养的要求日益增加。对于生活在这个区域内的许多家庭来说,一座位于郊区并配备了现代化便利设施的新房子对他们来说吸引力十足。美国人的购物习惯和汽车的使用方式都在发生变化。美国人正在创造着一个汽车的时代,郊区化进行得如火如荼。1950年开业的北门购物中心约有50万平方英尺(约46450m²)的购物区和免费停车区域,而且在1965年的时候这两种场地的面积还整整扩大了一倍。华盛顿大学以东的大学村建于1965年,也是一处交通便利并有免费停车场的居住区。

20世纪60年代,华盛顿大学继续扩大它的占地范围,特别是在整个大学区的西南部。西校区的扩张在很大程度上得益于联邦城市复兴计划(federal Urban Renewal Program)。这个计划要求对那些与社区发展相违背的住房和其他建筑物进行拆除。在11年的法院延期审理后,华盛顿大学的占地范围总共向西拓展了60英亩(约15hm²)。面对这样的发展压力,人们组织了一些地方性的团体以保护社区的利益不受损害。

目前的状况

近年来大学路的商业、自然和社会环境都出现了恶化。这种趋势从许多空置的店面、缺少维护的建筑表面、墙上和人行道上的乱涂乱画、随处可见的垃圾和逐渐提高的犯罪率上得到证实。日益减少的零售商业和越来越多的街头青年让一些人对这条街道望而生畏,这种情况在海特学校(Height School)关闭之后就变得更为严重了。这里的住房和各种设施对于有孩子的家庭来说就不那么合适了。

这条大街依然被华盛顿大学占据了大部分的地方。各种庞大而且逐渐增多的研究机构就在距此一个街区的地方,有从一个"邻里"向一个"城区"发展的趋势。华盛顿大学有各种自身发展的需求,与许多在城市中的大学一样,也面临着地方社区对大学扩张的抵制。如何发展、向哪里发展是一个非常具有挑战性的问题,我们需要结合美国大学校园的总体状况和华盛顿大学的具体情况来加以详细的分析和考察。

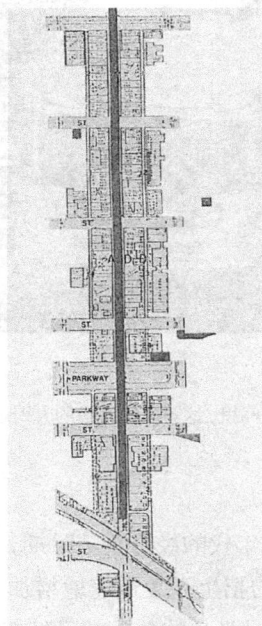

图6.4

这条大街看上去像一条被拉紧的绳子,只是绳的边缘已被磨损。

校园

　　大学在物质空间上的发展模式有好几种[3]。有从 13 世纪早期牛津和剑桥开始的由英国继承而来的传统。这种模式起源于中世纪的修道院，是一种脱离城市生活的禁区，里面有庭院、回廊和草坪，后来还有了运动场。英国的大学建筑中有典型的哥特式、文艺复兴时期、新古典主义和现代主义的建筑风格，运用了当时最精良的建筑手段。当这种模式在北美地区被采用时，由于宽广的草坪和独立式的建筑，它失去了原有的城市的感觉。由整合的庭院将几个分散的学院相连的模式被一种更为开放的四方院落所取代，这种院落首先在哈佛大学被称为"院"（yard），后来在普林斯顿大学就被称为"校园"（Campus）[在拉丁文中是"场地"（field）的意思]。许多的学院和大学都坐落在小城镇中，校园是整个城镇景观的主宰。在 19 世纪末和 20 世纪初期，许多校园都变成了规则的几何形状，对称、有发展主轴以及符合美术风格的规划。许多校园的建筑风格也逐渐统一，甚至有主题式的倾向。它们采用维多利亚式、理查德森式、新哥特式、新古典主义或新殖民主义的风格样式来作为大学校园的标志，并整合不同的建筑类型。

图 6.5

　　从大学区穿过运河向西雅图市中心望去。在西雅图新的城市总体规划中，这个区被指定为一个中心的城中村。

华盛顿大学的校园在20世纪初的时候由奥姆斯特德兄弟公司设计，这是当时美国最杰出的景观设计公司。校园的核心部分堪称是美国美术风格校园规划的典范，轴线清晰、景观引人入胜。稍有争议的就是它采用了学院哥特式的风格，这种风格比较自然简朴，没有那些轴线对称的规划那么宏伟壮观。尽管如此，这个校园中仍然汇集了西海岸新哥特式最精致的建筑典范，特别是许多贝博（Bebb）和古尔德（Gould）的设计作品。大学采取了对校园建筑和规划全面负责的态度，在20世纪60年代成立了全国第一个建筑委员会，旨在选拔建筑设计师和检查他们的工作。

图6.6

华盛顿大学的中心校区是世界上最美丽的校园之一，它的轴线和四方院落也是这个地区内最为引人注目的设计。在西校区，从英国引入的校园规划设计模式也许就要让步于一些更具欧洲大陆风格的模式了，因为在那里学校和城市生活的其他功能区相混合在一起，综合了各种教学、科研机构和居住、零售、办公和其他的机构设施。

通过更仔细的观察我们可以发现，华盛顿大学有5个校园：由英国引入的美术风格的中心校区、保健科学院的巨大的建筑群、体育中心、新建的西南校区和西校区。是要将它们合并成为一个巨大的校园还是要把它们分割成互补相连的单独的区域是一个经常困扰我们的问题。例如，学校是否应该把中心校区的建设原则应用到西校区的建设当中？或者西校区的建设应当采用一种完全不同的模式——即欧洲大陆最初的校园模式呢？这种比牛津和剑桥早了一个世纪，起源于巴黎和博洛尼亚的校园模式，已经完全与这个城市融为一体了。教学、行政和研究机构的大楼混合在城市的建筑群中，有时甚至会令人无法分辨。学生们住在公寓楼而不是学校的宿舍，吃在小餐馆而不是学校的大食堂。这种模式对于西校区的建设是否有借鉴意义？它是不是一种能够使大学与社区共同发展的解决办法？一个纯教育性质的机构要进一步融入它所在的城市社区和邻里的日常生活中的这种想法对这个地方的发展来说意味着什么？这些问题促成了一个设计专项组的成立。

图6.7

在华盛顿大学的校园里我们能够看到延绵60英里（约96km）的雷尼尔山脉的景观，从而雷尼尔山脉成为了校园最长、最醒目的轴线。建筑与城市规划学院的诺曼·约翰斯顿（Norman Johnston）所著的《喷泉与山脉》（The Fountain and Mountain）一书中描述并说明了这个校园的景观与历史。

设计专项组

第三小组的声明

对于这一项城市设计的任务，我们的目标是要逐步地恢复大学区的生机与活力。与"总体规划"的宏观和控制一切的态势不同，我们相信在现有的实现这个区域的发展状况能够得到改善，不需要对其强加什么独特的思想。我们感受到了这里存在的多样化的社区利益，这种共同的利益维护和提高了整个区域和这条街道的地方特质。通过一系列相关的战略研究，我们的方法基于并保留了这个地方的许多有积极意义的地方特质。整个项目主要包含了5个部分重叠的小项目：

图6.8

对街道改造的建议图示，包括建设人的休憩设施、住宅和商业空间。第三小组由戈登·沃克（Gordon Walker）、辛西娅·理查森（Cynthia Richardson）和彼得·哈塞尔曼（Peter Hasselman）领导，这一张和后面的两张图都是他们的作品。

1. 公共交通战略。这对于整个大学区和西雅图地区的交通规划、配置都有着至关重要的影响。建议包括沿着第15大道修建地下轻轨，在大学校园的西北和西南缘设地铁站。其他相关的想法还包括用其他形式的交通工具（小汽车、自行车、公共汽车、步行）来支持这个计划。

2. 大学与社区的整合。城市与大学之间有着很强的共生关系，但在这里尚未得到充分的体现。大学的发展可以采用一种与社区联合而不是将其撇开的模式；双方都可以从日益增强的相互依赖和相互作用中获利。

3. 住房开发战略。在这个社区内，可以为不同层次的居民开发各种不同的住房类型。住宅建设的地点通常被选择在现有的停车"空"地或小尺度和未充分利用的土地上进行。这个战略提出要在这个区域内建设超过2000个单元住宅，从而为这个地区的发展奠定一个更为稳定的社会经济基础。建设密度的提高和居住功能的强化是这个区域保持长期活力的关键之所在。

图 6.9

　　在第 45 大街以北、大学路以西规划的低层，为多户住宅单元。

图 6.10

　　校园主干道旁的开敞空间，通过撤销东西向的车行道而得到了扩大。只有大学路和布鲁克林大道可以穿过这块绿地。

4．工作。在25年的规划期内，在这个区域有了明显的改进之后，工作机会也会随之增加。大学路的发展、在几个重点地段的一些研究机构和支撑华盛顿大学的西南校区、西校区发展的功能设施，以及第15大道的交通走廊作用的强化都将为这个地区带来大量的就业机会。

5．大学路。这个项目保留了这条大街及其周边的小巷内我们能够找到的、积极而富有特色的特质。对于这条街道，我们的发展战略和动机都是要慢慢实现这里的改造计划。街道的特性和它两边相连的小巷的特性是完全不同的。对于这些不同的特质我们安排了丰富多样、服务于大学区内各个年龄和收入阶层的居民的居住和零售商业设施。

住房战略

大学区未来就业机会的增加有赖于拥有稳定收入的居民数量的增加。新增的住房应该靠近大学路和各个公交站点。因此，本方案不考虑在第50街以北进行高密度的住宅开发（除了在海兹大学学校的旧址上）。在第50街以南规划了大约2250个单元住宅，其中：

一般居民可负担的住宅：占总量的29%
- 250个单元（占总量的11%）为工作—居住两用房，沿着磁体车库区的小巷建设
- 150个单元（占总量的7%）为中等收入家庭提供的住房（900平方英尺），在新的家庭导向型地区内兴建
- 100个单元（占总量的4%）小型工作室（250平方英尺），在大学路两侧为有特殊需要的人们设计，有配套的服务设施
- 150个单元（占总量的7%）供低收入阶层居住的老房子（550平方英尺）

由市场需求定价的商品房：占总量的71%
- 1100个单元（占总量的49%）家庭住房（900～1400平方英尺），在新的家庭导向型地区内兴建
- 350个单元（占总量的15%）临近校园、位于第15大道上的单身、夫妻住房，西南校区附近沿着伯克·吉尔曼街为已婚学生和青年教工提供的住房
- 150个单元（占总量的7%）旧的商品房（550～700平方英尺）

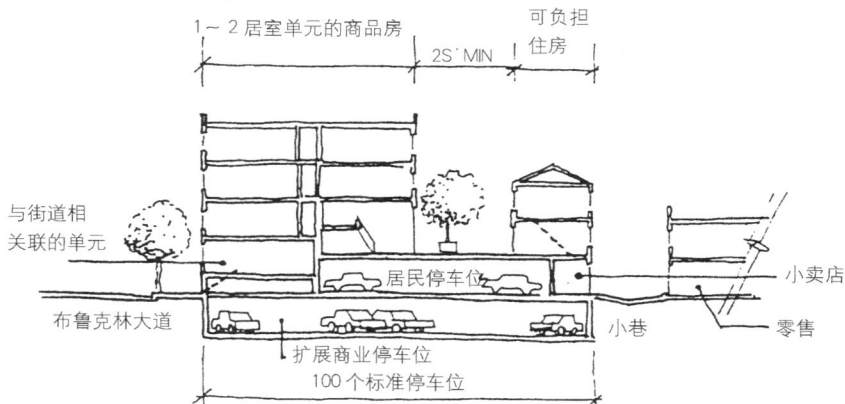

图 6.11

小巷两边各种收入阶层人
士居住的房屋和地下停车场。

图 6.12

"抽着烟的平静生活"——从一处私人露台俯视东巷,这条巷子将要变得和大学路一样繁忙。

图 6.13

磁体车库有足够大的空间可以容纳大批的车辆,而且这些车库的选址就是为了方便行人进入大学路。车库的两侧和顶上可以建成学生公寓。

大学路

大学路的衰落的原因来自于缺乏共享的理念,店主与房东之间缺乏合作精神。高低错落的建筑没有能够完全地利用街道空间。两边的小巷可以吸引那些面向学生和青年人的服务设施,这样大学路上就可以腾出更多的地方给那些高档的购物和餐饮中心了。离心式的市场开发模式有利于改善街道的拥挤状况。许多小生意只需要10~20英尺(约3~6m)进深的店面,价格比较便宜的工作室可以建在这些小商店的上面,从小巷进出。一些比较高档的住房就可以面向较宽阔的街道。分区规则中的一些鼓励性措施改善了大学路及其相连的小巷中的步行环境。一项开发利用了这些鼓励性措施将建筑的高度提高到了75英尺(约23m)。

第四小组的声明

在这个人口相对密集、社会和文化环境比较复杂的城区内,设计者们面临的挑战,提高在现有的物质空间内寻找潜在的可以利用的空间、在现有的人口统计中寻找发展规律的重要性。这个方案没有采用"总体规划"在大范围内进行搬迁和对区域进行大幅度改造的做法。我们用显微外科手术来比喻,这个方案将给这个原本就已经非常丰富多样的区域最小程度的创伤,对其中的建设环境的干预范围也不大。

通过分析我们得到了一系列的图表,其中涉及对城市与学校分隔问题的认识、这个区域内组织较小规模邻里的可能性、第47街以南"城区"和大道以北的邻里之间的区别、区域公共交通网络对于社区发展的意义和大学路及其背景环境的关系。

对于我们建筑师而言,建筑本身就是提高城市建设密度的最好的办法。在一块空地上兴建一幢楼房,不仅仅是提供了一个新的建设项目,它还能恢复这幢楼房两边的生机活力,从而推动了另一幢楼房的兴建。寻找微型区域的结果决定了新楼房的选址和规划设计,这两项任务都可以交给专业的建筑师去完成。我们把这样的微型区域称之为"康特拉达"(contrada)。

西校区

西校区潜在的发展模式与华盛顿大学及其中心校区的发展模式不同。与中心校区轴线、四方院落和绿地建筑的美术风格不同,西校区将采用带有庭院的都市建筑形式。这样就能够使绿地在建筑中而不是建筑在绿地中了。这些带庭院的建筑利用可以采取零售、办公、教室、娱乐设施、停车与居住相结合的形式。因为华盛顿大学的体育和娱乐场馆、设施都集中在东校区,因而我们建议在西校区增加一些体育设施,具体地,可以建造一

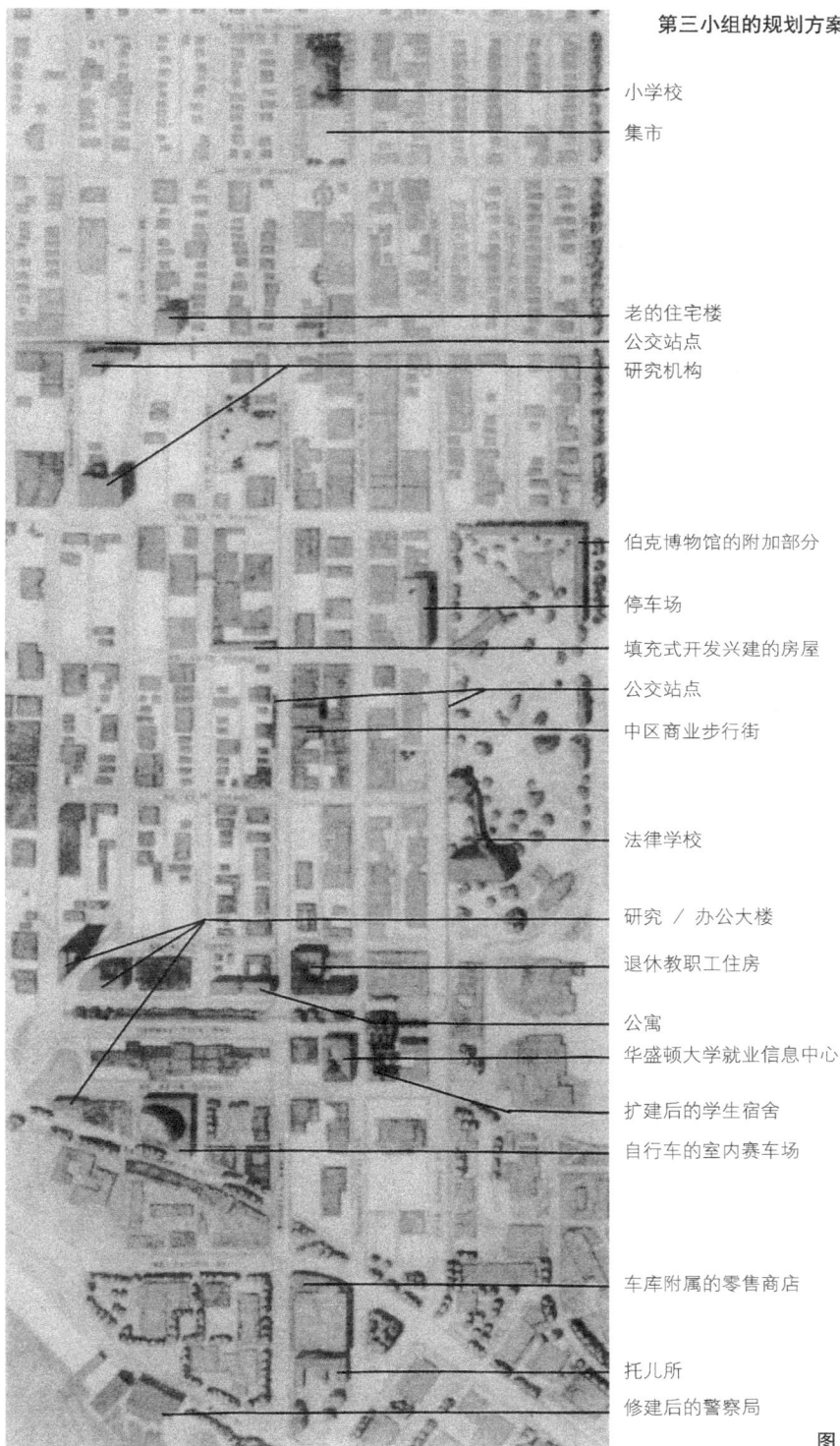

第三小组的规划方案

小学校

集市

老的住宅楼
公交站点
研究机构

伯克博物馆的附加部分

停车场

填充式开发兴建的房屋

公交站点

中区商业步行街

法律学校

研究 / 办公大楼

退休教职工住房

公寓

华盛顿大学就业信息中心

扩建后的学生宿舍

自行车的室内赛车场

车库附属的零售商店

托儿所

修建后的警察局

图6.14

图 6.15

鸟瞰图体现了华盛顿大学、大学区、5 号州际公路以及运河之间的关系。有一项拟议中的住宅开发计划，沿罗斯福大街边的校园车道和科研楼兴建，并在第 45 大街以北、拟议的轻轨站附近兴建一个主要办公区，而学生区则设置在校园车道、罗斯福大街、第 45 大街、第 15 大道之间。

座自行车的室内赛车场和游泳池。

校园主干道

目前，校园主干道在空间上的问题还有待解决，主要是一些必要设施的缺失和功能不明确的问题。我们建议在道路两边建设商品房，其中包括至少一幢退休教职工的公寓。一座综合性大楼，包括华盛顿大学的票务中心、就业信息中心可以建在校园主干道与大学路的交叉口处。

科研走廊

一个科研大学周边的土地还是比较适合于进行与大学相关的一些活动，而不是普通的商业、组织机构和居住用地的混合。罗斯福大街 (the Roosevelt Avenue)，由于它与 5 号州际公路、RTA 和大学校园的连接便利，被视为设置科研企业的理想区位。我们建议将这条主要由汽车经销商店组成的街道改建成为一个专业的科研区。汽车经销商与大学和大学路没有直接的联系，大型的零售商场会对大学路的零售业构成威胁。这个线性的科研区将在它的北端围绕着规划的第 47 大街的 RTA 站点向两边扩张。这个公交站点的周围目前尚处于未开发的状态，散布着许多停车位，将来这里要集中建设一批中层或高层写字楼和一些老的公寓塔楼，形成一个大型的工商业与服务业中心。沿着科研走廊和围绕着公交站点新开发的建筑群中集聚的是科研企业，利用与大学邻近的便利条件。在走廊南端的一幢科研办公大楼将成为大学区入口的标志。

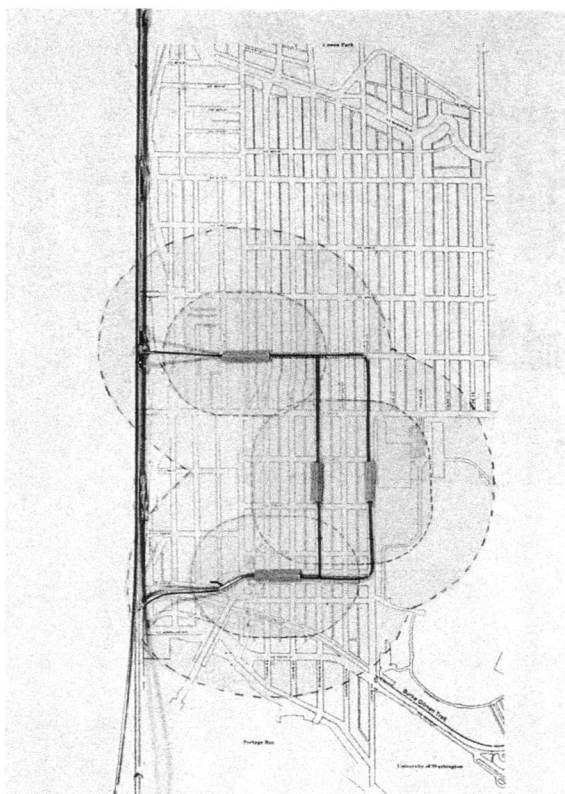

图 6.16

这个 RTA 方案提议修建一条平行于 5 号州际公路的轻轨主线，地面上的线路速度相对较慢，轻轨线将穿过这个大学区。所有其他的列车都不能走这条主线，从而减少了建设换乘车站的必要。在图中轻轨车站以灰色的矩形表示。

停车场

位于大学路下的一座车库正在修建当中。我们提议在车库周边设立一些小型的零售商店，从而能够为西南校区注入更多的商业活动。我们还主张建设一个公园或广场，还有在车库的南侧建设一个托儿所，给街道以更强的空间感。在大学书店的后面的空地上规划建设一座新的车库，车库顶上种着草皮，形成向南的缓坡屋顶。

海兹大学 (University Heights)

在理想的状态下，我们应当将这座建筑恢复为原先作为学校的用途。与此同时，我们建议将老的运动场周围的用铁链做成的护栏拆掉，围绕场地安装一圈绿廊或遮阳篷，作为一些小摊、集市等的经营场地。

学生宿舍

一幢单间 (SRO, single room occupancy) 公寓楼中包含了许多小间的学生宿舍，与那些比较大的学生／家庭住宅一起面向着一个内部的庭院。在开始第 47 大街以南地区精心规划这些学生公寓的时候，第 47 大街以北的面积比较大的房子，现在分割成一些可以出租的单元房，就可

图 6.17

在这幅拼贴画中沿着大街的招牌是按垂直方向书写的。

图 6.18

对于那些在这条路上比较有特色的商业，例如二手书店、主要面向学生的餐厅，应该鼓励它们积极地融入城市邻里当中，成为比大学村内的购物中心更具有地方性和真实性的地方文化的组成部分。

以被还原成以前那种独户住房的形式了。

单幢住宅

在各个街区相邻的基础上，第47大街北侧的"康特拉达"（contrada）开始建立了一种适合其本身条件的分区概念，包括能够在更有序的基础上使学生社区深入到城市邻里当中的实习场地和车库上面的附属公寓单元。这样做不仅能为房东们增加收入，还能够给中等收入阶层，包括大学的教师职工，提供价格合适的住房。

大学路

那些新的销售花卉、食品、衣服、家具、书和鞋的商业铺面在自身的设计当中借鉴了许多公共领域的参考元素。我们将商店招牌上的文字垂直于建筑表面的方式书写，还建议通过将车行道的宽度由13英尺减到11英尺（约4m减到约3.4m）、停车区从8英尺减到7英尺（约2.4m减到约2.1m），使得人行道宽度从9英尺拓宽到11或12英尺（约2.7m拓宽到约3.4～3.7m）。这样的做法在减慢机动车行驶速度和方便行人方面将会取得令人满意的效果。把停车标志、交通标志等移到更靠近路边的地方或者把它们搬走将有助于人行道的畅通。有时间限制的免费停车取代计时收费停车，由交通警察负责监督，从而增加了人行道的空间并可以与大学村内的免费停车形成竞争。

科研区与家庭住宅　　带有住宅的停车库　伯克博物馆的附加部分　　华盛顿大学信息
　　　　　　　　　　　商品房　　　　　　　　　　商品房　　　　　及扩展中心

图6.19

已婚学生住宅/　　社区导向住宅　混合年龄住宅　非宗教礼拜堂
娱乐中心

我们的设计工作室为这个区域内的12个不同的地点做了建筑设计。和设计专项组中的各个小组一样，他们主要依靠建筑单体而不是广泛的、总体规划式的干预性战略。从总体上看，他们的意图是要增加这个区域内的人口并使之多样化，同时通过在单体建筑中交叉规划学术、研究、商业和居住等多种功能来促进各方面的相互交流。这个方案试图在不破坏城市中心区的建筑和改变现有街道网格的前提下巩固、增强这个区域纹理细密、低层、高密度的建筑环境。几十年以前，一个类似的工作室在规划中抹去了所有的石板瓦顶房屋并开始建设大型建筑，那是一种更具未来派风格、分区更明确的规划和设计。

设计工作室

一个由13名建筑学专业的本科生和研究生组成的设计工作室继续设计专项组的工作。因为设计专项组的想法多少有些仓促和虚构的成分，因而它们需要被实验、修改、巩固和详细阐述。工作室的第一项任务就是通过挑选、集中设计专项组得出的最优方案来迅速地做出一个总体规划框架。

可以选择的建筑类型有很多种，不论是在体量还是在功能方面。建筑设计包括学术、商业、研究、居住或是这些功能的混合体。有的是前景建筑，有的则是背景建筑或是介于这两者之间的中间类型。学生们或是利用一些已经完成了的规划方案或做出了新的方案，包括由不同方案交叉组成的新组合，反映了这个地区的在新时代发展的新要求。

带有卫星式收容所的青少年活动中心

这个建筑方案利用"剩余"的空间为无家可归的青少年们提供暂时的栖身场所。它由一个中心主体部分和外围的卫星式收容所组成。主体部分所在的地块与华盛顿大学的社会服务学院（UW School of Social Work）毗邻。这个活动中心设有24小时的接待中心，位于主体部分的临街面上，还有公共的自助餐厅和浴室，它们都被重新改造成为现有的混凝土建筑的式样。连接主体建筑的户外的球场依旧保持开放和可调节的特点。它可以，比如说，在白天变成一家自行车修理店和集训中心而在晚上又可以作为一个集会场所。

卫星式的收容所是为那些有责任心、有前途的年轻人提供的。收容所里没有洗浴设施的目的就是要让这些年轻人们到主体建筑的公共浴室，从而使他们与主体部分发生频繁的联系。这项研究开发了两座卫星式住宅。一处是利用了停车场的地下空间，那里的地形变化要求沿着巷子要有挡土墙。这些像洞穴一样的住宅的室内采光来自停车场上面的天窗。第二处位于建筑的顶部。这些房子由运输集装箱改造而成，在结构上是独立的，长度可以任意调节，在两端有固定的支点。它们可以直接被安装在楼房的顶上或跨过小巷与对面楼房的顶部连成一体。

图6.20

在小巷里，运输集装箱被搬到房屋顶上，改造成为无家可归的孩子们的栖身之所。（Prentis Hale）

图6.21

现有的混凝土建筑被改造成为一家自行车修理店和为无家可归、没有工作的青少年们提供的公共浴室。

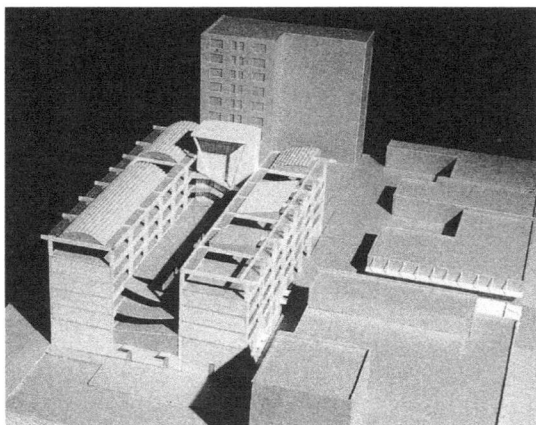

图6.22

左图：车库由三个开间组成，中间的开间能够被慢慢拆除以便在停车的需求下降之后能够将车库改建成为居民住宅。(Kennet Last)

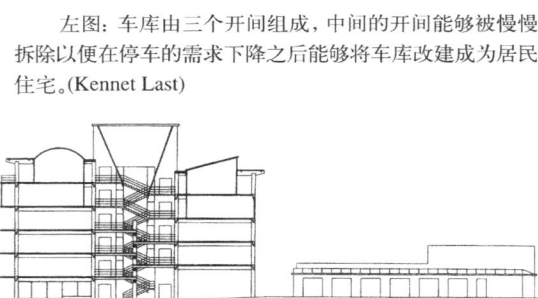

图6.23

从道口区间的人行道切下的车库剖面图，还包括为商贩们提供的货摊。

停车场和住房

方案中在布鲁克林大街上设计了一个停车设施，还在现有的路面停车场上设计了一个食品市场。建这个停车中心背后的想法是从长远看来，它可以在这个区域的停车需求下降之后被改建成为居民住房。这个室内的停车建筑是单纯的框架结构，整个框架形成了一个三七开间的形式。中间的开间不太耐久的设计是为了便于它能够慢慢地被拆除，一层一层地，在改成住房之后便可以作为一个采光的天井。设计强调了一条东西走向、位于道口区间的人行道，以便让人们可以从布鲁克林大街穿过停车场的地上一层和露天的食品市场，直接到达大学路。

第七章 郊 区

——对地域的探索

"郊区，由无数各式各样的平房建筑物组成，集中体现了工作与生活的完全分离，与此同时又自相矛盾地颠倒了平房建筑物与土地之间原本存在的那种关系。郊区的开发，更多的是离心式而不是向心式的开发，居民的住房散布在未开发完全的土地上，破坏了动植物的栖息地，将那些被一再分割的地块商品化。这种分散的、离心的、私有制的居住区开发模式，其结果是自然环境的退化和对土地以及其他人文、自然资源的无计划、不经济的利用。"

——巴巴拉·L·艾伦（Barbara L. Allen）

在所谓美国的郊区化世纪到来的时候，可以说在城市与郊区的对决中郊区取得了胜利。它们是现今大多数美国人的家园。许多城市和农村的社区都不得不去采用郊区的标准。人们对于最糟糕的城市中心区的复兴已不抱希望。美国的政治权利和地方优先权发生了转移是一个令人沮丧的说法——说它令人沮丧是因为这将要对我们的生态环境和经济发展造成重大的影响。

接下来要论述的两个项目涉及到了两个完全不同的郊区地区，所面临的问题也不同。沙点（Sand Point）设计专项组的问题主要集中在一个郊区的外环地区，尽管那里还有一个军事区。所在的地点超出了郊区街道组成的第一环（例如麦迪逊公园、沃灵福德（Wallingford）和圣安妮皇后大街）。大部分的房屋建于 20 世纪 50~60 年代，还有一些是早于第二次世界大战的。这个地点本身，沙点海空军基地的历史可以追溯到 20 世纪 20 年代。它作为一个军事基地的鼎盛时期是在二战期间，作为一个空军基地在 1970 年的时候被关闭。设计专项组面临的问题是在机场被关闭、马格努森公园（Magnuson Park）建起来了以后如何利用这没有转交给城市的 150 英亩（约 60hm²）土地和 50 座建筑。它的情况不同于大多数的居民区，也没有什么特别的与众不同，就和美军要将全国成百上千的军事设施转为民用的情况一样。

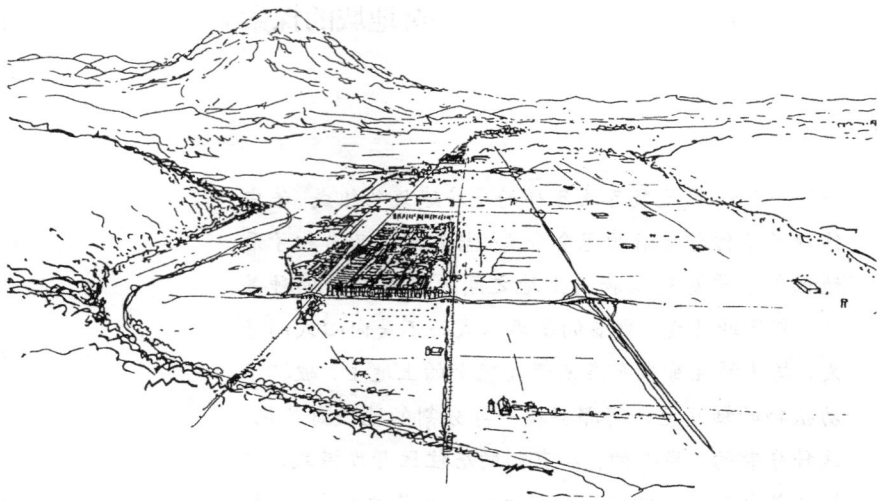

图 7.1

　　1988 行人主导设计专项组在西雅图以南的奥本（Auburn）地区作了一项郊区开发计划。本书没有涉及这部分的内容，因为在《行人袖珍读本》一书中已经对此有了详细的介绍，那是这个领域在全国销量最好的一本书，于 1989 年正式出版发行（普林斯顿建筑出版社）。

　　第二个项目涉及到了郊区发展的第三个环带（尽管这些同心的发展环带并不像人们砍下来的树木的年轮那样清晰和具有规则的环状）。华盛顿的莱西（Lacey）地区，和美国其他大多数的地区一样，没有什么特别之处。在 5 号州际公路之后建成于 20 世纪 60 年代中期，它的发展在近 10 年中达到了高峰期。莱西主要是一个宿舍区（bedroom community），尽管其中还有一个大型的购物中心、一个小规模的大学和一座新的州政府办公园区。它没有明确的社区中心，主要的原因可能是由于它的主要发展阶段位于汽车成为主要的交通工具之后。莱西的规划人员也认为这里缺乏固定的空间形式和认同感，为此他们不得不对外寻求帮助。设计组中有一半的成员在考虑如何通过选择性地重新布置路网和填充房屋来复兴市中心的核心区域。另一半人在考虑建设一条主干道商业带，这种情况在美国各地都普遍存在。问题是怎样改善购物中心本身和如何利用购物中心与其后面的小街巷之间的那块空地。这种空置的地带在美国是一种普遍的现象——将商业区和居住区隔离开来的非军事地带。如何将这两种区域联系在一起，至少能够将空地利用起来，这是设计组需要解决的问题。

蔓延发展的代价

执行这些设计方案所需要花费的资金相对于它们能够获得的利益而言并不为过。在沙点（Sand Point）的个案中，房屋和土地从实质上说都是免费的。这些费用纳税人已经通过联邦税收缴纳了。一些楼房，特别是军官和士兵们的宿舍以及飞机库，是大规模构筑精良的建筑的代表。如果不将它们重新利用就会给这里的邻里和整个区域造成重大的经济损失。至于莱西地区，它正是第一章中所表述的城市蔓延发展的产物。它和这个区域内的许多社区一样遇到了蔓延开发造成的许多问题。这种消费模式和小汽车也许能够给居民个人提供相对低价的住房，但它的土地利用和交通方式却让整个社会为其付出了昂贵的代价。

批判的地方主义

沙点地区没有什么特别具有地方特色的事物，因为那里是联邦政府征用的地方。那里显露出的是昔日的荣耀，具备一个老军事基地的所有典型特征。那里面有一些尊贵的建筑和阅兵场，只是所有的建筑都是标准的政府大楼的模式。1970年，第一批150英亩（约60hm²）土地被捐赠给西雅图地方政府的时候，这片土地得到了迅速的开发，城市政府的目的是为了能够重新塑造这个区域的景观环境并能够恢复这里的生机活力。一些让这个地区名声大噪的公共艺术作品，反映的就是具有本地区特色的主题和内容。

作为一个边界明确、经过规划的社区，这个军事基地并没有遭受到大部分位于郊区外环的社区所面临的无序发展的问题。（更确切地说，从历史上讲，在它建成的那个年代郊区化发展的主要交通工具还是公共电车，但随后它却发现自己更适合在郊区的外环地区。）这是一个有严格边界的社区，只有一个惟一的入口。一条狭长的海岸线、南北走向的山脉还有一条林荫大道一直延伸到这些明确的自然边界中。因此，这个社区在空间上与毗连的邻里之间缺乏联系。

正如我们在第四章中所阐述的那样，一个边界明确的社区如果能够包含各个层次和土地利用类型，那么它就可以算是一个健康、可持续发展的社区。那就是中世纪的城堡的样子———一个有城门但内容丰富的社区，社会上各个阶层的人都可以走进这个城门。当城门和城墙将那些属于同一个阶层的人分隔开而将这些人的异己包括进去了的时候，私有制的领域就会受到威胁。只

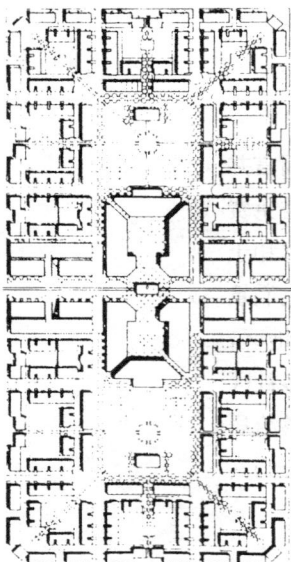

图7.2

这里展示的步行街区不是反映某一特定的地段，而是一个理想的模式，它相互联系而不是用墙分隔开来。与分隔的街区不同，在这里不同收入和年龄的人群之间具有广泛的联系，就如同这里具有多样的土地利用和建筑种类。

有在囊括了各个阶层而且有足够数量的居民和工商业的时候，沙点才能够成长为一个真正成功的社区。但这需要它去容纳足够多并且各个阶层分布均衡的居民。如果把许多无家可归的人们集中到这里，而没有大量引入其他的家庭类型，那就只会造成一种不平衡，这样的社区是不可持续的，最终将成为一块被社会精英占领的飞地。

在另一方面，莱西缺少区域特征和建筑特色，主要是因为它还是一座年轻的城镇。要塑造这里的地方特质是一件极富挑战性的事情——从自然、历史、工艺和制度等方面去创造一种地方感。那就需要有强大的政治力量、丰富的建筑类型和优秀的城市设计。

类型学

在沙点，那里有一系列发展完善、等级明确的建筑类型，主要是长期被单一的所有者规划和经营的结果。美国海军在这里留下了他们的建设规则和建筑式样。在这里，军事基地的性质在很大程度上是建筑类型的本质，指令与身份之间存在着明确的关联，就像在执行规章制度时一样在建筑上强调集体作业。高度专业化的建筑类型对应的是高度专业化的功能。这里的建筑语言和材料都非常普通——类型学的另一种特点。

和许多第二次世界大战后兴建起来的郊区城镇一样，莱西在建筑类型方面缺乏清楚的层次。如果以基底面积为标准，那么弗雷德·迈耶商店（Fred Meyer store）就是这个镇上最重要的建筑物了。建筑艺术的匮乏、建筑类型的减少以及建设环境的表现力和内涵的丧失等问题都在莱西地区充分表现了出来。主要的类型就是单层的商业建筑。无论是对于中心区还是主干道的商业带，在设计方案中都将为这里没有高楼的城镇景观注入多样化的建筑类型和建设标准。

新城市主义

沙点是一个老的郊区社区的典型，虽然它曾经是一个军事基地。有趣的是，这其中确有很多体现了新城市主义思想的东西。当沙点迎来更多的居民、更多样化的土地利用以及与周边邻里和社区实现进一步融合的时候，那里的军事基地的印记将不复存在。那里的一部分建筑群还需要适当的修建。如果能够借助这些变化，那里将成为新城市主义城镇的典范，同时也是一个军事基地转变为民用社区的典范。不幸的是，莱西现有的建设框架过分松散，需要进行大规模的空间变动才能够体现出新城市主义的基本原则。设计工作室的方案揭示了各个地点所需要变动的幅度。经过10个星期的努力，工作室的成员们确定了如何分阶段地实现这个转变，这是大多数的设计专项组都没有足够的时间去详细规划的部分。

沙点设计专项组和设计工作室

——将和平带来的财富进行再投资

与丹尼尔·格伦（Daniel Glenn）共同编写

图7.3

"这是要把一个军事基地变为一个工艺中心。"

[M·图伊(M.Twohy)绘制，1993组约人杂志股份有限公司]

　　1993年这个设计专项组承担了西雅图市最重要、也是最大型的单项设计项目之一：沙点海空军事基地的150英亩（约60hm²）土地和150万平方英尺(约14×10⁴m²)楼房的再利用以及它与相邻的马格努森公园的整合。这一大片土地和房屋坐落于西雅图地区华盛顿湖畔的一个低密度开发地区。这个基地因为1990年美国国会关于军事基地关闭和再利用的决议而在1995年转为民用。这个基地的关闭为西雅图大规模地将前军事用地转为城市建设用地提供了一个历史性的机遇。因为这个城市急需低价住房，而且联邦的麦金尼法案(Mckinney Act)要求联邦政府出资优先解决无家可归者的住房问题，所以在这个地区开发居民区就成为了设计专项组工作的重中之重。设计组的任务是要把这些住房与周边区域整合在一起，包括马格努森公园地区的开发和扩张，娱乐、文化、教育、商业以及其他居住功能的融合。

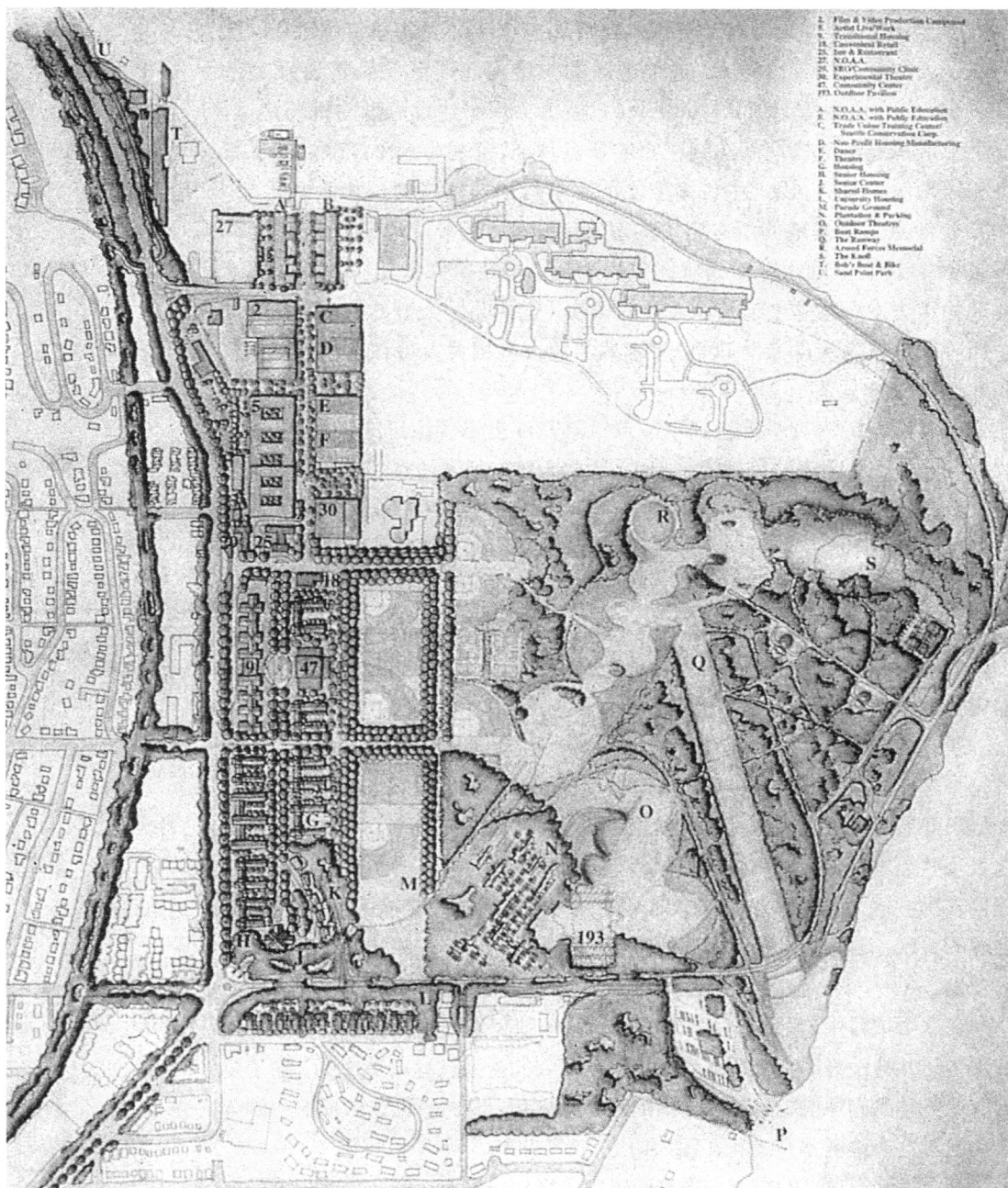

图 7.4

　　"马格努森庄园"计划为沙点路沿线适当填充了一批居民住房，使公园的用地得到了扩张，还建议将这个地区的北部边缘改建成一条"艺术与工业大道"。

沙点海空军事基地于1925年正式启用，主要作为海军海事训练设施的储备用地。在以后的30年中，这个地区的土地得到了平整，庞蒂亚克湾（Pontiac Bay）和马德湖（Mud Lack）被填平用于建设大型的机场跑道。这个军事基地在二战期间达到了它的鼎盛时期，主要为太平洋战场提供维修和后勤保障服务。战后，许多空军的军事行动被转移到了其他地区，到1973年沙点军事基地的所有空军的军事活动都被停止了，从而让出了150英亩（约60hm²）的土地给西雅图市用于建设马格努森公园。在70年军事基地的历史上，这里建起了一大批的楼房（包括几座大型的飞机库，它们是西雅图地区最大的净跨建筑），容纳了数百名相关人员和一批行政、娱乐和贮藏设施。

许多地方团体对于重新利用沙点军事基地表示了浓厚的兴趣。城市当局试图要将这些团体的目标统一起来。这些团体包括了沙点邻里联络委员会（一个代表着相邻的邻里的发展完善的社区组织）、西雅图-金县流浪者联合会（一个自发的团体）、沙点艺术界联合会（由一群要将这里的一部分房屋转变成住房兼工作室的艺术家组成）、华盛顿州电影联席会（他们要把几个飞机库改建成摄影棚）、西雅图市航海和网球运动咨询协会（他们分别要寻求更多的户外和室内场地设施）、西雅图园林与娱乐管理局（想要获得一些公共娱乐设施）和华盛顿大学（为了要扩建已婚学生的公寓）。

所有的这些重要、并且看起来十分合理的提议都在"沙点社区规划"中被充分考虑了进去。这个规划为地方上设计了如下的发展目标：①保护和增加居民开展各种文化娱乐活动的机会和设施；②创建一个多功能的社区，美化景观并为本地区提供更多的发展机遇；③以不给纳税人增加负担为前提来建设、维护这个社区；④确保本地区现在与未来的开发能够保持有目的的、合理的关联；⑤关注生态环境的敏感性；⑥进行能够与毗邻社区相融合的项目开发。

在这个项目中，设计组遇到的能够对这个地区未来发展负责的合法的党派团体比其他地方的要多得多。这是整个国家的盈余过程所造成的。除了要听取这些党派团体的、通常是互相抵触的意见和目标外，设计专项组中的各个小组对这个地区本身进行了深入研究。

这个设计专项组的成立标志着西雅图市规划局第一次邀请华盛顿大学直接参与到正式的城市规划过程当中。设计组将已有的"沙点社区规划"中的目标和计划作为他们工作的依据。他们有意地不把这项工作做成沙点地区发展问题的"解决方案"；尽管如此，我们还是可以在他们的成果中看到许多有趣的想法和有价值的提议。

图7.5

这个地区包括了150英亩（60hm²）的土地和超过50幢建筑，这些建筑中有许多在体量或空间形态上都是独一无二的。这个军事基地的一部分还被开辟成了历史保护区。

总体结论

● 这个地区因为存在大量的建设用地和开敞空间，而具有开发成为新社区和使马格努森公园面积扩大的良好条件。这个公园是这个地区的宝贵资源，不仅仅是一个邻里或城市的休闲娱乐空间。海军基地的转型为提高这个公园的设计水平提供了很好的机会。的确，作为城市中的一处公共的、开放的大型地产，不能把这个公园看作是一个独立的规划问题，而是西雅图市及整个地区范围内的一部分。

- 尽管各地方团体对这个地区的各种要求在最初看起来实在是太多了，但是这里面非同寻常的大体量建筑完全可以应付大部分地方上的需求，即使不是全部。实际上，有一些设计小组中的成员都开始抱怨没有足够多的项目去填充这个地区内这么大的建筑面积。而且，这么多不同的要求实际上是可以变成一种互补的、有活力的综合利用。

- 住房被所有的小组公认为是这个地区的一个重要并且可行的开发项目。开发的数量仍然是一个社会、政治和经济问题。各个小组对此的答案从一两百到几千不等。这个地区的一些零售、商贸和工业活动是决定这里未来的发展，同时也是决定这个地区在西雅图以及整个大区域中的地位的重要因素。

- 进出这个地区和在地区内部的交通是如何设计和利用这个地区的重要决定因素，考虑到这里的邻里与西雅图以及整个大范围的区域并不相连，周围邻里居民对机动车的使用是典型的郊区而不是城区的模式。

设计专项组

在设计专项组成员得出的大量的想法中，普遍被赞同的一个想法是"犁铧公共用地"（Plowshare Commons）方案，重新建设这个公园的主入口，将沙点路扩建成为一条如对角线般穿过公园的林荫大道作为这里的主要入口。所有的方案都提议要扩大现有的公园面积，大部分的目标是扩大到200～250英亩（约80～100hm²），把它建设成为整个城市最大的公园。因此，大家都意识到了目前的那条"步行道"作为入口是远远不能满足发展的需要了。许

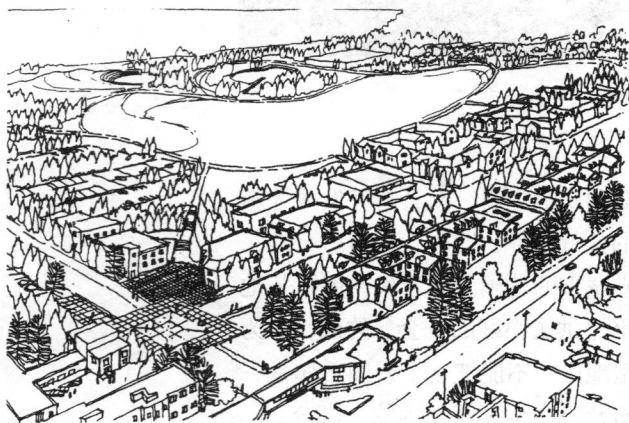

图 7.6

"犁铧公共用地"方案强调增强这个公园的可进入性，建设一批与城市建成区相连接的道路以及一条如对角线般穿过公园的林荫大道作为主要入口。填充的住房和一个新的商业网点构成了扩大后的马格努森公园的边缘地带。

多方案中还提到了公园内目前的停车和游船停靠设施都已经不堪重负。在天气晴好的周末，那些等待停靠的游船排起的长队能有整条沙点路那么长。在所有提出来的四个方案中，还共同提到了把负荷过大的 B · 吉尔曼（Burke Gilman）自行车道（环绕在这个地区的西部边缘）延伸到并穿过整个地区，让人们可以骑自行车到达公园内所有的娱乐设施。

另外一个被广泛认同的想法就是要恢复现在被暂时填平了的穆德湖，那里曾经是一个著名的垂钓胜地。一些方案建议将这个湖泊恢复，或者作为一个独立的水体，抑或是连接华盛顿湖的一个泻湖。还要增添的娱乐项目包括：将原来碱交换中心的专用道改建成为一处开放式的运动场地，在泥湖岸边建设一个露天剧场。其中的一个小组还采纳了联邦渔业与野生动植物管理局（他们在西雅图的分支机构就位于这片地区）的建议——建设一个可供残疾人来垂钓的池塘，规划了一个小型的湖滨区和一条连接华盛顿湖的以湿地环境为主的小径。

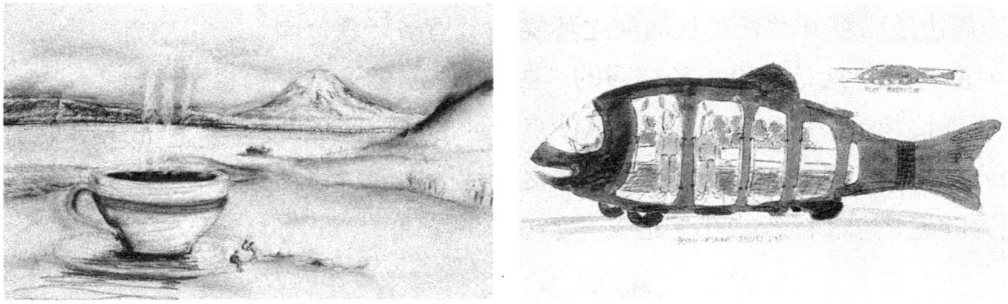

图 7.7

"飞机、火车，无汽车"方案在着重考虑居民住房及可进入性的问题的同时，还遵从这样的一个信条：城市生活应当充满乐趣。这个方案试图要创造这样的一种环境，以饶有趣味、特立独行的方式将艺术与社区的日常生活结合在一起。

一些小组提议对于处在这个地区北部庞蒂亚克湾的政府小型船坞做一些变动。这个城市中所有的游船设施都在满负荷地运转，很多人都支持借鉴温哥华的杰里科湾（Jericho Bay）的成功经验来建设一套新的游船设施。一些小组提议对这个依然能够让人们看出昔日军事基地的飞机跑道的痕迹的公园重新进行景观设计；然而，这样的想法显然对于设计者比对于当地居民来说更有吸引力。这个想法被完全否定了，因为这些飞机跑道都是按照这个地区的主导风向修建的。另外的一些市民则认为人们能够越快地让他们忘记过去的那段海空军军事基地的历史越好。

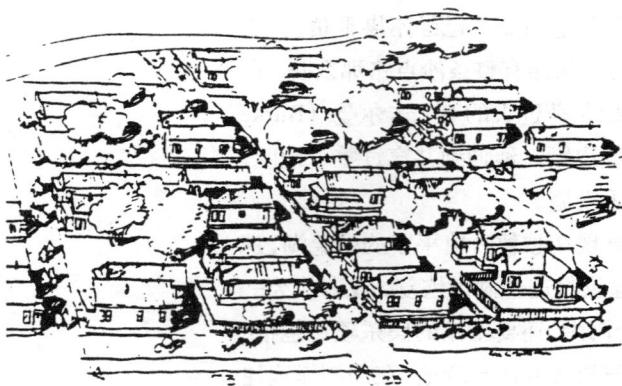

图 7.8

那些被称为"居住区孵化器"或"居住区启动器"的新建居住区会随着住户家庭的人口数量和收入变化而进一步发展（或萎缩）。

许多方案中还提议增加由沙点路通向这个地区的机动车和步行入口，以便更好地把新社区和现有的邻里整合在一起，同时还能够为社区带来更多的湖面风光和自然山色。新增的街道将打破原有的军事圈地，使之成为便于开发和进入的城市街区。进入公园的方式有很多种。一个比较保守的方案是将北边的国家海洋与大气管理局（NOAA）的停车场在周末的时候开辟给游人停车之用，将新球场的周边道路打开并延长从而使之环绕整个马格努森公园的西部边缘。一种相对激进的想法是建设一条精彩的"垂钓专线"把这个公园与大学区和市中心区连接起来。一些方案强调了从沙点地区的建成区域开辟步行道路进入这个公园的重要性。他们还着重考虑了这个地区内的居住与工商业设施的平衡配置问题，建议将新的社区建成一个城市的交通节点，有

图 7.9

一个由 R·哈格（Rich Haag）、R·卡斯普里欣（Ron Kasprisin）和 C·克罗南德（Cheryl Cronander）领导的小组，提议讲这个地区开发成为未来的一个国际奥林匹克运动会场馆及各种服务设施用地，这将为世人留下一个传奇式的居住与运动的综合区域。

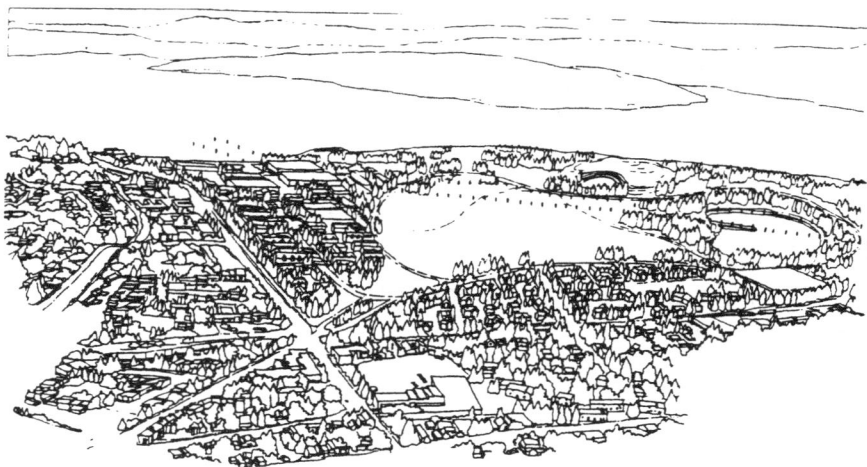

图 7.10

　　专向设计组成员们的一个共识是要建设一条大道作为进入马格努森公园的主入口，这条大道同时也是一条景观廊道和交通干道。

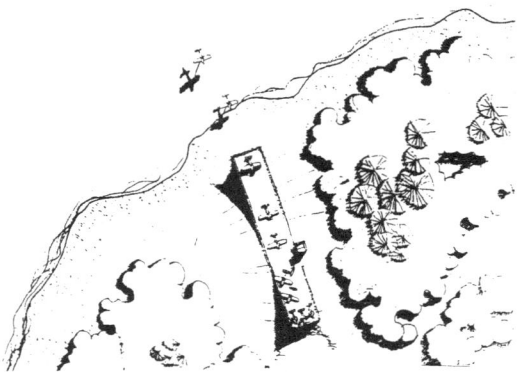

图 7.11

　　一些方案提议通过一些公共艺术作品或景观设计来唤起人们对这个地方曾经是一个海空军军事基地的记忆。

城市电车和地铁线路经过并设置站点。还有两个方案将沙点作为从西湖东岸到西雅图市中心区的轮渡在华盛顿湖的停靠站点。

　　各小组成员们还对给予那些将要进驻这个地区的团体的最适当的空间定位达成了一致意见。包含了众多开发项目的市政与商业中心最适合建在这里现有的行政中心区内。2 号楼，一座被扩建成为两个飞机库的大型建筑，最适合作为摄影棚，因为电影工作者们需要一个安全的地点和可以容纳大型设备的地方。巨大的 5 号楼拥有 30 万平方英尺（约 27870m²）的建筑面积，就算是为所有的电视、戏剧和艺术团体提供场地也仍然绰绰有余，包括西北陶瓷制造厂（Pottery Northwest）的设备和一个金属铸造厂。在这个地区的北部建立一条"艺术与工业大街"的方案得到了广泛的支持，在那里许多有创造力的人们可以在原本是两排飞机库中间的车行道的宽阔的道路两边自由地发挥自己的想像力。还有三个团体建议把警卫室以某种方式改建成为博物馆。9号楼是大型的砖结构建筑，曾经作为基地居民的临时住所，被认为是给无家可归者提供栖身之所的最简便、最经济的办法。然而，许多设计专项组的成员坚持认为无家可归者的住房也应该是这个社区建设的一部分，那里还包括了低收入阶层、中等收入家庭的住房和商品房，还有社区的零售商业和服务业设施。为了达到这些目标，即便是最保守的方案提出需要建设的住房数量也超过了"沙点社区规划"中规定的最小值。

图 7.12

尽管一些社会团体反对沙点地区的新开发计划，其实完全可以在不破坏位于山腰地区的邻里的景观环境的前提下建设 4 层以上的住宅楼。

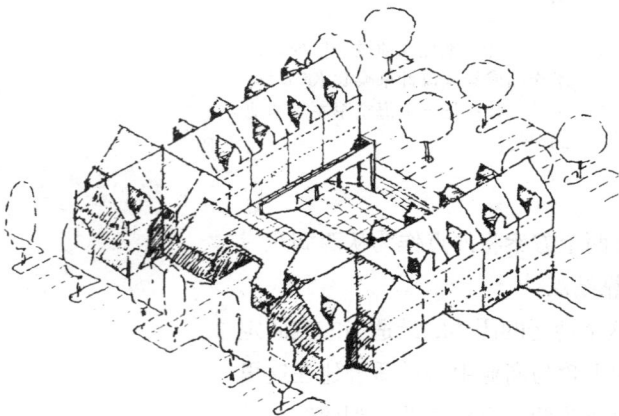

图 7.13

沿沙点路建造的住宅，尽管密度很高但对环境的破坏很小。在设计专项组之后，华盛顿大学的一个设计工作室对沙点地区的住房进行了进一步的设计与研究。

所有的方案都提出既要对现有的建筑群加以改造利用，又要为这个地区充实一批新的住宅。事实上大家都主张为各种类型的家庭提供住房，包括流浪者联合会提议的过渡性住房、已婚学生公寓、老年公寓、居住－工作两用房和各收入阶层的住房。一个小组甚至还提议在国家海洋与大气管理局南侧的大型停车场上方也可以建造公寓。大家都一致同意新的居住区的密度应当高于周边邻里的平均值。

住房和建设密度的问题在社区对设计专项组的反馈意见中成为了最具争议性的问题。沙点邻里联络委员会，代表着一个具有影响力的、富足的邻里，强烈反对建设大量的住宅，特别是对于各方案中提出的密度和房价的变化范围。所有的小组不顾来自各方面的抵制，认为要创造和维持一个社区的发展活力，住宅的数量一定要达到某个临界值。这样的一个拥有大型艺术中心和各种类型的住宅的社区，它的容纳大量住宅的能力对于自身及其周边地区的发展来说是一种有利条件而不是阻力。新增的住宅，特别是在高收入阶层的范围内新增的住宅，对于防止流浪者收容所成为社区的孤岛来说也是必要的。

除了要增加住宅的数量，各个小组还在他们的方案中提出要大幅度增加社区内的零售商业设施。目前，与沙点社区及其附近的景观山脉（View Ridge）社区在步行可达的距离内的零售商业网点内仅有一家干洗店和一家便利商店。方案中提出在第70大道的交叉口周围要建设多样化的社区中心和购物街，使得住在这个地区南北两端的居民都可以步行到达。

设计工作室

在设计专项组的工作完成之后，十几个建筑学专业的学生加入了由迈克尔·皮亚托克和丹尼尔·格伦（Daniel Glenn）领导的工作室进行后续工作。工作室的成员们在工作中没有将任何一个设计专项组的方案排除在外，也没有拿出一个完全的规划方案。相反地，学生们还为那些填充进去的新的房屋作了详细设计。他们还被鼓励在工作中将设计专项组的各种具体的想法结合进去，特别是"犁铧公共用地"方案中将沙点路扩建成为一条如对角线般穿过公园的林荫大道作为这里的主要入口的提议。

各个设计专项组的方案中对建设密度的设定从每英亩 20～60 单元(约 50～150 单元 /hm²)不等，对每户拥有的机动车数目也是，最少的设为 0.5 辆 / 户，最多的是 2 辆 / 户。这样的设定所需要修建的停车面积就与当前的设计发生了冲突，现在按照 2 辆机动车 / 户的分区要求将使得可能建设的低收入阶层的/高密度住宅的数量大大减少。各个方案在目标居民的收入层次上的设定也有所不同，有低收入和以政府救济为生的住户，也有高收入阶层的家庭。

其中位于 9 号楼南侧的那一片住宅设计被称之为"秘密单元"，它巧妙地缓解了邻里对高密度住宅的抵制情绪，设计了一种每座房子内包含4～6户的

"大房子"，垂直高度比临街面的宽度要大，这样从街道上看就像是一座座大的独户住宅。不同的开发商所承担的项目的用地范围从街区的一角到整个街区不等，从而确保了在这么大片的住宅建设中能够充分体现建筑设计的多样性。其中的一些方案和居住区设计把停车场放到了街区的中间，能够让人们在街道上看不到停车场。

图7.14

学生们设计的沙点地区高密度或中等密度的住宅区。许多设计作品中都强调了人性尺度和邻里元素，从而解决社区居民对大型、冷酷的公寓楼的反感和抵制问题。（Forrest Murphy;Jennifer Mundee;Glen Phatok）

很少会有一些学生提出的解决办法能够真正地被付诸实践，即使有也都是在对现有的邻里影响最小的前提下，要在多种收入阶层人士混合的居住区内提高建设密度的不同的解决办法。

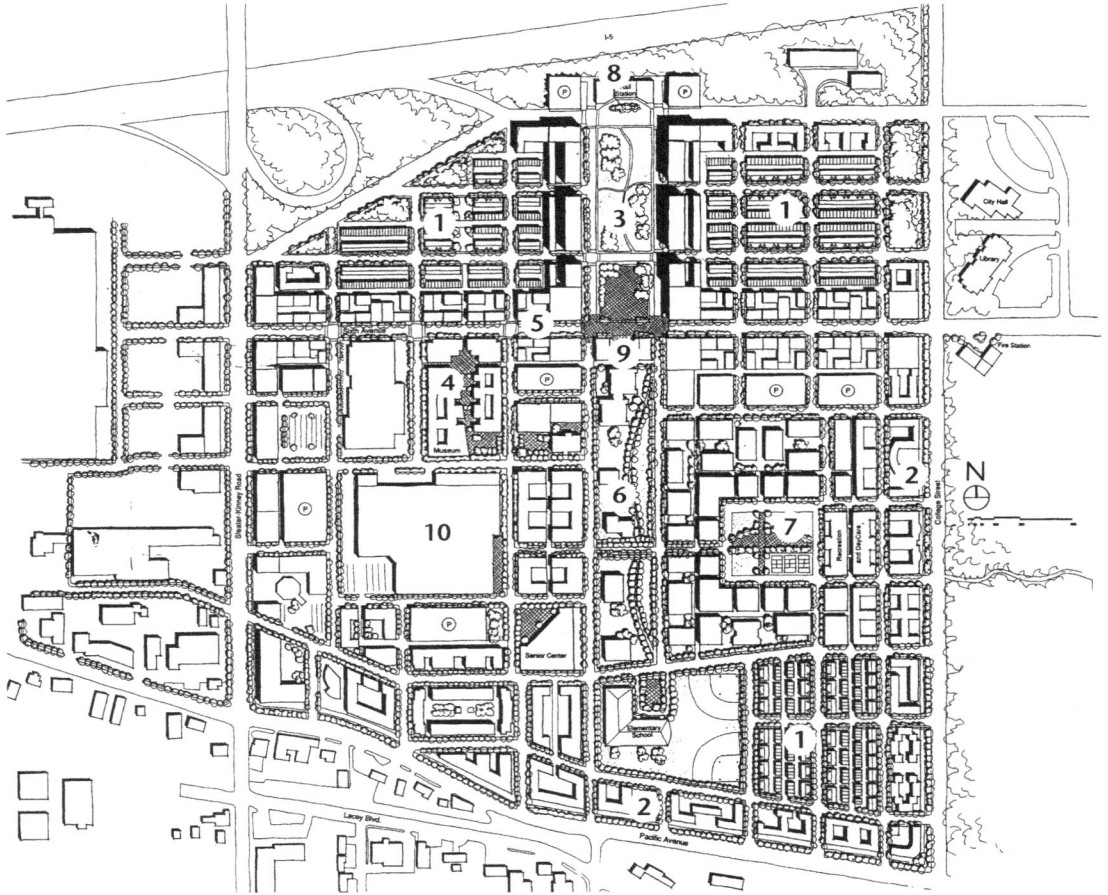

图 7.15

1 联排住宅邻里；

2 由多户住宅环绕而成的街区；

3 市镇广场；

4 供散步用的公共大道；

5 主要街道；

6 公众的散步场所；

7 "办公园区"；

8 火车站；

9 公共汽车站；

10 市场

莱西镇总体规划强调了在郊区的中心区重新引入街道网格，同时能够尽可能地保留现有的建筑物。从波特兰到温哥华的高速铁路在这个地区的站点设在 5 号州际公路边上。与这条公路相平行的是一条新的"主要街道"，它的南侧有四个街区，在那里建筑坐落在绿地中，街道的一端是圣马丁学院（St. Martin's College），另一端则是一个区域性的大型购物中心。

莱西设计工作室
——在郊区的中心化
与理查德·莫勒（Richard Mohler）共同编写

> "这些新的居住区，在偶然的情况下在乡村与城市郊外的社区中建成，不能把它们绝对地称为城市或郊区。它们没有核心，在其中的各个片区中缺乏相互联系的渠道，也没有连续成片的建筑群和统一的建筑结构和景观环境。"
>
> ——罗伯特·格迪斯（Robert Geddes）[1]

这一节[2]主要讲述一个建筑设计工作室尝试着如何把高速路边的零售商业带和一个典型的郊区城镇中心与高密度的住宅整合，又如何把这些不同的功能与邻近的独户住宅区联系在一起。工作室的成员们还特别研究了商业区与独户住宅区之间的过渡地带。为了达到这些目的，我们暂且把郊区镇的中心定义为郊区社区的一部分，成为这里的"市中心"。经过第二次世界大战后大规模的建设，这种类型的设区缺少传统社区中的"主要街道"，通常位于高速公路交叉点或其附近的地方。郊区的核心地区通常包含一些公共机构，例如市政厅、图书馆、消防站，还有办公和零售设施例如购物中心和商业带。也许受到了网格或其他市区的发展模式的影响，但是这个地区主要由大片、单一功能的开发区构成。由于隔离的分区模式，住宅的数量在这个区域内十分有限甚至是零。毗邻高速公路的优势使得这个郊区的核心区域成为了区域性的公交枢纽，因而在未来这里的进一步开发将要更加地依赖于公共交通的发展。

在大多数建筑、风景园林设计院校里，初步的教育模式就是设计工作室。典型的是，一个教授带领着10～15个学生从事于制定一项例如建筑、景观或社区的一个区域的设计项目的指导性基本原则。有一些探究更为理论性和推测性的问题，一些则模拟或直接处理实际的项目和／或场地。本书中的4个工作室——沙点、大学区、莱西和因特湾——就属于后者。

郊区的填充开发项目

在解决填充开发郊区所遇到的各种城市设计问题的过程中，设计工作室的成员们发现了许多能够组织并整合这个郊区中心区域的项目。

停车

从停车开始着手看起来奇怪，但它占据了郊区设计的很大一部分内容。停车的法规是如此的具有强制性（这些法规对停车的限定并不仅仅限于规定一块特定的停车位），建筑师首先要考虑的往往就是停车场规划。

随着居住、商品零售业等各种功能地域之间的公共交通和步行连通性的增强，商业和居住着两个功能区内对停车空间的总体要求将呈现出下降的趋势。最重要的是，当零售、办公和居住功能被布置在同一条街道上的时候，各个功能对停车空间的要求就可以相互协调了，尽管它们在这方面的要求各有不同。在一个功能混合的邻里中，零售商业停车在上班时间内必须与居住停车用地分开，同时商业停车场的入口必须很明显，使人们能够在人潮涌动的大街上轻易地辨认出来。居住功能的停车用地也必须与零售商业的分开，有自己独立、隐蔽的出入口，最好出入口能够设置在安静、车流量较小的街道上。零售商业停车所需面积较大并且应能够满足在各处的购物者的停车需求；而居住功能的停车场面积应较小，停车场必须划分为一样的小块，从而创造出邻里共享的氛围。毕竟停车场在大多数情况下是邻里居民们相互交流的场所——是一种我们在设计中必须认真对待的公共或半公共空间。

对于郊区的停车及其出入口的普遍模式我们应该给予重新考虑。效区的零售商业带或购物中心的停车场通常位于建筑的前面或建筑和街道之间。虽然这样可以让购物者轻松便捷地停放车辆，但却割断了一种重要的联系——存在于比较传统的"主要街道"中——人行道与商店店面的联系。人行道上频繁地出现围栏对行人来说是十分危险的。我们应当考虑在郊区的中心地段采用把汽车直接停在街道上这种传统的方式，特别是对于商业街内的停车。这种方式可以为驾车前来短时间购物的消费者提供便捷的停车服务，还构成了汽车与行人之间的一道实体屏障。

另外一种行之有效的办法是把停车场设在街区的中心而不是外围地区。居民停车可以设在住宅楼的底下、临街铺面的后边。零售功能的停车可以集中在商店后的大型停车场内，此类停车场可以为一个更大的购物中心区服务。这样不仅能够给行人提供一个更为友好的环境，还能够体现出临街地段的价值，特别是在沿商业街的地段。从而改变了通往零售商业的步行道只能到达每个商店的后门的局面，这些步行道可以直接穿过街区，起到连接停车场和购物商店的作用。这种停车模式将使购物者们愿意延长在商业街内的逗留时间。把停车场设在建筑的后面、街区的中心还可以把到处停放的汽车从行人们的视线中抹去，更好地界定人行道与街道空间。这种模式与在街道上露天停车场结合起来，显然比在建筑前和人行道上停车更受欢迎。

街区内的停车空间通常都在那些小巷内，允许让机动车行驶到街区中心的某些特定位置能够增加人行道设置在临街面的可能性。正如本书中的其他部分所阐述的那样，这些小巷还可以起到调和不同尺度的建筑、适当提高居住密度的作用。

循环

为了能够同时为行人和机动车提供更加良好的通行环境，必须把这两者在郊区的"市中心"地带更加紧密地结合在一起。目前我们在莱西、贝尔维尤（Bellevue）和整个郊区地区看到的典型的"超大街区"，无不尽力地为行人提供友好的步行空间。在郊区镇的中心地带，小型街区和窄巷的发展是创造舒适的步行环境的关键因素。

另外，曾经被奉为神话的二战后建设的尽端路（cul-de-sacs）、集汇公路（collector roads）和公路干线（arterials）系统不仅妨碍了行人的流动，而且还增加、而不是减少了交通阻塞的机会。它还制造了不必要的长距离的机动车行驶里程。只有那些规模更小、数量更多的街区和较窄的街道才能为行人提供一种更适宜的步行环境。它们能够从实际上和人们的意识中减少大部分机动车的行驶里程。行驶时间减少的原因在于更多的交叉路口。左转路口分散在道路网格中的许多地方，而非集中在某几个安装左转信号灯的路口。许多郊区的社区

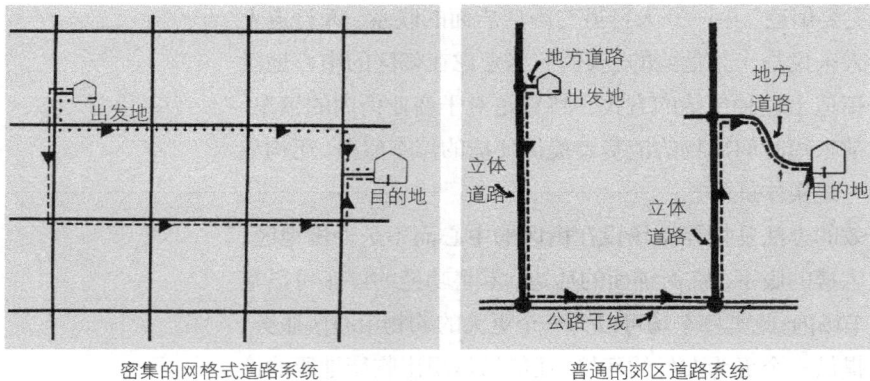

密集的网格式道路系统　　　　　　　　普通的郊区道路系统

图 7.16

传统的街道网格，其交通容量大于二战后建设的小巷、立体道路和公路干线系统。在很多情况下，那样的网格能够缩短人们的出行历程，减少出行时间。这些好处主要来自于它有更多的可以让车辆左转的交叉路口。郊区的红绿灯时间不仅是看起来很长，时间长的原因是由于左转和左转指示灯的时间都是标准化的。郊区大规模的交通阻塞是由那些树状而非栅格状的道路网引起的。现在的这些路网层次中，交通主干道旁的支路越来越少，各个等级的道路系统之间几乎没有连接渠道。

内出现交通阻塞的原因非常简单：没有足够的可以左转的路口。另外，网格式的道路系统还为密集、小规模、渐进式的开发提供了更多的临街面。

在郊区"市中心"或商业开发带的后面新增一些街道和小巷是我们需要研究的重点课题。不管是要通过新的或已有的开发项目来获得土地使用权还是要穿过私人的土地来建造公共通道，建立某种程度的道路连接和渗透是在郊区中心地带和沿交通主干道创造有活力、各种功能齐备的步行环境的关键。

公共开放空间

在现今郊区的中心区和商业带中最明显缺乏的组成要素就是界定明确的开放空间。停车场，因为它们宽广的占地面积，通常都是最大的开放空间和一种公共空间。开放空间是建立社区和居民高品质生活的重要元素。当社区的建设密度进一步提高的时候，开放空间的重要性就愈发突出了。

主要的商业街尤其需要创造出对行人友好的步行空间。当它们被看作是人行道而不是车行主干道的时候，它们就将成为社区居民的休闲空间而不仅仅是社区发展的阻碍因素。被拓宽的路面、树木、各种道路设施、大型的背投广告屏幕和大面积的商店橱窗等都是鼓励行人在商业街上从容漫步的重要元素。停车的各种改革模式已经在以上的章节中进行了讨论。底层为零售商业铺面的建筑可以向人行道的方向扩建，商店店面的高度应当进一步增高，进入商店上层的公寓的入口应当能够被人轻易地辨认出来，可以比商店的入口更向街墙内凹或用与商店的风格和大小完全不同的遮阳篷来标示。

在传统的小镇上，公园和广场是社区生活的重要组成部分，能够增强人们步行的意愿、社区的认同感和市民的自豪感。它们是诸如集市、市场、音乐会、展览会等公共活动的空间载体。一片位于郊区"市中心"的界定明确的开放空间能够为整个镇创造一个影响范围广、认同程度高的中心区。居住与／或商业区应该不仅仅存在于这个广场或公园的周围，从而能够更好地保护这样的开放空间，还能增强社区对这种空间的所有权意识。

公共开放空间的尺度应该既与包围它的建筑肌理一致，亦应与它的目标用途一致。比如说，小尺度的社区停车场和幼儿空地应该设置在居住区邻里中，而大尺度的更为正规的村镇绿地则应该由多个开发项目转乘站和市政建筑环绕。与公共学校关联的操场与运动场，为在郊区中心建立双用途的开敞空间提供了良好的机会。

许多郊区的社区内出现交通阻塞的原因非常简单：没有足够的可以左转的路口。

图 7.17

居住－工作两用房，公寓位于工作室 / 车库 / 作坊的上层，是商业区与居住区之间的最佳过渡地带。如果位于小巷中，两用房的工作场地还可以成为公共活动的理想场所。

案例1：郊区商业带

规划区

位于 5 号州际公路旁，距镇中心约 3 英里（约 4.8km），面积约 47 英亩 (约 19hm²)。北边是州际高速公路，东边是面向马文（Marvin）路的商业开发带，南边是马丁（Martin）路，西面则是现有的独户住宅区。西面的这个住宅区是典型的由独户住宅组成的居住区，每座房屋占地约 6000 平方英尺（约 557m²）。这个地区的道路设置模式呈现出不连续的网格状，没有那些可以连通大街的小巷。正是由于这种不连续的状态，居住在这里的人们要向西行驶很长一段距离才能到达马丁路和购物中心，这个购物中心与居住区的东部边缘的直线距离还不到 0.25 英里(约 400m)。

规划区南面就是马丁路（第99号线路），那里的土地开发项目包括零售业、服务业（小型仓储）、轻工业和拖车式活动房屋居民的驻地。大型商业中心的围墙构成了规划区东侧界线。这座建筑高约 20 英尺（约6m）、临街面长约 1000 英尺（约305m）。这是一个内部聚集程度很高的购物中心，停车场位于东侧面向马文路的地方。建筑的后面是装卸货物的通道、垃圾收集站和员工停车场。

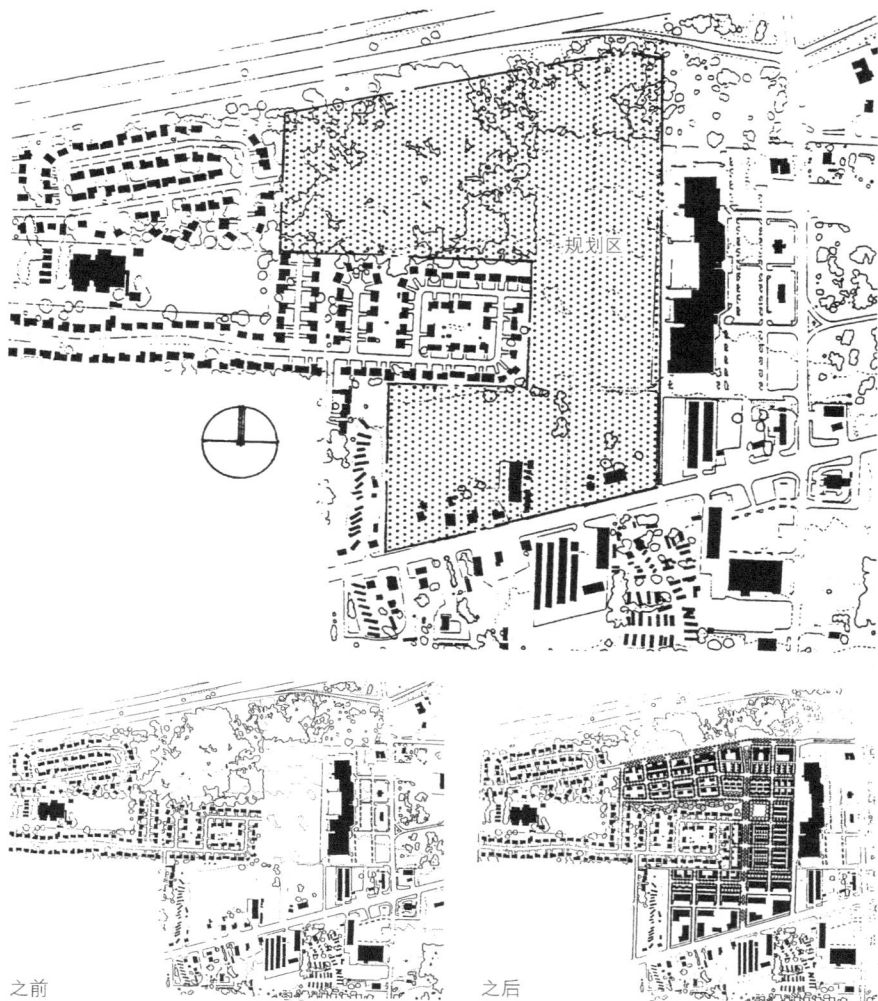

之前

之后

图 7.18

　　规划区：位于一个零售业中心或商业开发带的后面，目的是要建设一片过渡地带，作为从东向西、从纯商业地带向纯居住地带逐步转化的区域。

　　5 号州际公路界定了规划区的北部边缘。这里有一片茂密的树林，形成了高速公路与规划区内的开敞空间之间的一个重要的视觉缓冲区域。这片地区逐渐向北升高的地形也是这二者之间的一道天然的视觉屏障。

　　"改造邻里内的那些没有开发完全的商业地带将是邻里在未来的发展中所面临的重要机遇。"[3]这个临近独户住宅区的商业带就是一个很好的例子。这个地方为从居住区目前破碎的边缘向商业带空白的围墙建设一片连续的郊区地带提供了条件。居住单元可以被引入到原本功能单一的商业区内。另外，对于南边马丁路上的零售和轻工业开发项目还可以有一些不同的方案可供参考。这样也许就可以达成许多的土地开发目标了。大型购物中心建筑与独户住宅区之间尺度的过渡也是非常必要的，可以在这里建设一片高密度、功能多样的缓冲区域以促进两个现有的功能区的相互交流与协调。最后，各个功能区之间的行人与机动车的交流都是同等重要的。

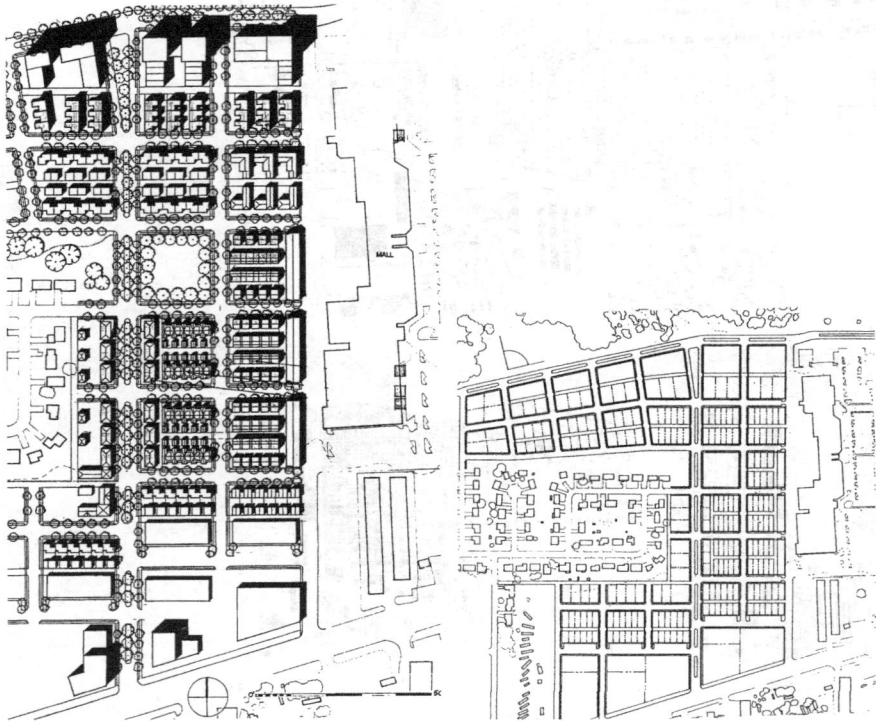

图 7.19

街道、小巷和地块的组织结构构成了一个邻里的特点以及尺度和所有权特征。

规划目标

设计工作室要为总体规划建立一个基本的概念框架，强调以下的规划目标：

- 在商业带大型建筑与现有的独户住宅这两种截然不同的建筑尺度之间建立一个适宜的分隔与过渡带。

- 将纯商业带和纯居住区的建设密度和用地特点结合，建设一片适宜的过渡带。
- 从沿着马丁路的商业带到 5 号州际高速公路旁的树林之间建设一片适宜的过渡带。
- 增加规划区与邻近地区之间的行人与机动车的联系。
- 建设一片以步行或公共活动为主的区域。
- 充分利用地形和从规划区北部可以看到整个规划区的特殊景观。

设计提案

这个项目的总体规划为这个地区设计了规则的道路网格。这样的路网有助于把这个地区在建设密度与土地利用功能上建设成为商业区与居住区之间的一片过渡地带。路网自然地随地势而变化，最大程度地与西面的独户住宅区现有的道路系统结合在一起。无论是从主要街道还是从小巷中都可以直接进入规划中的所有地块。

一条南北向、分车道并呈树状的大道从规划区的中心穿过，贯穿整个区域。没有建设一条东西向的轴线去连接现有的商业中心，而是用一系列连贯的次等级道路来与这条大道交汇。商业中心与规划区之间的区域被规划成为一条宽阔的轻工业带。从这里向西，土地利用从商业／轻工业到工作－居住两用房到居住－工作两用房再到二联式公寓，最后就到现存的独户住宅区了。从这里向北，土地利用从沿着马丁路的商业到居住－工作两用房再到大道边上的独户住宅和二联式公寓。

中央大道

这条大道是规划区内南北向交通的主要通道。它把马丁路与位于社区中心的公园连接在一起，最后延伸到位于这个区域北部的树林里。北部的这个树林被规划为一条公共的绿带。沿着这条中央大道的建筑类型多样，从马丁路旁的商业建筑到社区中央的二联式公寓再到北部的独户住宅和公寓楼。

二联式公寓

这种公寓在外观上与独户住宅相像。把住房抬高到方形的停车库之上，建设密度不大，其尺度对于中央大道来说是比较适宜的。

居住－工作两用房

位于东边二联式公寓的后面。这种简单的 3～4 个房间的设计让房屋的底层可以根据业主的需要而作为家庭办公、托儿所或出租单元之用。

工作－居住两用房

位于居住－工作两用房再往东的地区，作为邻近商业区的轻工业带和规

位于中央大道两边的二联式公寓让人感觉像传统的居住区道路两侧的大家庭住宅。

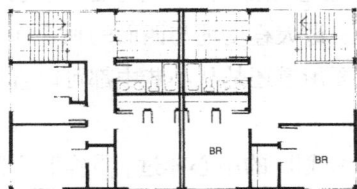

上层平面

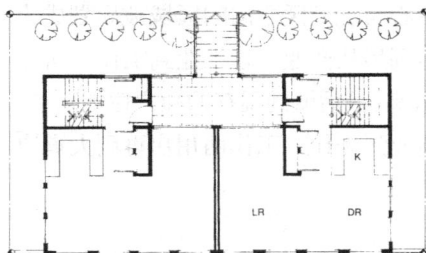

主楼层平面

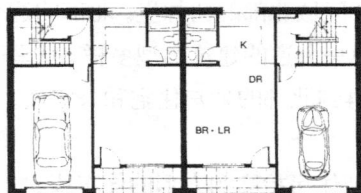

下层平面

中央大道的二联式住宅　　　　图 7.20

划区内的住宅用地之间的过渡。这种房屋由小型的突出到街道上的居住单元和后面两层的比较大的附属单元组成，附属单元可以从大街旁边的小巷中进入。附属单元的底层有两个车库，可以把它们改造成为家庭办公室或家庭作坊。车库／作坊的上层是宽敞的公寓。

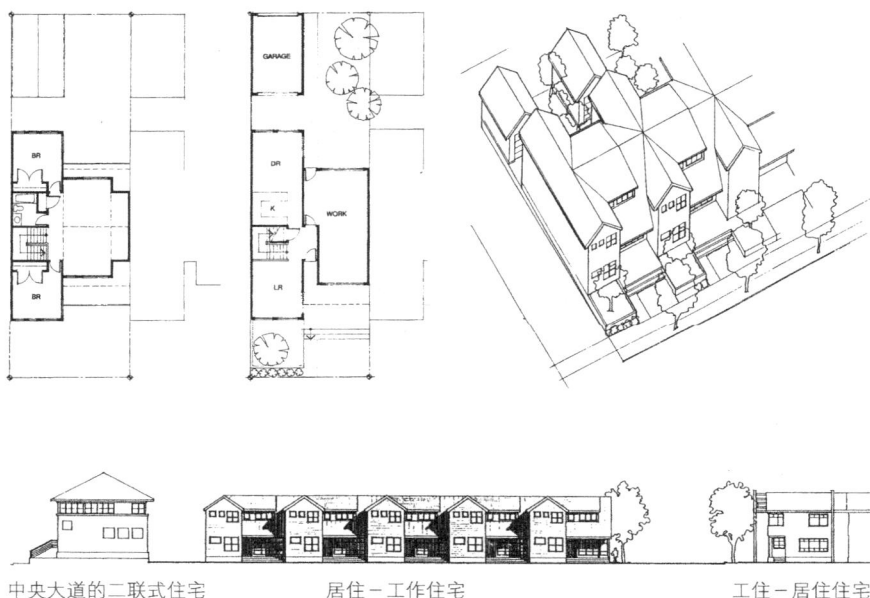

中央大道的二联式住宅　　　　居住－工作住宅　　　　　　工住－居住住宅

图 7.21

居住－工作两用房内工作与生活的功能共享底层的小型工作室。而在工作－居住两用房中，整个底层都归办公或店铺所用。

阶地住宅

在规划区的北部边缘，阶地住宅单元的建设能够最大限度地利用这里可以展望整个规划区的景观优势。这些独立式、有3间住房的住宅由专用的分支道路经私人花园的小径进入。房间都围绕着向南的后院，这样就可以把整个区域内的景观作为自家的后院来欣赏了。这种设计在普通的街道网格中最大限度地利用了地形、阳光和景观的条件。

案例2：郊区的镇中心

规划区

莱西镇中心是由东边的学院路（College Street）、西边的斯莱特－契尼路

（Slater-Kinney Road）、北面的 5 号州际公路和南面的太平洋大道（Pacific Avenue）界定的一片面积约为 170 英亩（约 68hm²）的区域。这个区域最初在 1897 年被划定，成为了一个街区。然而，在规划的道路中穿越规划区东部和马丁路的却一条都没有建成。在这个区域中，圣马丁学院的校园如同一片繁茂的森林。在 20 世纪 60 年代中期，5 号州际公路建成，分别在马丁路和斯莱特－契尼路上有交叉口，从而使得这个区域的可进入性大大提高。随后，南湾购物中心（the South Sound Shopping Mall）在 1966 年拔地而起。这个购物中心就位于斯莱特－契尼路与高速公路交叉口处，是波特兰与塔科马之间的第一座地方性的大型购物中心。

在 20 世纪 70 年代，市政厅建成了，位于第 6 大道（the Sixth Avenue）的末端，横跨学院路，紧邻圣马丁学院的校园。后来，莱西公共图书馆被建在了市政厅的旁边，在树木繁茂的环境中形成了一片市政建筑群。最近的开发项目包括南湾购物中心向斯莱特－契尼路方向的扩张和在第 6 大道两侧建设郊区办公楼群。

目前这个区域的分区状况说明了镇中心只是工商业与会议中心的暂时聚集区，允许的建筑高度超过 250 英尺（约 76m），主要的办公和宾馆建筑可以达到 25 层左右。推测起来，在主要街道旁建设这个高层建筑中心的目的是为了形成一个工商业与宾馆、会议设施聚集的标志性区域。第 6 大道仍然是贯穿整个规划区的交通主干道。虽然这个区域内也有一些居住用地，但办公和零售业在这里的聚集并不是必然的。

这个区域能够成为莱西吸引范围更大、认同度更高的中心区，对此我们可以找出大量的事实依据。这个地区与 5 号州际高速公路相邻，可以利用这个优势在这里建立一个区域性的交通枢纽。这个区域，其边界如上所述，每一边的长度都不超过 0.5 英里（约 800m），人们完全可以从这个区域的中心用步行的方式到达区域边缘，为在这里建设一个界定明确的步行区创造了良好的条件。居民步行的范围在 0.25 英里（约 400m）以内完全符合新的《行人袖珍读本》、TOD 和 TOD 模式的要求。

圣马丁学院及其延伸至马丁路的一片树林为这个区域中心提供了休闲、康乐的场所。目前，第 6 大道构成了这个区域内一条醒目的东西轴线，轴线的东部通达主要的市政设施——市政厅和图书馆，西端连接着南湾购物中心。

规划目标

以下的规划目标将作为整个规划的概念性框架：

- 尽量利用规划区内现有的轴线、内部及其与周边地区的联系通道。

- 将规划区内的超大街区进行进一步的分区，与此同时尽可能地保留现有的建筑。
- 尽可能恢复原有的道路网格。
- 在镇中心区建立层次分明的道路和开敞空间系统。
- 改变现有的建筑与开敞空间的关系，让建筑来界定、围合开敞空间而不是作为独立的单体而存在。
- 让规划区内的土地利用类型尽量地多样化，与此同时提高邻里居民对本邻里区域的责任感与认同感。
- 在规划区内的建设包括层次分明的楼房与各种建筑类型，从而使得公共建筑，例如公交站点能够成为前景建筑。

规划提案

（规划图如图7.14所示）

总体规划中开发的第一步是认识和加强第6大道的轴线功能，使其成为东西向主要的车行干道或中心区规划中的"主要街道"。然后建设一条南北向的轴线。与东西向轴线不同的是，这条南北向轴线主要的功能是作为一条步行街，由一系列相互连接的开敞空间组成。南北向轴线的北端是一个新的城市轻轨站，南段则是一座新建的小学。

高于这个概念框架的一切原则之上的是一个网格状的道路系统，目的在

图7.22

规划前：没有明确的边界，空置的地块，不完整的街区，大片的停车场，没有明确的中心区。

规划后：道路网格打破了这个超大街区。公寓楼构成了这个区域的边界。大型车库取代了露天停车场。建筑与开敞空间的轮廓－地面的关系也得到了调整。

于尽可能地保留这个区域内现有的建筑。这个道路系统遵照原有的道路网格划分，尽量避开现存的建筑与构筑物。在新的街道网格内兴建了6个互有重叠的邻里。虽然在表面上每个邻里的土地利用类型都不是单一的，但实际上各邻里的主要功能和特点还要取决于它所在地目前的土地利用类型。两个位于第6大道以北的邻里以居住功能为主。两个紧邻大道南侧的邻里中主要是商业用地。最南边的两个也是以居住功能为主的邻里。

一系列的开放空间被镶嵌在了主要和次级的道路网中。它们是这个地区居民的休闲娱乐场地，为这个中心区增添了某种程度的层次感。区内主要的外部空间被连为一体，但停车场的规模都比较小，根据邻里居民的需要而设计。另外，各个公园还为保护连接各个邻里的步行环道做出了贡献。

最后，各个街区最终的建设模式都要与它的用地性质相统一。随着开发

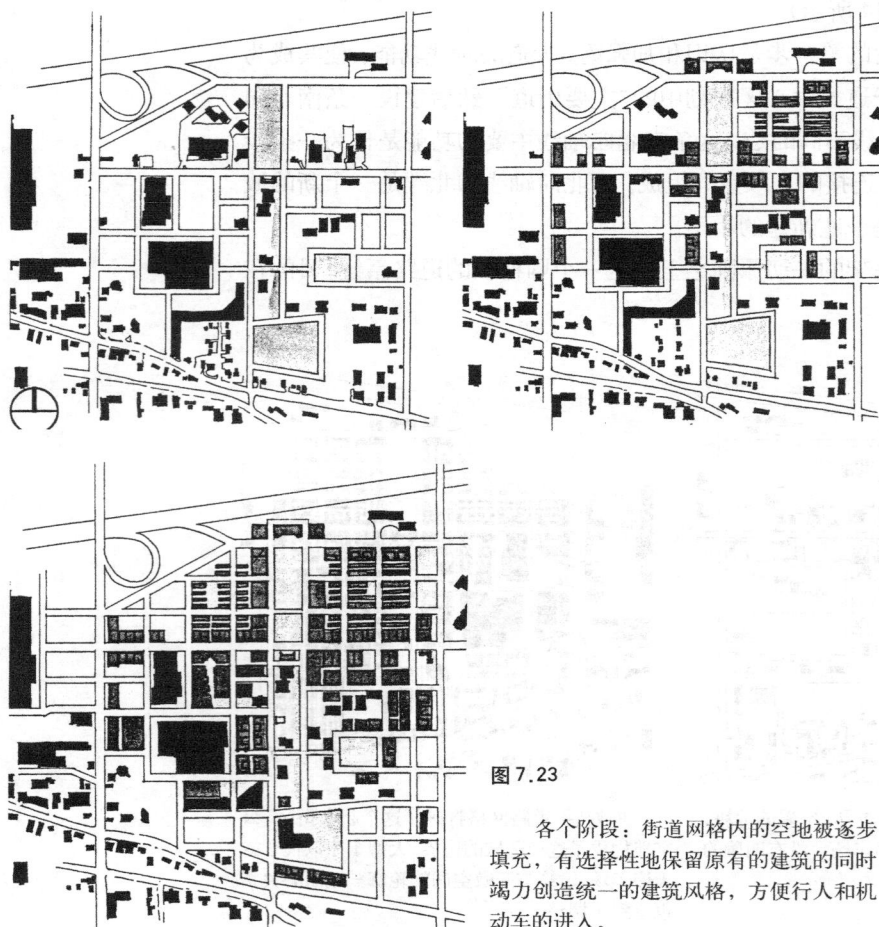

图 7.23

各个阶段：街道网格内的空地被逐步填充，有选择性地保留原有的建筑的同时竭力创造统一的建筑风格，方便行人和机动车的进入。

的一步步进行，这样的建设思想就能够预示出各个街区的街道、分区尺度和开发进度。分区的尺度适合与否将在以后的开发过程中得到验证。为了避免过分的统一和经过总体规划的郊区社区的单调，为了配合持续不断的城市化过程，还应当设立一套相互协调、补充的建筑设计方案。

主要街道

如上所述，规划将利用已有的第6大道作为这个区域的主要街道。这条街道不仅要作为东西向贯穿整个镇中心的机动车交通干道，而且还是主要的零售和服务业中心。设计师们保留了街道镇边石之间的原有距离和道路上平行的停车位。但这条街道从整体上看还应当进一步加宽现有的人行道。

为了达到传统的主要街道的效果，分阶段的开发（和所有权转化）是非常必要的。因此，在地块的划分上，临街面的宽度统一为60英尺（约18.3m），进深100英尺（约30.5m）。这个大小是适宜双层车库、上层用于零售或居住的地块面积的最小值。这样的地块大小在西雅图的许多功能混合的城市邻里中都可以找到，例如丹尼坡地区。

主要街道上典型的建筑高度为14～16英尺（约4.3～4.9m），底层是零售商业铺面，后面有围合的停车场地，汽车可以从主要街道旁的小巷中进出。上层是两层的居住／办公用房。这种建筑形式改变了莱西镇目前的主要商业街上街道、建筑与停车之间的相互关系，因为商店的铺面与街道的景观和实体联系通常都会被街道旁的停车所割断。

市政广场

市政广场位于第6大道穿过镇中心连接起来的一系列开放空间的最北端。广场的北边是5号州际公路上的轻轨车站。这个广场作为一个大型的室外活动场所，东部和西部边界都是镇中心地区内最高的建筑。这里本来有3个街区，一个以车行道为主，其他两个则主要由景观道路构成。这个广场被看作是从轻轨车站进入莱西镇的入口，因而在尺度和建筑风格上必须与全镇相统一。市政广场的南端，与主要街道的交汇点处，是莱西镇绝对的中心和象征。这里还有公共汽车站，公交线路把镇中心地区与周边的各个社区相互连接在一起。

界定了市政广场东西边界的建筑一般为14～16层，底层为零售商业，有的还带有介于一层与二层之间的中层楼，上层则是12层左右的居住公寓。因为临近主要街道的商铺和轻轨车站，这些建筑主要以居住功能为主，还可能包括一部分老年公寓。

公共散步场所

公共的散步场所是一种非正式、线性向南延伸的开放空间，通过市政广场与镇中心小学。它是连接规划区南北的主要步行通道。所谓的公共散步场

图7.24

    F·迈耶（Fred Meyer）廉价商店占据的大面积的地块被分割成许多较小的部分，作为小商小贩聚集的公共市场。街对面是一排新的建在商铺和办公用房之上的住房。

所包括蜿蜒的自行车和步行小道，将规划区内现有的独立办公楼串联起来。这些办公楼是原来的郊区空间规划的遗留物。

公共漫步道

    从主要街道零售商铺的后面向南就到了这条公共漫步道。加利福尼亚的圣巴巴拉市就由步行商业街而得名。这条漫步道在商业区的核心地带开辟了一条狭窄的步行道之后，被开发成为了一块功能多样的公共空间。底层的零售商铺后侧有停车场，上面有2～3层的居住和办公用房。漫步道的周边地区是镇中心内部集中程度最高的社区，其中配置了咖啡屋、喷泉和小型儿童博物馆。

办公园区

    从公共漫步道穿过散步场向东就到了这个办公园区。这个园区构成了整个规划区的核心地带，主要由办公及其相关的辅助功能组成。那里为园区内的上班族们提供了休息场所，包括网球和篮球场，还有气氛轻松的餐馆。这个园区在规划中通过一系列的步行道与区内其他的开敞空间相联结。

联排住宅邻里

    在市政广场的东西两侧，以及中心小学的西侧就是这个区域内的纯居住区部分。这个居住区通过商业与多用住房区与主要的交通干道隔离，区内主要是独户住宅和二联式公寓楼。每座房屋的占地宽为25～30英尺（约7.6～

9.2m），进深 100 英尺（约 30.5m）。所有的房屋都有专供进出的小道和独立的车库，车库上层还有辅助住房单元或家庭办公场所。

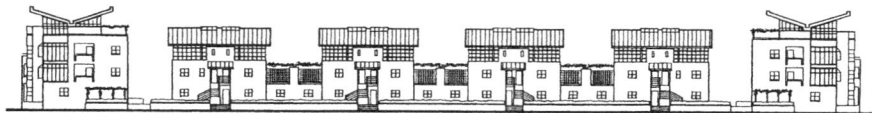

图 7.25

多户家庭住宅组成的街区。其密度达到城镇中心的水平，但或许在建筑形式上过于单一了。(Tom Jordan)

由多户住宅组成的边缘街区

由多户住宅组成的居住区位于规划区的边缘，沿着学院路和太平洋大道的地方。这些住宅的建设是为了通过高度超过邻近建筑的房屋来形成镇中心区的边界。这些 3~4 层的建筑所在地的地势略有起伏，其中包括庭院、庭院中没有电梯设备的公寓以及部分位于斜坡以下的单层车库。因为车库有一部分位于地下，所以庭院的高度被提升，在街道与住宅之间形成了一个过渡带。

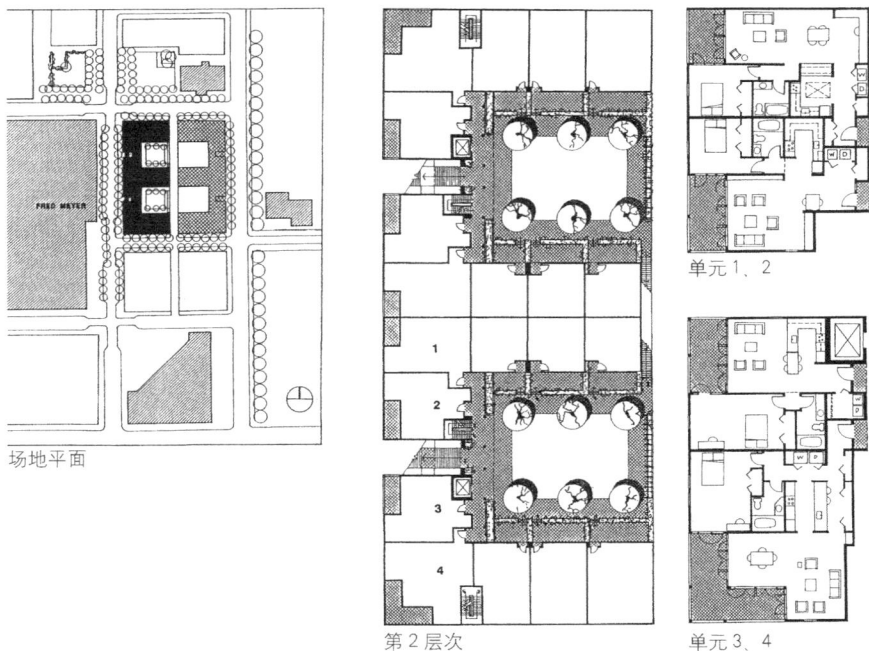

场地平面

单元 1、2

第 2 层次

单元 3、4

图 7.26

住房位于商铺和办公用房之上。人行道上有开放式的楼梯可以上到被抬升的、位于车库之上的景观庭院中。它们占据了整个街区的中心地带，配有专供进出的小巷。[辛西亚·埃塞尔曼（Cynthia Esselman）]

第八章 小 镇

——保持原有的乡村风格

有许多的小镇，那里曾是一派田园景色，现在却已经被包含在大都市区的吸引范围内了。与一般的郊区"卧城"（bedroom suburbs）不同，这些原本属于乡村地区的小镇并不乐于见到当前它们所面临的这种局面。近来，一些小镇已经完全被大都市区的发展浪潮所淹没。那些曾经属于乡村地域的城镇现在已经变得面目全非，这样的例子在西雅图随处可见。每当人们想到这样的问题，伦顿（Renton）、肯特（Kent）、伊萨克（Issaquah）、伍丁维尔（Woodinville）、雷德蒙德（Redmond）和法夫（Fife）就会马上出现在大脑中。还有一些小镇被破坏的程度相对较小，通常是因为它们所在的位置离大都市区太远或拥有道德、地形或水体的保护而与大都市区分隔。例如，斯泰拉霍姆（Steilacoom）、门罗（Monroe）、斯诺霍米什（Snohomish）的地理位置比较偏远；布莱克戴蒙德（Black Diamond）和博瑟尔（Bothell）由于地形的关系而与外界相隔，Duvall因为一条大河、温斯洛因为普吉特湾而相对地与外界分离，但是这些地方的边缘也逐步地被蚕食。最好的情况也就是它们在外围地区把农业用地、绿化带、河漫滩和可供人们休闲娱乐的开敞空地等全部保留了下来，而把开发建设集中在城镇的内部区域。这种形式的破坏对环境的影响是如此之大以至于佛蒙特(Vermont)的一些乡村地区拒绝让沃尔玛（Wal-Marts）进入当地乡镇的外围地区。

班布里奇（Bainbridge）岛上的温斯洛（Winslow）从1993年末就成为一个设计专项组的研究对象。这个设计专项组致力于解决如何在乡镇人口增加的同时能够不改变本地区的景观氛围的问题。作为西雅图市辖范围内的一个3500人的乡镇，温斯洛本身拥有一些优势资源，同时也面临着乡村地区普遍存在的许多问题。它与西雅图之间有普吉特湾相隔使得它没有受到城市蔓延发展的影响。而且这个地区还同时遭受着频繁的渡船服务的困扰。从某种程度上说，温斯洛享有两方面的优势——乡村的风格与接近城市的便利——这些都是现今的郊区地区所追求而未能达到的。因此，温斯洛有很多到西雅图市中心的往返交通线路，这里的人均收入也比一般的乡村地区要高得多，因为一般的乡村地区的居民收入来源主要靠低收入的工业或农业活动。那里普遍存在的问题是如何处理购物中心的问题。尽管已经有了一条集聚力强、在环境设计上令人赏心悦目的主要街道，但购物区却出现在了主要街道以北1英里（约1.6km）的地方。虽然这个购物区比别的地方的规模要小，但它还是将传统中心区的一部分经济活动吸收了过去。购物区的功能单一，到那里购物的人们必须完全依赖汽车，那里只有宽阔的停车场和造价低廉、后现代风格的商业建筑。当它服务于整个岛上有汽车的顾客时，却失去了那些以步行方式出行的消费者。在购物区的周边、人们步行可达的地区内需要建设一些多户单元住宅。

下面让我们来看看这个小镇的项目是如何阐释本书第一部分中的理论的。

蔓延发展的代价

将岛上半数的经济活动聚集在温斯洛的中心区而保留岛上其他地区的田园风光的做法，符合这个区域和班布里奇岛的整体利益。由于我们在书中反复提到的各种经济、环境、社会和建筑学的因素，把经济增长集中在一个紧凑、全天候和适宜步行的中心区是一个社区长期健康发展的根本。温斯洛的中心区已经成为了一个多功能开发的典范。现在那里需要改进的只是在其中填充更多的住宅和就业机会。现在已经有了设计的样本，要解决的问题就只剩下政府决策和市民意愿了。

批判的地方主义

温斯洛镇堪称地方主义的典范。繁忙的码头上停满了渡船以及其他的各种船只，那里自然的环境景色和小型的码头设施，是一幅典型的西北太平洋沿岸的小渔村的画面。温斯洛路（Winslow Way）、埃里克森（Ericksen）大道和麦迪逊大道两边随处可见工艺精良、维护完好的建筑。尽管那里没有宏伟的市政厅，主要街道也显得太过空旷，但这里整体的城镇景观给人的感觉是清晰可辨的，人们在这里时刻都能感受到地方、历史和传统工艺的特色。流过镇中心区的小溪及其岸边的公园为整个中心区带来了一缕自然界的清新感。这里所急需的是一种限制感。镇中心区的中心正在向着住宅区内的购物中心转移。另外一个问题是如何在不混淆新传统主义的设计作品和投大众所好的无美学价值的设计作品和迪斯尼乐园的前提下保持温斯洛历史小镇的特色。与其说这是一个城镇规划的问题还不如说是一个建筑设计上的问题。因为这个设计专项组的工作时间只有两天半而不是5天,他们没有时间从建筑设计的角度去考察、理解这里的城市设计。还有一项任务就是要创立新的建筑类型,并使之能够像小溪边上、主要街道和一些老的居民区里的建筑那样经过时间的考验仍魅力依然。

类型学

与许多的历史小镇一样,温斯洛的建筑类型统一而连贯。从河岸边的遮阳篷到拖车厂,从统一设计的商店铺面到居民的大房子,无不显示出温斯洛在建筑上的秩序与连贯性。建筑的类型很多,但并不过量,而且每种类型的变化也很丰富。尽管如此,设计专项组还是针对温斯洛镇的现状提出了一些新的建筑类型:联排别墅、上层是公寓的商店店铺、车库上的附属单元住房、建筑中间的停车场、多功能的渡口以及在斜坡上建设的住宅里配置的坡上或坡下的车库等等。

新城市主义

设计专项组中许多小组在工作中都不自觉地运用了新城市主义的原则和方法。毕竟,小镇是新城市主义者心目中的一种理想模型。对这些原则和方法的应用使大家在许多问题上达成了共识。轮渡系统与公共汽车系统的提出弥补了各自的不足,并在温斯洛路东端的渡口周边形成了新的开发片区,采用了常规的低层、多功能、紧凑的开发模式。中心区内现存的邻里是当地政府和居民小心谨慎保护的结果。居民的各个日常活动点之间仍然保持着适宜步行的距离。设计组提议用一些新的街道和小巷打破原有的那些"超大街区",位于中心区北边的购物中心区应该变成一个更适合于步行的、整合的中心区,购物中心的上层还可以建设公寓住宅。那条流过主要街道的小溪的作用得到了强化,从被铺设过的道路上溢出的径流也得到了最大程度的控制。越来越多适宜步行和公共交通导向的项目开发也减少了空气的污染。而且实践证明,在这个过程中,半数班布里奇岛的新增人口都可以居住在温斯洛镇的辖区范围内了。

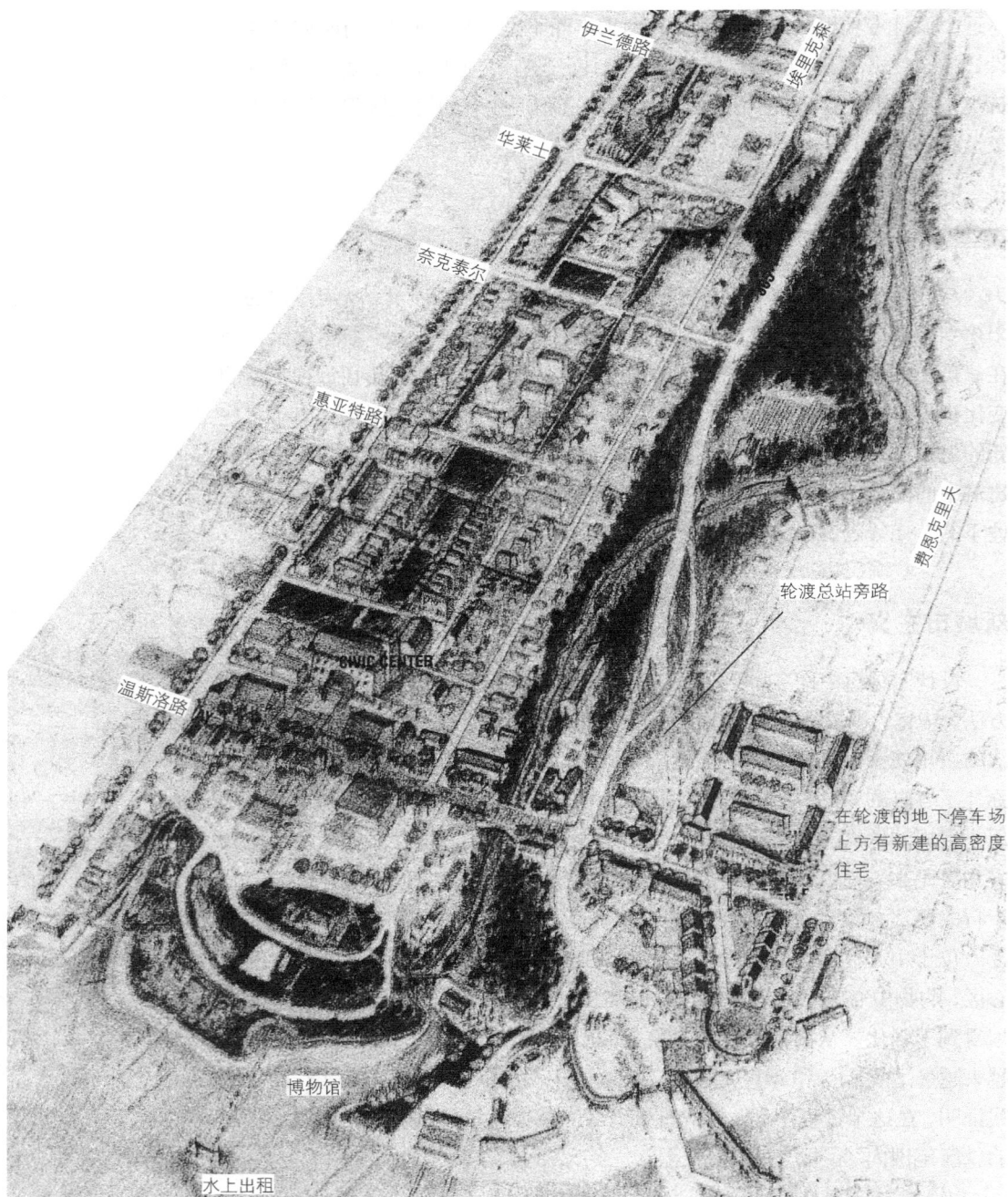

图中标注：伊兰德路、华莱士、奈克泰尔、惠亚特路、温斯洛路、博物馆、水上出租、埃里克森路、费恩克里夫、轮渡总站旁路、在轮渡的地下停车场上方有新建的高密度住宅、CIVIC CENTER

图 8.1

　　大部分设计专项组的成员都同意的公共建设方案透视图——刊登在一个地方报纸的副刊上，这是一种很好地把设计专项组的工作成果向公众展示的方法。[安迪·罗维尔斯塔德（Andy Rovelstad）]

温斯洛设计专项组

——一个小镇的发展规划

　　温斯洛是一个拥有特殊地理区位的小镇。它位于普吉特湾的班布里奇岛上，与许多农村地区一样周边全是农场和未开发的土地。然而，从这里只需要乘坐25分钟的渡轮就可以到达位于西雅图的市中心的渡口，渡口的周围是西雅图的高层办公塔楼最密集的地方。每天都有很多岛上的居民乘坐渡轮到城里，从而这里每天都会出现可以与大城市相匹敌的交通高峰。华盛顿州发展管理法案要求班布里奇岛做出一份总体规划，使得这个岛在未来的20年内可以容纳至少6000名新居民。温斯洛至少要吸收这部分增长的人口的一半。

　　这个设计专项组在工作中设定了两个主要的目标：在快速发展时期保持和强化温斯洛的小镇特色；降低轮渡交通对当地发展的影响。因为随着班布里奇岛和基察普县（Kitsap County）人口的增长轮渡交通的负担会日益加重。超过50名岛上的设计专业人士和居民代表被设计专项组邀请到了他们的周末例会中，与华盛顿大学的学生们就大家共同关心的问题进行了激烈的讨论。在一个由市民自发组织的一个顾问委员会制定的总体规划草案的基础上，代表们要求设计专项组为他们提出更有新意的想法和对已有的这个规划方案的修改意见。

　　温斯洛的核心区由三个不同的区域组成：温斯洛路、中学路（High School Way）以及麦迪逊大道和305公路之间的地区。设计专项组主张强化这几个区域之间的联系从而创造一个整合度更好的城镇区域。在核心区内适当引入一些居民有利于增强这里的活力，使这里成为对当地居民和外来游客都十分具有吸引力的地方。最重要的是，这样还有利于保护、并相对地使这个岛上的田园风光和特色更为突出。温斯洛的和新区外还有许多能够突现小镇特色的居民邻里。规划草案中提出在保持这些邻里特色的同时加强它们与核心区的联系。大家共同关心的还有渡口点周边地区的改造问题。

　　其中的4个设计小组提出了如下的问题：

1. 哪里是温斯洛镇的边界？

中学路

华莱士

怀亚特路

麦迪逊大道

市政中心

WINSLOW WAY

节俭之道

埃里克森大道

305公路

中学路

新城

邻里

怀亚特路

中部城镇

305公路

旧城

渡口

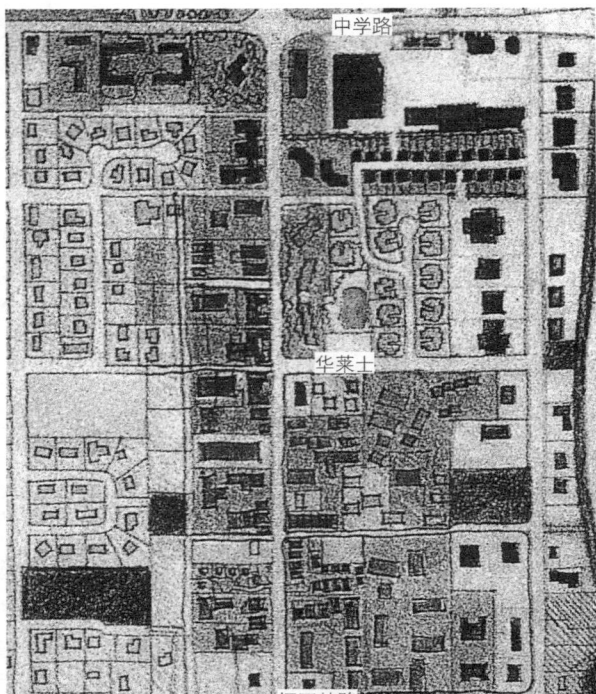

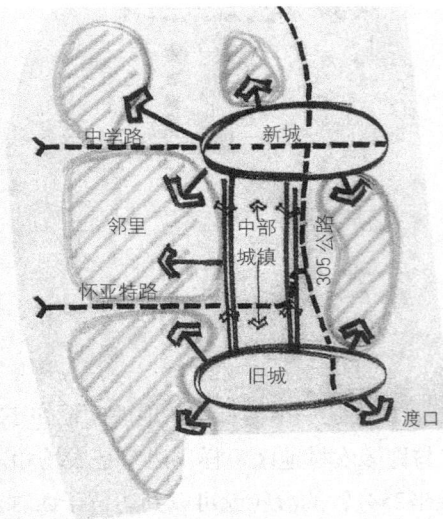

图8.2 规划区域

图8.3 温斯洛的概念性规划

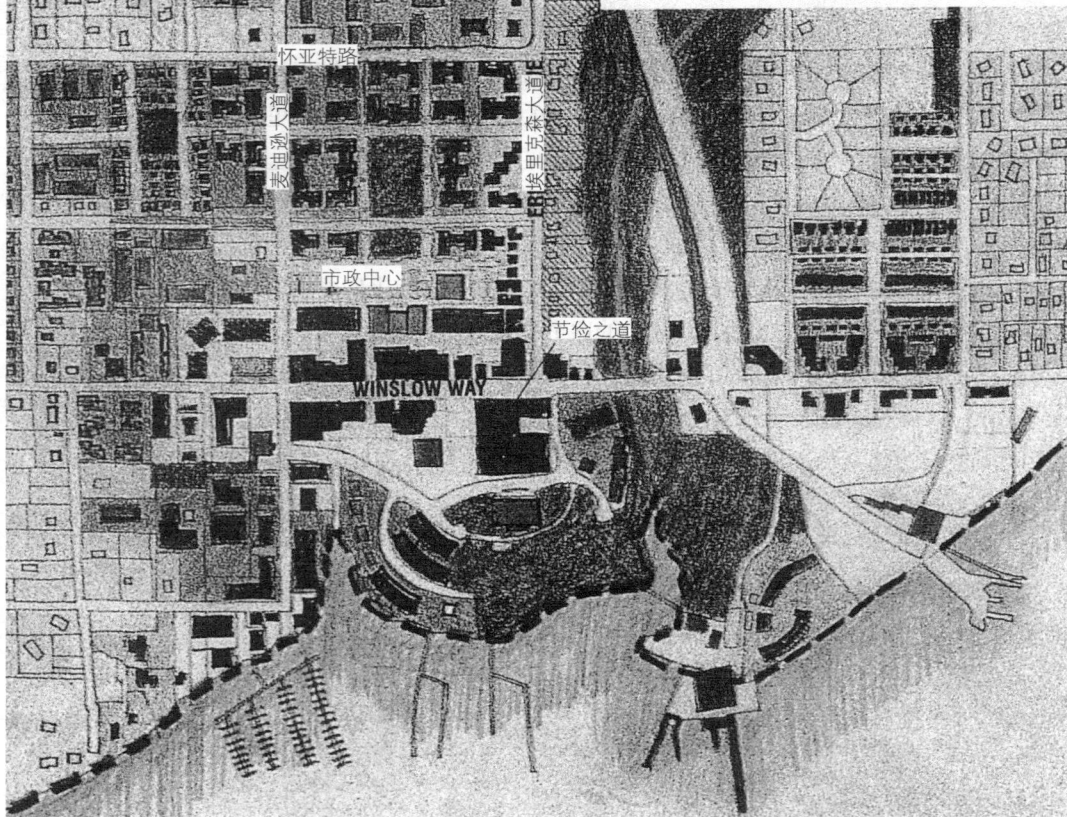

2. 温斯洛的城市设计结构是什么?

3. 温斯洛如何在保持小镇特色的前提下以最佳的方式容纳新增的3000名居民?

4. 人们应该通过什么交通工具进出温斯洛? 在温斯洛范围内又适宜选用什么交通工具?

5. 对于未开发土地的规划问题。

6. 在公共服务方面存在着一些什么样的问题? 解决办法是什么?

7. 温斯洛应该通过什么方式来刺激居住、商业的发展和就业机会的增加?

大家的共识

各个设计组的工作中有许多重叠的部分,特别是在涉及设计的一般原则的时候。设计专项组有限的工作时间和他们拿到的正本文件的强大约束力限制了各个小组的发挥余地。在大多数情况下,各小组工作成果的差别只在于他们被指定作专项设计的领域。在得出的4个方案中的共同点归纳如下:

- 鼓励高密度居住核心区的开发,区内包括一个有机的开敞空间系统,并能够把温斯洛路与中学路的零售商业中心连接起来。
- 在温斯洛路与中学路、麦迪逊大道与埃里克森大道之间现有的超大街区外兴建一些小规模、行人导向的街区。
- 开发一套全新的道路系统,其设计标准是易于步行和机动车进入,同时能够把传统社区与停车场有机结合。
- 开发大量的步行道和一个有机的开敞空间系统。
- 兴建一个新的市政中心,其中市政厅(City Hall)与班布里奇表演艺术中心(BainBridge Performing Arts Culture Center)相邻。
- 保护以低层建筑为主的埃里克森历史街区。
- 在核心区滨水公园的边缘地区和麦迪逊大道开发新的住宅项目。
- 限制渡口的停泊,包括地下的停泊。
- 兴建一个渡口邻里,其中包括高密度的居住／办公楼和渡口地下停泊区。
- 改善渡口和温斯洛路的零售商业中心之间的步行和景观连接系统。
- 将轮渡与地方交通区分开来。
- 连接了埃里克森大道和中学路。

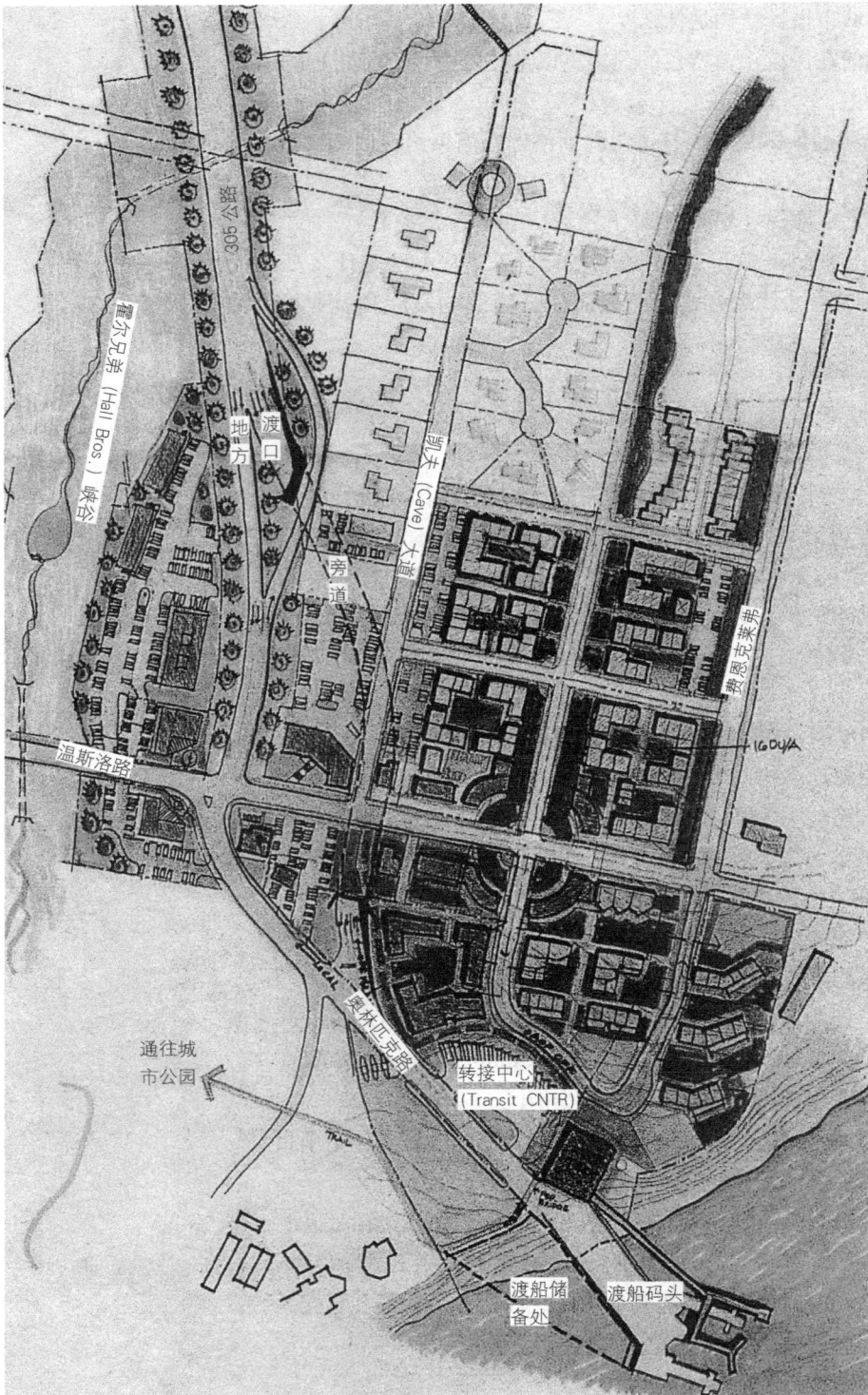

图 8.4

一个轮渡方案，包括为从轮渡下来的乘客修建的一条北行的机动车地下通道。

- 在怀亚特（Wyatt）－埃里克森－克内克特尔（Knechtel）沿线和305公路之间建立一条新的连接通道。
- 鼓励岛上和岛外公共交通系统的发展，兴建另外一个轮渡口岸中心区。

一些细节问题

温斯洛中心区

各个小组成员都同意温斯洛路原则上应该保持高度功能混合、以零售商业为主的风格，新建的停车场应该位于温斯洛路以外的地区。当"节俭之道"（Thriftway）超市前的停车场被改为一个步行广场的时候，滨水地区对于步行者的可进入性将大大提高。在温斯洛路的北侧，一个新的市政广场内市政厅将与现有的班布里奇表演艺术中心相邻。市政广场的北部地区将变成一片高密度（17～28个单元／英亩，约42～70个单元/hm²）的居住区，人们从新的街道和停车场组成的细密的街道网中通过步行就可以抵达镇中心地区了。

吸纳新增居民的问题

新增的居住区应该遍布于麦迪逊大道与305公路之间、温斯洛路与中学路之间的地区。渡口的北部地区和滨水公园的边上也应该开发新的住宅区。除了在核心区要建设新的开发项目，附属居住单元的填

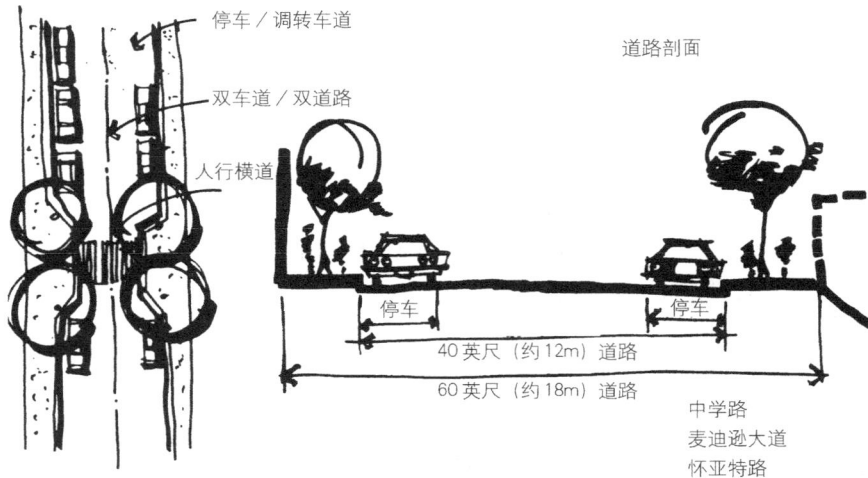

停车／调转车道

双车道／双道路

人行横道

道路剖面

停车

停车

40英尺（约12m）道路

60英尺（约18m）道路

中学路
麦迪逊大道
怀亚特路

图8.5

建设在大学路建设车行缓慢、适宜步行的安静、舒适的街道环境。

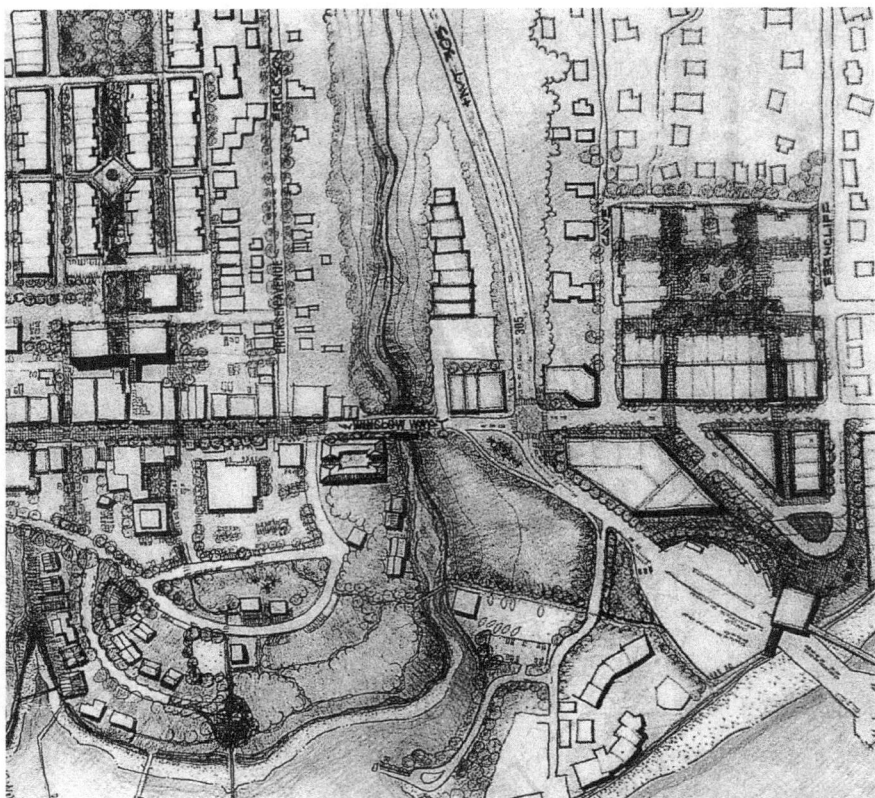

图 8.6

温斯洛镇的老城区

充也能够让核心区附近的邻里吸纳增长的人口。正如我们在第四章中说明的那样,底层作车库的公寓楼是一种对周边环境影响较小的适宜吸纳新增居民的住宅模式。

为了把温斯洛镇建成一个更适宜步行和人类居住、工作和购物的地方,新的街道要建成车行缓慢、杜绝交通阻塞并拥有良好景观环境的机动车通行廊道。这些新的街道还将作为从居住区到交通站点、购物中心、渡口和各种公共空间去的人行道路系统的一部分。

渡口地区

目前,渡口码头的东部地区由于从渡口到高速公路之间穿梭不息的车流而与温斯洛镇的其他地区相对地分离。几个小组都认为应该把这个地区与温斯洛的核心区联系起来,并建议在渡口的西、北两面修建住宅区。他们的提议还包括限制在渡口与高速公路之间通行车辆的停车,将停车场地转移到渡口附近新开发的居住区的地下，还有增加岛内部和岛内外的公共交通路线，设置水上停车场。

建设时序

因为温斯洛镇不可能马上进行所有的这些计划，三个发展战略的实施必须给予优先权：

1. 在中学路地段完全被郊区化之前草拟和实施如下设计指导方针：

- 多功能混合，包括居住功能。
- 缩小划分的地块大小和建筑的基底面积。
- 停车场应设在商业建筑的后面，停车场地的大小应该以可以被周边的景观环境所掩盖为宜。
- 强化街道的边界。
- 在各级街道两旁种植树木，允许路旁停车。
- 提高容积率，包括建设多层建筑。
- 改善公交系统服务，特别是到温斯洛核心区的往返巴士。

2. 规划开发温斯洛路的东端、渡口的北部停车场。建设尽可能多的住宅单元，底层适当提供办公和商业用房。在山脚建设梯形的渡船停泊场地。建设一条步行道路连接渡口与镇中心地区，步行道两边可以布置一些商业和各种服务机构设施（甚至可以包括市政厅的一部分）。强化渡口码头建筑的公共性，也许还可以改建成一个集会大厅。向华盛顿州政府申请资金兴建从渡口北部向岛外的机动车地下道／旁道，这样班布里奇岛就成为了人们到达基察普县内其他地区的必经之地。

3. 建设一些供汽车从温斯洛路北侧的商业建筑后的停车场出入的小道，小道两边可以安排一些小型的住宅。可以将市政厅和一个公共市场布置在班布里奇表演艺术中心的周围。让整个温斯洛路看起来没有那么空旷。

在设计专项组的工作结束以后，迈克·伯勒斯（Mike Burroughs），一位当地的建筑插图画家，自愿作了一张这个地区的鸟瞰图。图中反映了温斯洛总体规划中许多方面的内容，设计专项组在工作中借鉴了这个总体规划中的许多思想和内容。

图 8.7

  由于机动车和大型的购物中心的出现，许多乡村小镇目前郊区化的速度惊人，我们需要强化它们的边界并加大市镇内的开发强度，以扭转它们的这种星云状扩散发展的局面。在主要街道因为高速公路旁的商业中心的出现而开始衰落的时候，要保持小镇的乡村风格就必须得到强大的规划控制和政策支持。

第九章 新 城

——边界之外、中心以内

美国的新城（New Town）通常会向原先拓荒者和先驱者们建立的城市方向向回发展，这种现象由来已久并已经成为了新城发展的一个致命的弱点。这些新城一般是由那些致力于拯救人类灵魂和公有制的宗教团体所建。在东海岸康涅狄格州的纽黑文（New Haven）或中西部印第安那州的新哈莫尼（New Harmony）或在摩门教（Mormon）控制的城镇中，这些新城都经过了自发而且精心的选址和规划过程。它们并非是在当地经济——无论是农业市场、陆地或海上贸易或制造加工工业发展需要的前提下自发组建的居民点，也不像中世纪欧洲位于重要的朝圣地点的宗教中心。新城也没有继承欧洲文艺复兴和巴洛克式的完全几何对称的城市规划设计模式。和许多其他的边疆城镇一样，新城有典型的网格式，而不是放射状或环状的道路系统，适合美国人崇尚的经济、政治机会平等的理念。

由英国人 E·霍华德（Ebenezer Howard）在 19 世纪末发起的"田园城市"运动（Garden City Movement）实际上是一场新城运动。这场运动对美国，特别是纽约和芝加哥的城市郊区开发产生了很大的影响。在 20 世纪初，在新城的实践基础上公司城（Company Town）应运而生，不同的是建设公司城的目的是为了保证某个独立的企业的生产安全。在英国、斯堪的纳维亚半岛地区和法国，卫星新城是 20 世纪 60～70 年代国家规划的中心内容。在同一时期，弗吉尼亚州的雷斯顿（Reston）和马里兰州的哥伦比亚（Columbia）是美国卫星城的典范。近年来，新城市主义运动的蓬勃发展使新城重新得到了人们的重视，与过去不同的是新城市主义运动中的新城一般的规模都比较小、通常位于城市郊区而不是新城在产生之初被赋予的乡村地区的独立社区的含义。

前面的四章都在讨论关于填充式开发的问题，而这一章我们将着重对独立式开发进行探讨。在规模上，新城比一般的行人主导社区、交通导向开发和传统邻里大。它们也比较独立，有足够大的人口和用地规模来支持自己的学校、娱乐与宗教机构、一座大型超级市场和工业企业，并足以包含人们全天24小时的所有活动范围，享有自治权。一般的一个行人主导的社区拥有居民1500～3000人，而一个新城的人口数量达到10000～20000人，甚至更多。（英格兰最后的一座新城，米尔顿·凯恩斯（Milton Keynes）的人口已经增长到将近15万人。）

新城通常被认为是位于城市发展边缘或环绕城市的绿带之外的卫星式的社区，有的时候也会出现在大都市的中心区，成为"城中新城"（New-town-in-town）。这种位于城市中心区的新城一般都是完整的社区，但并不独立。曼哈顿岛南端的炮台公园（Battery Park City）就是一个著名的"城中新城"的例子。它们通常从那些原本是在未开发完全或废弃的工业、铁道用地或垃圾填埋场的土地上兴建起来。因特湾（Interbay）设计专项组负责的就是这样的一个项目，规划区就是位于两个居民区之间的未完全利用的航运垃圾处理厂和铁道用地。新社区（New Communities）设计专项组所负责的项目位于西雅图城市建成区和区域城市发展边界以外的绿地中、一个人口规模在10000～15000人的新城。

蔓延发展的代价

与那些郊区填充式的战略开发，诸如行人主导社区相比，新城的建设投资更大、目标更高。卫星式新城的开发需要建设一整套全新的基础设施。它们需要集聚更大面积的土地，最重要的是与经济发展需要相适应的集聚——在这一点上美国的市场和疲软的公共部门就不如欧洲和亚洲国家强大的政府机构表现出色了。的确，缺乏公共部门的合作和／或支持阻碍了大多数现代美国人实现新城的努力。另外，公私部门之间良好的合作关系或者公共部门能够拥有强有力的开发协调或权威性对于新城的建设也是至关重要的。尽管TOD和TND的规模比较小，但它们在得到政府支持的条件下单凭一个私人开发商的力量就可以实现。但是新城的建设仅靠这些是不够的，它们的建设需要更多的地方和州政府的帮助。虽然新城有它们本身的弱点，但它们在美国大都市区计划中扮演着不可或缺的角色。对因特湾的经济与财政研究表明，在一些具体问题上如果经过适当的考虑和组织，新城的开发是可行并且可节约成本的。新城无论是在城市中心还是在城市边界之外都是一种高效率的开发，因为它们是对土地和各种资源的集约利用，而且它们的范围足够大，可以减少人们日常生活中从工作地到家庭的通勤里程。

批判的地方主义

　　新城是可以体现地方特质的地方,因为它们从一开始就是从乡村田园或城市中的荒地上建起来的,有足够的条件去展示它们所在的地方风格和区域特质。因为乡村田园与人类的发展历史相比对自然的依赖性更强,所以它们的发展也更多地取决于所在地的地方特色。因为它们的规划建设都是在一片全新的土地上进行,所以那里的地方特色和历史必须与自然的决定因素区分开来。创造出一个地方的建筑工艺特色也是很重要的,除非那个地方从很早以前就有工艺精良的建筑能够成为这里的建筑工艺典范。对于在物质空间和城镇功能方面都相对独立的卫星城镇来说,尺度感和限制感也是非常重要的。这样的一种步行的、密集的空间范围急需天然或人工划定的边界。在"城中新城"内,城市中原有的建筑背景环境为设计师们在设计中发掘更多的地方主义元素提供了更多的建筑和城市建设方面的线索。在一个历史性的内城环境中,例如先驱广场,发展有倒退回乡村田园特色的趋势——过分地尊重历史而变成一味地迎合大众口味的怀旧之所。

类型学

　　因为新城往往是在一片空旷的土地上进行,所以类型学的应用最显得至关重要了。类型学是一种重要的排列工具,是能够让一个大型的新社区拥有统一的建筑语言和易于辨认的特征。接下来我们要介绍的两个设计专项组在工作中对建筑类型、街区类型和街道类型的要求都非常严格。的确,街道网格的布置、街区的形状和大小与地块的划分都是他们工作的重点。他们的两个方案自始至终都严格按照类型学的标准对街区、街道和建筑进行规划、设计。

　　在建筑类型上,萨马米什高地(Sammamish Plateau)项目方案的高度和密度都比因特湾项目的要小。专项规划组在那个本是乡村田园的地方设计了2～3层的建筑群,其中住宅是背景,公共建筑例如市政厅、教堂和学校则成为了前景建筑。联排住宅、大型公寓楼和一层商业店铺的楼上是住宅或办公的建筑类型是居住区开发中必不可少的,还有小巷中的车库上的辅助住宅单元。有时,这些建筑被规划在一个笛卡尔坐标网格中;有时却是沿着弯曲的道路或山脚地区而布置。

　　在因特湾地区,中心区的街区与建筑密度高,围绕街区的建筑高5～7层,包括零售、办公和居住等功能。两座高层建筑是这个中心区的标志，这里是一个联合运输交通节点，也是一个公共的活动空间。建筑密度从中心区向边缘逐渐降低的同时，建筑的高度也在下降，看起来就很像萨马米什高地项目的规划设计风格了。沿着小巷的车库上层是附属公寓的建筑类型在两个方案中都属于低收益的住房类型。方案中还有确定的街道层次，包括各种宽度的人行道、街道和各类街道景观以及不同后退红线距离。没有一套精心设计的、丰富的建筑类型，这两个项目将变成一种高密度但无确定发展方向的郊区蔓延现象。

新城市主义

这两个项目都是新城市主义设计的典范，其中包含了我们在前面已经反复提到的原则和实践标准，尽管因特湾项目中围绕街区的中层建筑的密度超过了TOD和TND模式的规定范围。把新城与城市和郊区的填充式开发区别开的是新城的占地面积和它们所获得的自治权。随着社区规模的不断扩大，对总体规划的要求和期望使它们必须不断地适应社区日益突出的复杂性。另一方面，因为建设周期变长，建设时序和规则的制定就必须更加地灵活。政府管理和计划的过程也变得更加复杂。（本书不涉及政府管理方面的问题，把这些重要的问题留给了政治学家们。）新城的规模很大，必须建立相应的辖区政府、消防、公共安全、市政工程、财政和社会服务管理部门。这些问题涉及到公共政策的内容，我们将在第十章中进行阐述。

新社区设计专项组

—— 一个位于城外的新城

"……大自然会慢慢地撤退，取而代之的是人类开发过的地区。这些地区将联合成大量低等级的城市组织，毁灭了所有自然的美景。"

—— 伊恩 · 麦克哈格[1]（Ian McHarg）

为了对应现今和将来的发展需要，华盛顿州政府采取了一个双重战略。首先，用城市发展边界来限制现有的城市蔓延。第二，城市发展边界以外的开发必须限制在规划紧凑、边界明确和内容丰富的新社区内。这个设计专项组致力于后者的执行工作，其中部分得到了华盛顿州天然资源部门（Washington State Department of Natural Resources, DNR）的资助，主要研究这些新社区应该采取什么样的形式和具有哪些特征。

规划区和项目计划

规划区是位于萨马米什高地上面积约为 1 平方英里的土地，属于自然资源部并且完全没有经过开发，这是西雅图以东 25 英里（约 40km）的一片乡村地区，正逐渐被郊区的扩张所吞噬。周边方圆 8 英里（约 12.8km）的范围内是一些零星的度假农场、森林和一片大小约为 5 英亩（约 2hm²）的住宅开发区。除了东面的陡坡和一些湿地，规划区内可以开发的土地面积为 450 英亩（约 180hm²）。覆盖着这片区域的是经济价值不高的次生林，没有将其保留为公园或野生动植物保护区的价值。

设计专项组的方案非常类似行人主导的社区模式，但在规模上要大得多。里面需要包括一个公共汽车站和各种服务办公空间、邻里内的零售商业设施和便民服务中心、商业停车场（依照标准的一半大小来设计，从而鼓励人们

图 9.1

　　位于萨马米什高地人口约为 10000 人的新城，将被开发成为一个独立、与周边地区分隔的社区。与行人主导的社区模式不同的是，行人主导的社区虽然也相对独立但并不与周边的地区分隔。新城的规模更大，能够支撑自己的中学、超级市场和辖区政府等。周围空地环绕，是典型的由杰斐逊（Jefferson）提出的欧洲大陆模式的 1 英里（约 1.6km）见方的浓缩景观。这种笛卡尔式的模式正在被各种各样的死胡同蚕食，应该在较小尺度的街道设计中把这种模式恢复显现出来。

使用公共交通或者合伙使用汽车）、托儿所、学校以及其他各类市政设施。4000个住宅单元要容纳至少10000人，这些住宅单元包括了公寓、联排住宅、独户住宅以及为老年人设计的公共生活设施中心。方案中还包括了面积为50英亩（约20hm²）的公园和娱乐设施用地，还有200英亩（约80hm²）的开敞空间（包括被排除在可建设用地范围之外的陡坡和湿地）。

一个突出的行人主导的社区

凯尔博（Kelbaugh）和波利佐德（Polyzoides）报告书

城镇是在人们休息、进行商贸活动或等候通过的交叉点处自发形成的。一些城镇是线性的——"国道镇"（the country road town）；一些是放射状的——"十字路口镇"（the intersection town）；还有一些是双核心的——位于河流两边的城镇。另外，经过人为规划的城镇和社区从一开始就是一种有意识的行为。它们的建设是有目的的，为了防御或建立殖民地，在城镇内建设良好的社会和空间秩序。

新城模式显然属于人为的城镇类型。19世纪以来新城就作为解决大城市无序发展问题的一种尝试在欧美地区兴起。新城被认为是解决社会隔离、环境污染和退化问题的方法和一种鼓励产品和服务以新的方式来生产、流通的机制。

21世纪成功的设计战略取决于邻里和区域的重要程度。卫星新城是对以汽车为中心的大都市产生的一系列生态与社会问题的一种解决办法。这类城镇的规划基础在于设计出一种人类与自然环境之间能够接近平衡以及不浪费时间、能源和物质资源的生产和消费模式的社区——也是一个注重培养个人自豪感、责任感的社区。

位于城市外围绿带的新城在建立之初发挥了它们的作用，将所有的建设项目集中在其中而保留了相当于它们的面积十倍以上的自然区域的景观环境。我们设计的新城的形状主要基于以下三个个人意见：

1. 自从拉德本（Radburn）以后，大部分新城在形态上都是有重心的，遵从从城镇边缘的各个地方到中心的距离相等的原则。行人主导的社区模式是这种原则的一种体现，范围设定在距离社区中心1英里（约1.6km）的范围内，社区的中心是一个公共交通节点。我们依然采用0.25英里（约400m）半径内的地区作为步行可达的范围标准，但在主要街道两侧的地方适宜步行的范围就被压成了条带状。我们感兴趣的是建设线形新城的可能性，因为那样也可以建设适宜步行的社区，其中的建筑单元数量可以超过2000个，形成一个完整的行人主导的社区。这样的新城的发展余地也很大。

2. 我们希望考察网格式的规划模式。这是一个著名的美国城市主义的传统，网格模式不仅是一种适应城市扩张和变化的模式而且还体现了特殊的品质。我们在规划中考察了网格模式的各种性质，包括它的街道模式、街区大小和几何形状、边界特征、地块划分以及街道和建筑的类型等等。

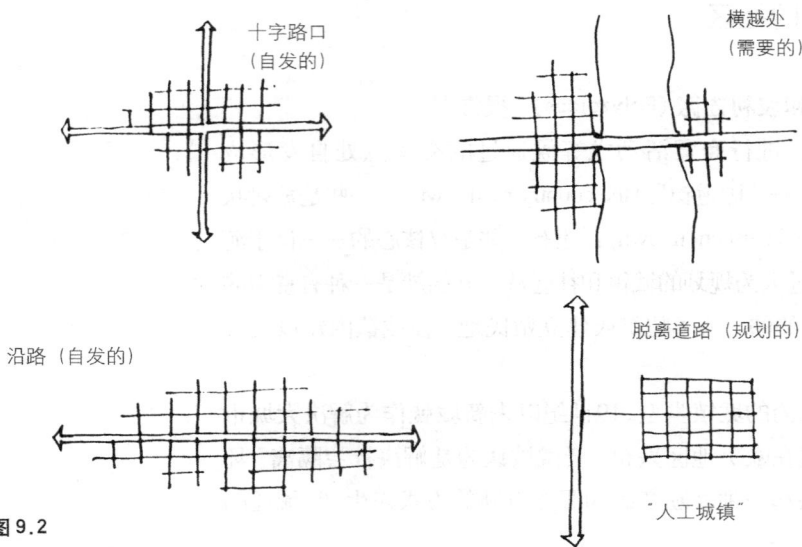

十字路口
（自发的）

横越处
（需要的）

沿路（自发的）

脱离道路（规划的）

"人工城镇"

图9.2

自发的城镇起源类型

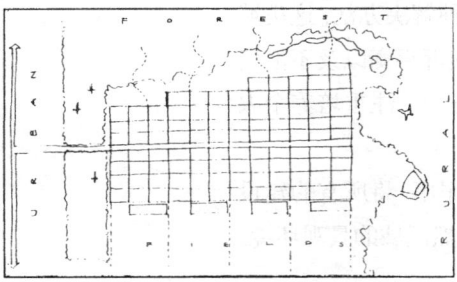

图9.3

街道网格模式在北部与树林交接的地区逐渐模糊成为蜿蜒进入的小道。在南部，网格状的道路系统在耕地、果园和蔬菜大棚等农业用地的边缘逐渐消失。

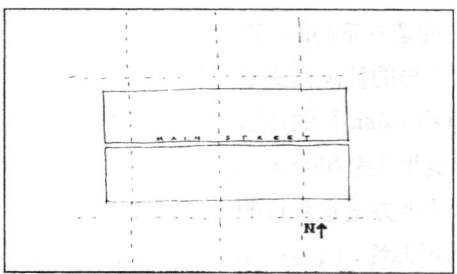

图9.4

主要街道的截面。这条街道是整个城镇的中心，就像一个被拉长了的行人主导的社区。

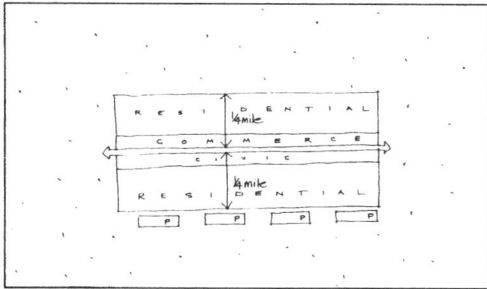

图 9.5

主要街道两边主要是商业和市政设施，在距离主要街道 0.25 英里（约 400m）的范围内还有低层、高密度的居住区。为那些在主要街道上工作的人们设立的停车场距离这条街道比较远，有往返的班车接送。

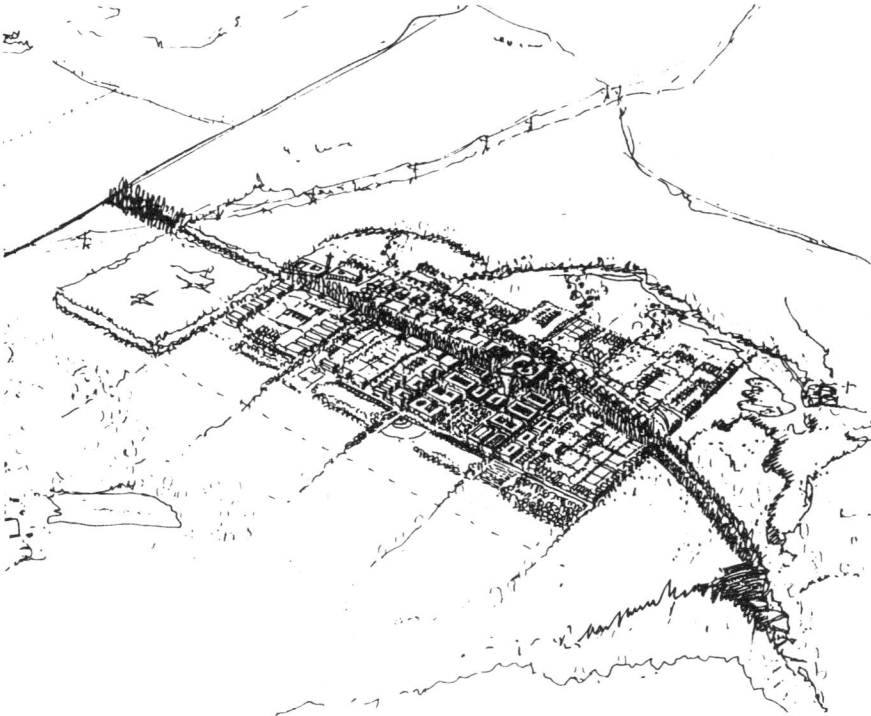

图 9.6

这座新城的建设在它的东部地区随着地形的变化而停止，弯曲的主要街道从山腰上延伸下来，与位于山沟的圆形剧场之间有步行道相连接。

3. 我们的设计的总体形态参考了这个地区内的两处大型的建成区域。在西边连接了清晰、整齐的街道网格；东边设计了一条弯曲延绵的道路使它在感觉上与那里的道路网格交汇在一起，并从视觉上连接起这个区域之外的自然景观。这个位于大都市区边缘的城镇在形态上体现了在城市直线的、抽象几何对称形态功能特征和自然界曲线的、具象的形态功能特征之间达到平衡的愿望。

规划中最重要的因素就是开放空间。大规模城市的想法的特点是空地而非建筑。每一座建筑的建造都与城市的建设有着密不可分的关系，每座建筑都要与周边的建筑相互协调来创造大于自身范围许多倍的城市形象。这样一来，一座小房屋的设计可以决定一整条街道的形象，部分相连的混合功能建筑群能够形成一个广场，普通的市政大楼通过适当的选址就可能成为一座引人注目的纪念性建筑物。

城市规划也是景观建筑学的核心。围合一片空地，抓住各种必需的元素，加上土地、天空和地平线等景观要素就是景观建筑学。这个方案在很多地方借鉴了这种方式并赋予它们基本的社会内涵和特性。

1. 城镇被视为一片开垦地。森林的边界一直以来都是我们的城镇是从自然界中开辟出来的最佳证明。

2. 在城镇的西部、国道的两侧我们布置了两片大的绿地，作为公共聚集的场所，人们可以在其中进行诸如聚会、庆典、游戏、二手交易等活动。

3. 在城镇的东侧是一大片对着乡村地区倾斜的长满青草的山坡。一个露天的剧场就坐落在这里。这是一个供各种团体演出的中心，也是一个可以让人安静思考的场所。

4. 在城镇的北部边缘，一系列的小池塘、溪流和水道汇集了城市的地表径流并输入土壤中。

5. 在南边是一系列废水循环处理设备，经过处理的水用于灌溉城镇边界外的果园和社区花园。

6. 广场、主要干道、街道、小巷、院落和庭院的设计都要从城镇整体的视角着手。城镇的核心部分主要集中在两个广场地区。东面的广场集中了城镇最主要的市政和商业功能，西面的广场则是比较单纯的邻里区域。规划方案由一系列类型明确的街道组成。每一条街道都有其特别之处和反映地方特色的部分，成为其所在区域的标志。而且在各条街道中，步行功能通常比机动车行驶更有优先权。

城市规划与建筑设计不同。建筑设计是根据特定的、具体的要求来设计特定的、有时甚至是特异的物体。20世纪中，一流的单体建筑的数量比以往任何时代的都要多，但却没有几条一流的街道，好的邻里的数量就更少了。

可以说城市规划大致接近于建筑学。城市规划在设计／组织、组成部分／空间结构、海拔高度和设计特点等方面关注各个单体建筑的组成要素。只有在它们的组成要素能够被共享或联合成为一个比各个要素单纯相加得到的和还要大的整体时，单体建筑才能构成一个城市。每座建筑的组成要素都决定了它们的类型和给人们的第一印象。城市是一个基于类型学的建设框架，为了将要布置其中的建筑而存在。因此，城市永远是开放的物质空间，城市的发展从来没有固定下来的时候。

在我们设计的城镇里，住宅是常规的组成部分。住宅的类型结构就像20世纪末美国的社会结构一样复杂。这是我们的文化中最令人惊讶的方面，尽

图 9.7

网格状的街道，在这个方案中尤为严格，是一种格子状的模式而非简单的格状物。弯曲的主要街道和一些公园与广场为这个严格的网格状模式增添了一点变化。

管没有社会与文化的交流，但住宅建筑至今只剩下了地面上独户住宅以及有过道的、各种细节设计不同的公寓等有限的几种类型。

我们就人们对新、老建筑类型的要求和意愿进行了推测。在构造这个类型体系的时候，我们试图抓住以下的这些要素：

城市中的小木屋（Urban Cabins）：最初的小型房屋，已经从城市的街道中消失，散布在城镇北部边缘的蜿蜒的小道上。这些小房子的一部分在森林里面，为了提醒人们早在西部地区城市化以前它们就存在于这片土地上了。

带车库的独户住宅（Single-family houses with garage apartment）：是典

型的美国住宅类型，通过在道旁车库的上层建造公寓来提高所在地的居住密度。这类的住宅主要集中在城镇北部的某些特定区域内。

4户住宅楼（Fourplex）：4个住房单元集中在只有一个公用出入口的建筑内。这一类型的住宅建造准则是独户住宅的合成。

带侧院或庭院的住宅楼（Sideyard and Courtyard Housing）：5到10户家庭围绕一个庭院。这和上面的那种类型一样既可以让人们享有自家的住房和隐私权，又可以拥有与近邻的亲密关系和相对较低的房价或租金。这种相对密集的类型在规划方案中主要布置在城镇的南部。它们还必须建造在容许建筑的基底面积较大的地块上，在排列这类建筑的同时要考虑到是否可以形成连续的街墙和街道空间的问题。

居住-工作两用房（Live-Work）：这种类型的建筑位于城镇中心的主要街道内，最主要的特点是它的3个组成部分：房屋、花园和工作室。因为这些建筑是用来界定街道边界的，工作室既可以作为生产又可以作为销售的场地。

平顶公寓（Apartment Flats）：一种传统的住房类型，为了让居住在城镇中心区的居民能够以步行的方式轻松地到达各种商业和市政设施。它们通常被设计成为混合功能的建筑，临街的部分成为了商业空间。

还有3种商业和市政建筑成为了这个卫星城的组成部分，但它们被视为特殊的类型。这个项目方案没有几何的中心点，街区和城区的划分是连续的或直线的。中心街道的东端就是这里的市政中心，市政广场周围汇集了各种功能和涵义的建筑物：一座水塔（一个保护生态环境的象征）、一座图书馆、警察／消防大楼、集会和社团活动大楼和一座市政厅。在城镇的东西入口处各有一座学校，正好可以利用周边的空地作为小学的运动场地。

市政中心附近坐落着一个办公园区，这是一个以工作为主的区域，所以各个建筑物都像校园里的建筑一样是可以穿行的。我们的目的是要在这个区域中引入住宅，但还没有找到一种最好的、行之有效的方法。最后，主要的零售商业设施集中在城镇东西向的主要街道两旁——成为了连接这个城镇的两大组团的纽带。大多数大型的商业设施集中在东面广场的连拱廊后面，西面的广场内主要是一些为各个邻里单元服务的商业店铺。

居住在都市区的边缘地区为那些喜爱园艺劳动和想要进行植物生长次序实验的人们提供了良好的机遇。不能够把卫星新城建设成传统的郊区社区或小城镇，它们也不是那种过时了的、刻意模仿未来的漫画作品。未来的发展方向应当更加明确，人们生活方式也比较固定了。

塞克利迈（Sequallimine）新城

皮亚托克（Pyatok）和塞勒斯（Sellers）的报告书

今天，人们对许多新社区的看法（尽管在紧凑布局和复苏传统的小规模街道网络方面值得赞扬）被过分整齐的布局和"设计者"的巧妙心思所左右。

图 9.8

中心草坪覆盖了整座小山，让紧挨着草坪的这个社区看起来像是意大利的山间小镇。这个社区由设计专项组中最资深的两位小组领导人戴维·塞勒斯（David Sellers）和麦克·皮亚托克（Mike Pyatok）设计。

一部分的原因是因为那些最早提出规划和建筑设计思想的规划师、建筑师们都来自于中产阶级或中产阶级的上层,他们忽视了蓝领阶层的生活和工作需要,他们从事的工业行业需要的不是整齐干净的楼房和一尘不染的街道。因此,尽管新社区从表面上看似更加地亲切、充满人性尺度的设计,但实际上反映出的是上层阶级的那种如诗如画的休闲娱乐的特点,看上去更像是风景名胜区。这与那些街道凌乱、建筑物散布的工人社区的景观是完全不同的。

　　这个新城方案的组织要点是要创造一个积极、有活力的社区,随着时间的流逝能够自我发展、变化和改造自己,并能够为各个社会经济阶层的人们提供足够多适合他们的就业机会。社区内的道路和各种开放空间的结构框架清晰、完整,道路两边是各种重要的永久性机构设施。变化丰富的街道种类,还有各种各样的住宅种类和房价,为社区接纳来自不同社会经济阶层的人士提供了保证。

图 9.9

　　弯曲的街道从视觉上和空间上给人以封闭的效果。这条街道就是这个新城的主要街道。

　　为了解决这些问题,我们在新城外的大片草地上又规划了一个新的村庄,它们之间有一条南北向的分界线。这片草地就像绿色的海洋,在上面可以欣赏到西边日落的美景。草地的边缘就是这片绿色海洋的港口,大部分的商业和文化活动都集中在那里。在那里我们规划了一座公园,这些活动则集中在公园或公园前面的道路两旁。川流不息的人流使得这些地方聚集了各式各样的咖啡馆、商店和高档公寓，人们可以身在其中观看或参与那里面的各类活动。这条南北向的街道——主要街道——上的入口和店铺招牌、小径和花园将大草地的风光一并收入人们的眼底，又吸引了更多的市民和游人聚集过来。各种交通车辆都可以从这条街道通过，但街道主要还是为了方便行人而设计的。

主要街道的北端就是市镇广场，"市镇大厦"、公共汽车站和所有的市政设施都位于广场周边。大厦的高度超过了那里的原始森林中最高的150～200英尺（约45～61m）高的树木。塔楼的一层内有邮局、信息中心和公共汽车站，2～4层是政府办公室和会议室，往上10层都是老年公寓，每层10户，每户都有阳台可以看到整个村庄和草地的景色。再上面就是一个容量达1千万加仑（约37850m³）的储水箱，这些水来自于周围的一批水井，足够供应整个村庄4天的用水。环绕水箱的是5～6层的环状人行坡道，可以作为公共

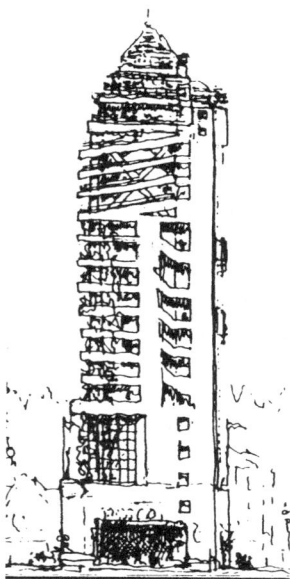

图9.10

一座"市镇大厦"（town tower）位于主要街道的一端，其中包含了商业、市政和居住等多种功能，成为了这座新城的一个标志性建筑。

的景观道路。水箱的上层是一家餐厅和一个公共会议室。最顶上是一个突出的景观平台。这座大厦是归新城所有的。

位于主要街道南端的是学校和艺术中心（剧院、画廊、教学楼和各种艺术工作室）。学校的南边是一座生态污水处理厂，新城内的所有废水在这里得到循环利用。经过处理后的污水可以进行作物灌溉，从而经过天然净化过滤后排入各种水体中。这个污水处理厂也是学校的教学实践项目之一。位于学校南面的还有一座向大众开放的公共花园和一个农贸市场。

工作区街道位于村庄的东部边缘，是一个综合了办公、零售、工作、贸易和轻工业的中心。这条街道在设计上同时考虑到了雇佣不同的蓝领和白领工人的行业需要，甚至还照顾到了那些雇员住在新城之外的企业的需求。沿街建筑后方的停车场中停放了白天来这里上班的员工以及本地居民的各种车辆。工作区街道上的企业办公楼和厂房都是混凝土建筑，这些建筑的顶棚很高，是一般建筑的两倍，通常是矩形的，这样的结构可以适应不同时段的使用要求。这样的建筑可以作为居住－工作两用房、轻工业企业的厂房和办公用房。

工作区街道

居住区街道

图 9.11

这个村庄本身就位于一个倾斜度约为8°的斜坡上，地势从西向东逐渐降低。一些自然的水体和连接西面的大草地和东边的自然区域的一些小径给这里严格划分的道路网格增加了一些变化。放射状的东西向街道穿过网格状的道路系统，将工作区街道与主要街道相连。这些街道两旁排列着各式各样的小店，店铺的上层还设计有住房。居民的数量从东向西、从主要街道到工作区街道再到西边的那片大草地逐渐降低，这样大多数的人就都可以看到东边树林后面的远山了。这些放射状的街道既是这里的3个主要邻里之间的分界线又是它们之间的连接通道。

南北向的街道两旁都是低层、高密度的住宅区，住宅楼的高度都在3或4层左右；后面的小巷内有每一户的车库，车库的上层还有附属的住房单元。东西向垂直于这些街道的道路和居民区的道路一样都很狭窄，都是没有机动车的人行通道。与工作区街道和主要街道之间的放射状街道相比更能给人以亲切感。

从整体上看这里的尺度是非常宜人的，接近开放空间、大街后面的小巷和人行道，旁边还有大型的娱乐设施和农业用地。大部分被砍伐了的树林将被重新种植上本土的树种——花旗松，由社区负责管理和维护。

紧凑的设计大大降低了社区的公共费用。另外还有污水处理系统，经过生物净化的污水可以重新用于植物灌溉，节约了社区的维护费用。最主要的节约来自于居民的交通费用的降低。如果三分之一的居民，即2000户家庭把对汽车的需要量减少到每户一辆，则每年这一项节约的钱总计可以达到1200万美元。隐性的费用节约则来自于大气和水体污染的减少，通过锻炼使社区居民良好的健康状态以及居民日常生活中环保意识的提高。

最后，在空间上把不同社会经济阶层的人们融合在同一个社区内、在那里不同阶层的人可以有不同的选择就业和住房的机会的做法将为那些以苦力劳动为生的人们提供更多的信息和机会。白领和蓝领阶层、经理人和普通劳动者共同生活在一个社区里，其所产生的文化效应是无法度量和预测的。但我们可以知道的是阶层等级的严格区分对社区的延续发展来说是巨大的阻碍因素，特别是对于社区内处于下层社会的人们来说。

昔莱诺－伊萨克（Cyrano de Issaquah）

弗雷克（Fraker）和所罗门（Solomon）的报告书

我们相信大学的设计专项组工作的目的并不在于实践前任的经验，而是在于批判经验。我们所做的一个新社区——昔莱诺-伊萨克（Cyrano de Issaquah）的设计，就是一个批判性的方案。我们没有利用给我们制定的规划区域而另外选择了一个地点，因为我们认为在距离任何道路或其他基础设施5英里（约8km）以外的树林中建设一个新的社区是美国在20世纪90年代发展决策上的一种错误。这样的决策也许从建筑学上来说是比较好的建设条件并成为大规模房地产开发的良好契机，但存在以下五个问题：

1. 用大规模延伸的各项基础设施——道路、下水管道及其他各种公用设施——来换取一个新建的社区并不是一种合理的、值得提倡的做法。这是一种浪费的做法，无法制定开发的时序和得到足够的财政支持。

2. 大都市区外围的森林绿带中的生态环境不可以被轻易地破坏，除非有比土地开发更具有说服力的理由，不管这项开发是由私人企业还是由政府主导的。

3. 对都市区边缘以外的地区持续地开发将导致现有的都市边缘区处于一种半开发、半废弃的状态，从而使得这些地区既不属于城市也不属于乡村地区，无法培育完整的社区和吸引投资，社会和自然环境迅速恶化。

4. 一个新建的社区与现有的一切没有任何直接的联系，其中的一切或许都是人工的、没有底蕴的东西。

5. 原本给我们指定的那个地点并不是一个理想的公共交通站点的区位，在那里建设一个新的社区将大大增加这个地区的交通量和加剧道路阻塞的状况，人们将为此付出沉重的代价。

由于以上的原因，我们认为如果在原来给我们指定的规划区内建设一个新社区，再好的设计都无法避免许多传统的城市蔓延的恶果。于是我们决定避免这样的结果。

我们选择的新地点

在放弃了指定给我们的区域之后，我们所面临的问题是如何找到一个既能够符合项目建设要求又能体现我们不采用原来的地点的原因的新规划区。我们通过航空测绘图和现有的知识来寻找一个可以给人以独特感的地方。我们很快就把注意力集中到了位于萨马米什湖（Lake Sammamish）东南端的一片 350 英亩(约 140hm²)的土地上，就在伊萨克镇（town of Issaquah）和9号州际公路以北不远的地方(距西雅图大约20英里,即32km)。这个地区丰富的自然和人文资源将有助于我们顺利地完成工作并创造出与众不同的设计方案。

平面图

昔莱诺 - 伊萨克（Cyrano de Issaquah）的平面图看起来就像一张长着一个大鼻子并带着一副大眼镜的脸。这个平面图上看不出那种不根据实际情况制定的通用法则，也不是一个假想图。它的形状比较奇特，像一张脸，因为这片土地是一片特殊的已开发区域的一部分，里面有山丘、一些建成了的道路、房屋、公共用地和一个湖泊。规划的前提是开发一片地区来开发这里的特色，抽象的道路网格只有在与当地的自然景观和特色融合之后才能够让整个道路系统充满活力。

工作内容

我们的规划接受了这样一个关于郊区未来发展的假设：大多数人在郊区的工作场所将仍然是宽敞、低层的办公楼。这是由信息技术的效率、小型工

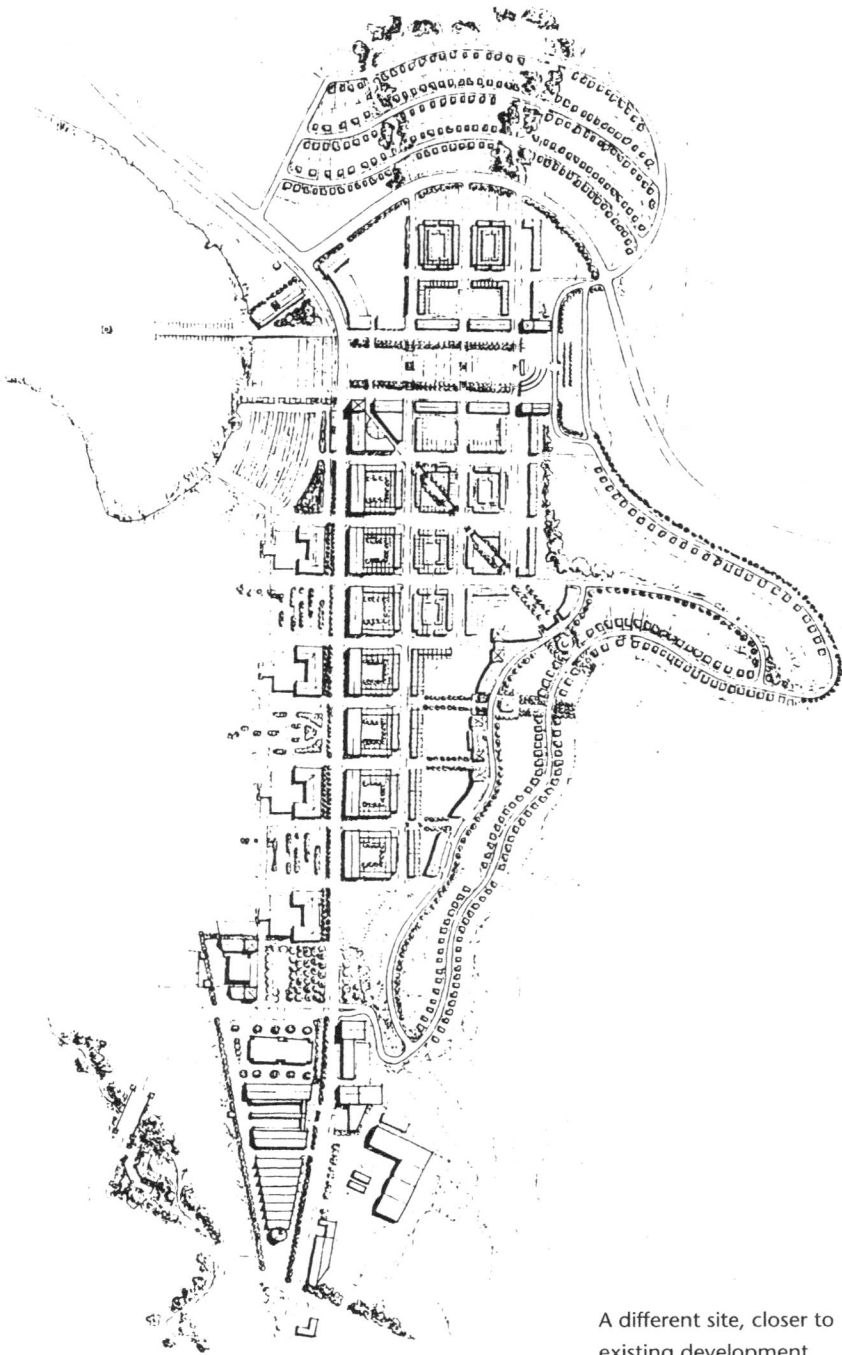

A different site, closer to
existing development

图 9.12

一个完全不同的地点，接近现有的城市开发区域。

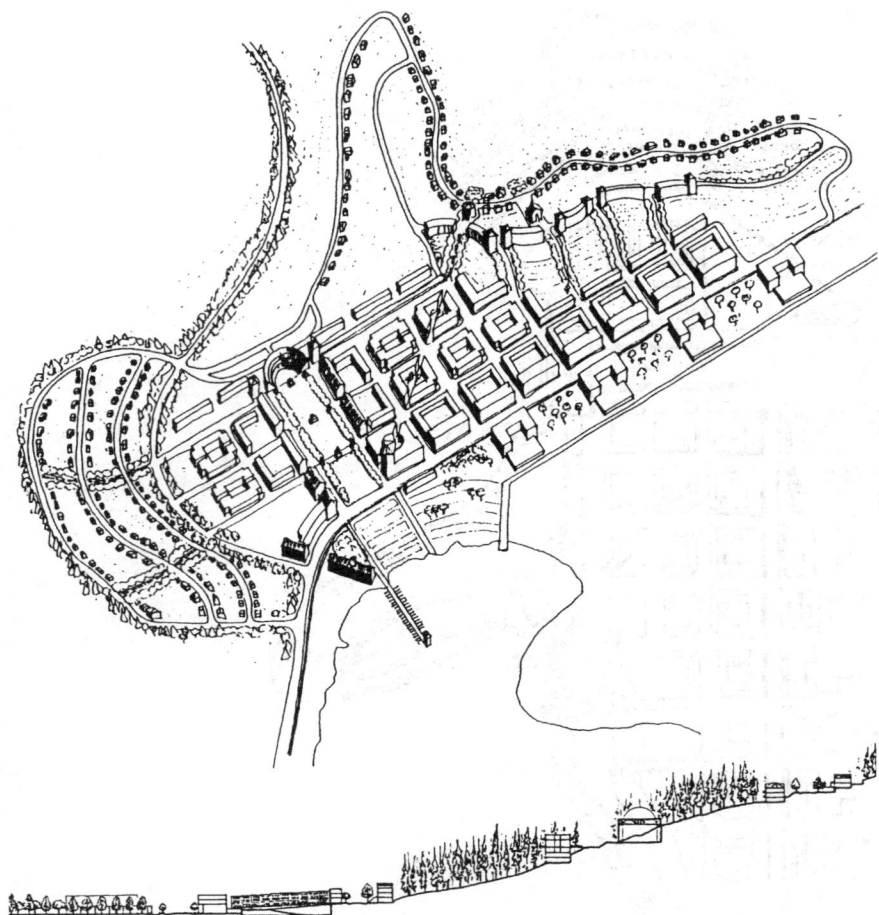

图 9.13

位于陡峭的山坡上的开发区一直向下延伸至萨马米什湖 (Lake Sammamish)。

作组的工作效率以及更高水平的团体的要求所决定的。尽管这个假设是有争议的，但无论如何我们还是接受了。我们的规划将那些现有的、大型教学楼式的办公楼整合成了一个紧凑的社区，社区内人们可以步行去吃午饭和完成一天的工作，还可以走路上班或步行来到公交站点搭车。规划把主要街道旁的一个大型停车场改建成为一个位于城镇内部的办公园区。主要街道的东面有一排连续的临街铺面，商店的种类根据市场的需要不断变换。主要街道的西侧由一排间隔相等的大型办公楼组成，各办公楼之间还有散布的停车场。

住宅

像这样的规划只有在很多年后才可能变为现实。一个能够等到它可以被

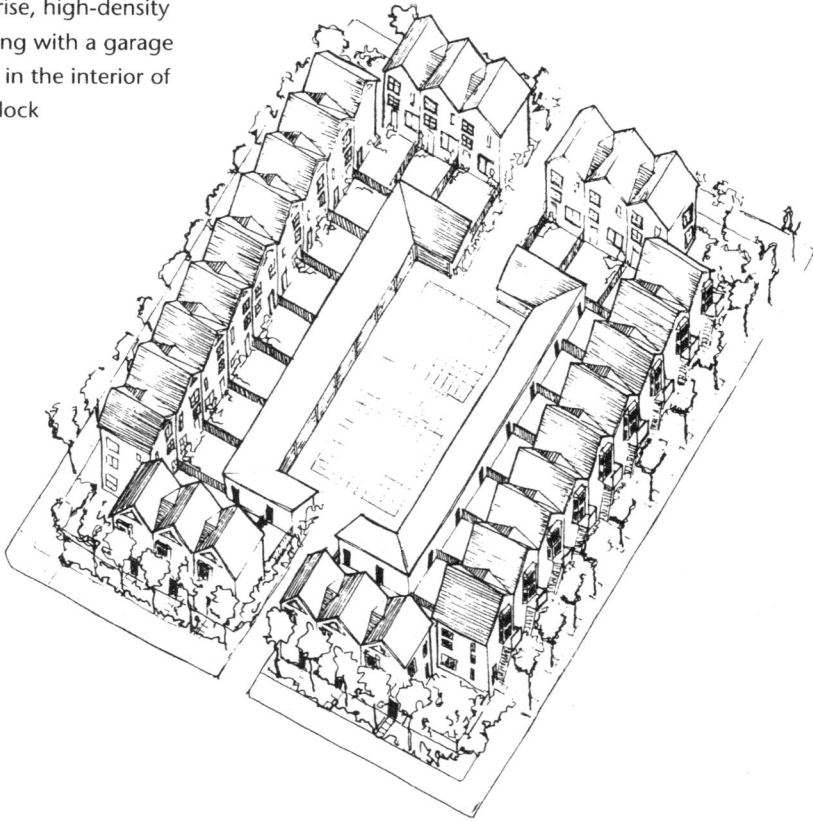

Low-rise, high-density
housing with a garage
court in the interior of
the block

图 9.14

低层、高密度的住宅小区，车库集中在街区的中心。

执行的时候还具有现实意义的规划必须是灵活的、没有对未来的经济发展做出强制性的规划。但这毕竟是一个规划，一些特定的东西还是需要固定的。美国城镇传统的框架模式很好地适应了以上两种要求。这种框架内既可以有各种公共空间又可以容纳各种密度、各种类型和尺度的建筑。就像在西雅图，这种网格状的框架与当地的山地地形的相互协调的方法能够使昔莱诺-伊萨克形成了自己的特色。让我们采用这种方法的理由很多：首先，网格状的框架有利于连接邻里的各个组成部分、创造一种街道的生活氛围和鼓励步行，不像那种尽头式的道路规划只会造成隔离和私有化。网格式的道路可以让人们身在其中看到远处的景色和周边的自然风光；弯曲的道路使人们看到的则是封闭的景观，把自己置身在一个很小的环境当中。在提高居住密度方面网格状的框架是非常有效率的。当网格状框架与山地地形结合在一起的时候就

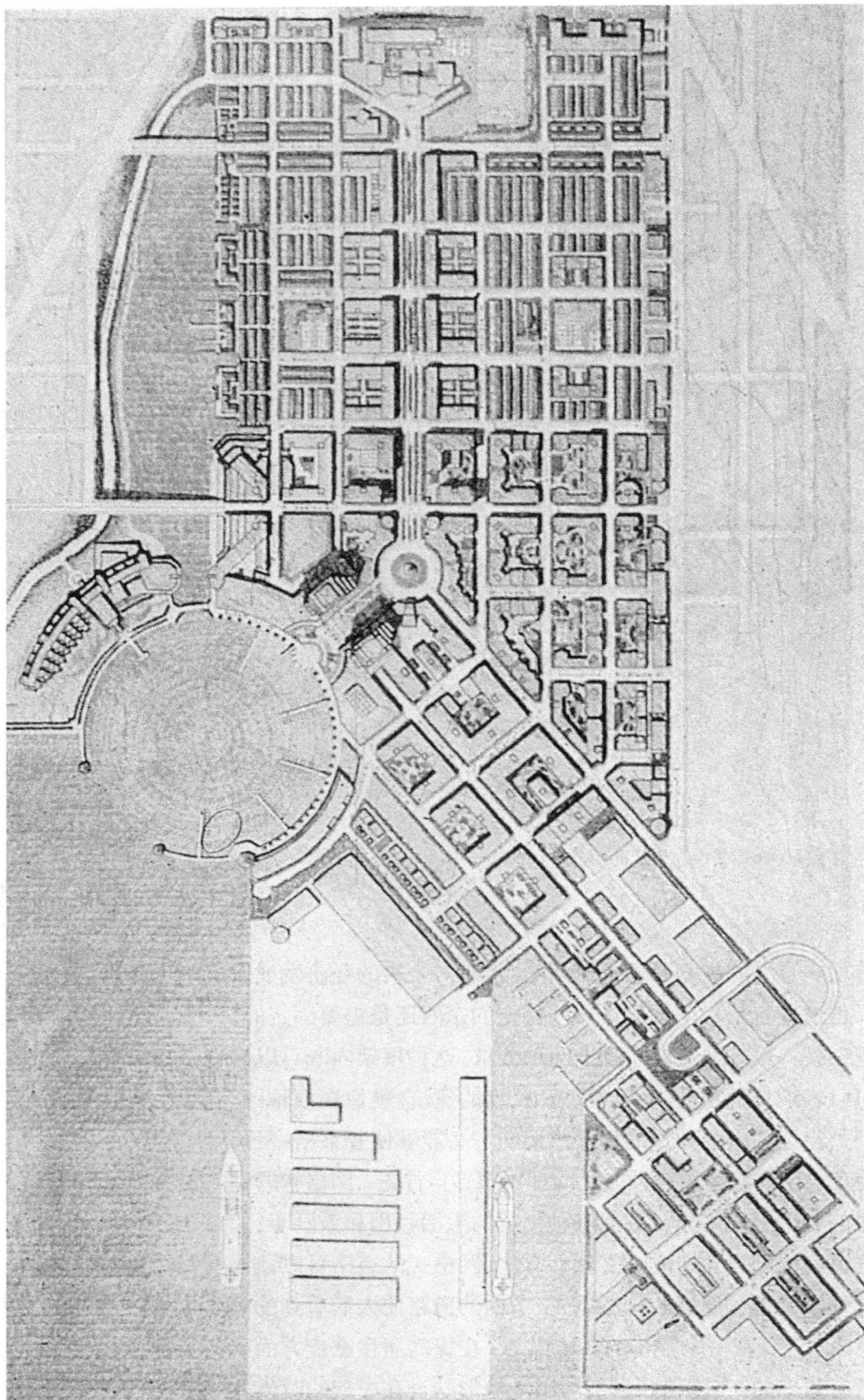

图 9.15

方案五的总体
规划图。

不显得单调了，因为网格经常会被打断。许多有意思的细节——阶梯、护岸、瞭望台以及道路网格自身的变形——是我们可以将这个区域规划变得令人瞩目的地方。

在它的中心区规划的只是一些网格状的道路和城市规划中的常规要素。只要车库不破坏街道景观，建筑就可以平行于街道，建筑之间不再有间隔，面向街道的出入口之间的距离都很近，所有住宅的其他方面都根据各个阶段的市场要求变化来设计。如图所示的那个街区内包括了各种各样的住宅建筑类型：联排住宅、公寓楼、带有附属单元的房子和独户住宅。居住密度从每英亩 7 户到每英亩 30 或 30 户以上（17～75 或 75 户以上 /hm²）不等。在规划中我们制定了两个地方作为建设大型高密度住宅的用地。在山上的格状邻里之上、弯曲的道路旁是一片中层的公寓区——克尼斯（the Cornice）——在那里可以俯视整个城镇和湖泊。克尼斯被从山下上来的公共阶梯所分割。所有的阶梯都在山腰处的小教堂或其他公共建筑前终止。另外一个高密度的住宅区与中心广场相邻。

昔莱诺 - 伊萨克的规划并没有依照欧洲的模式，而是遵从了第二次世界大战以前美国城镇规划的一些传统。它从美国一些比较有特色的小镇的规划中得到了启发，譬如伊利诺伊州的加利纳（Galena）和艾奥瓦州的古登堡（Guttenberg）。这个规划还收集了所有郊区的发展要素并将它们结合成为一个简单明了、内涵丰富的统一体。

因特湾设计专项组和设计工作室
——个城内的新城

因特湾 2020 研究组（the Interbay 2020 study represents）是华盛顿大学最大的一个专项设计组。在 1985 年以后建立的十几个设计专项组中，这个组所涉及的领域最广、成员数量最多、制定的目标和要求也最高。它的设计工作的前续和后续工作做的时间也是最长的，包括建立后续的设计工作室和第一个对自己的设计项目进行经济和财务分析。在这个设计组做出的 4 个方案基础之上的第 5 个方案，就被一个为期 10 个星期的建筑设计工作室完整而全面地完成了。

91 号码头和因特湾邻里是西雅图港口和市区内最有发展潜力的地方。这片"荒地"被很多人认为是西雅图中开发程度最低的地块，大部分的地方用于停车和倾倒垃圾。从附图中我们可以看到，这片土地被三大主体所瓜分[港口、城市和北伯灵顿（Burlington Northern）]。区域内铁路交通便利，完全具备开通有轨电车、区间往返列车和城际列车的条件。区域内的深水港口有两个 2000 英尺（610m）长、面积为 35 英亩（约 14hm²）的码头。这里邻近市中心区以及西雅图最美丽、最成熟的两个邻里——圣安妮皇后（Queen Anne）和马格诺利亚（Magnolia）。这片地区的南端能够一览市中心、雷尼尔山、埃利奥特湾和奥林匹克山的风光，视线不受邻近的两个邻里的阻隔，虽然它们所在的地势比普吉特湾要高出许多。最后，这个地区的范围很大——超过 500 英亩（约 200hm²），南北向跨度相当于从加油站公园到西湖广场或从华盛顿特区的美国国会大厦到林肯纪念碑的距离。应该说一个地区同时拥有这么多的优势的情况是非常罕见的。

这里也存在许多的问题。这个区域内的道路和高速公路系统不健全，能够到达 91 码头的车辆只停靠在有限的几个点。因特湾地区惟一的一条南北向的交通干道，西区第 15 大道，其通行能力已经达到了饱和，在高峰时间经常出现交通阻塞的状况。加菲尔德大街的立交桥存在重大的隐患。东西向的通道缺乏。铁路火车经过以及巴尔莫地区的铁道建设工地传出的噪声充斥着整个地区。部分地区还发生了严重的化学污染。这个地区的边缘是对环境变化十分敏感的陡坡和潮汐地。这里还存在着工作与居住功能分配不均的问题，几乎没有留出建设居住区的用地。地区内的一些工业的存在限制了本地的居住功能的发展。一些工业噪声比较大的企业与附近的圣安妮皇后和马格诺利亚邻里之间产生了不可调和的矛盾。还有一些非物质的因素会阻碍这个地区的发展，例如港口与达特森（Datsun）公司以及其他客户的长期租约，还有与社区的"互不干扰协议"等。

尽管阻碍发展的因素很多，但在这个地区所面临的机遇面前这些阻碍都将变得微不足道。无论如何，为这个地区的发展制定一个远景规划都是非常必要的，特别是对于港口区这么大的一片地区出售或租借给像伊姆耐克斯

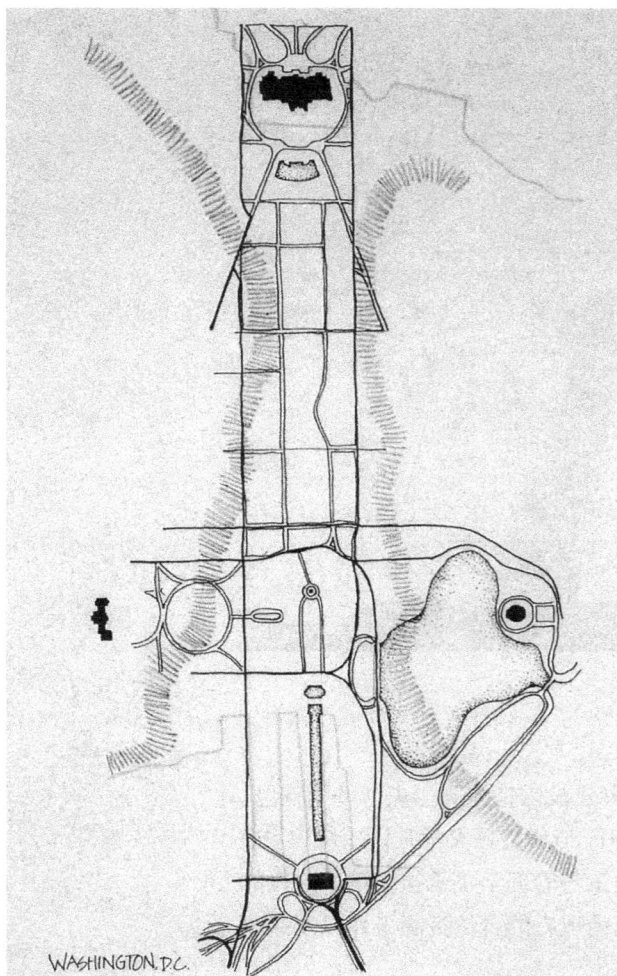

图 9.16

这两条斜纹线代表了马格诺利亚邻里的西面和圣安妮皇后邻里的东部边界。将华盛顿特区的商业街（左）和华盛顿州的西雅图／莱克中心区（右）的地图叠加在一起，从而我们可以看出因特湾地区有多大。

图 9.17

因特湾地区鸟瞰图。

(Immunex) 那样的公司和执行城市总体规划建设因特湾高尔夫球场的问题。
因此，后来被西雅图市兼并了的西雅图港口区与华盛顿大学签订了协议，进
行这个地区的开发研究。华盛顿大学公共政策与管理学院承担了第一阶段的
工作任务，主要详细考察和评价了这个地区内现有的自然资源条件以及这里
的政治环境。

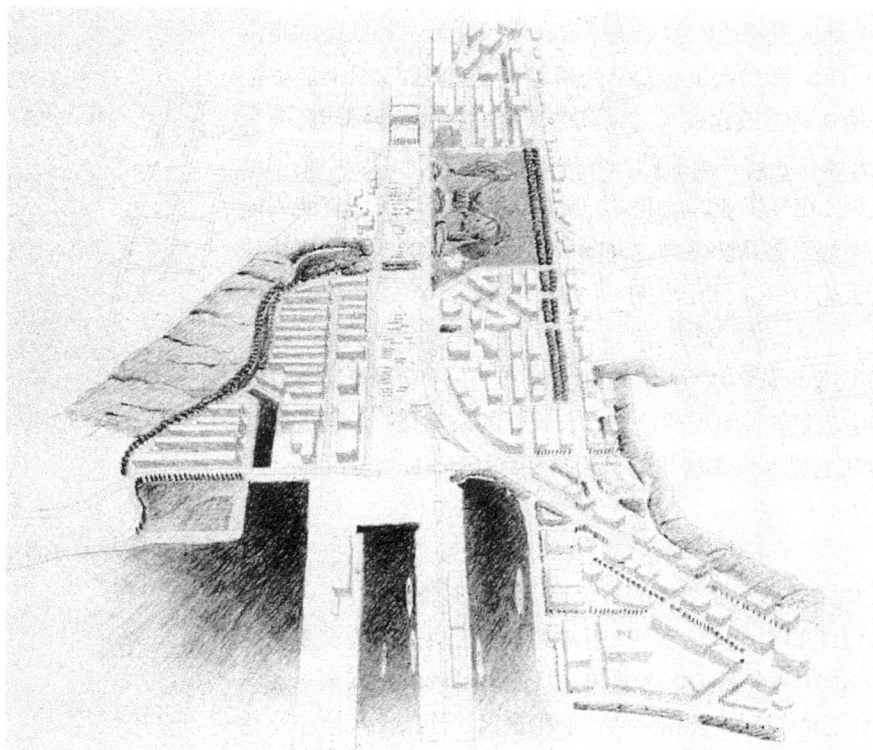

图9.18

方案一的建筑群鸟瞰图，设计这个方案的小组由安德鲁斯·杜安（Andres Duany）、斯蒂芬妮·博思维尔（Stephanie Bothwell）、丹尼斯·亨特（Denice Hunt）领导。

方案一

这个小组把这个面积为500英亩（约200hm²）的规划区划分成两个邻里和三个区域。第一个邻里以德雷弗斯（Dravus）大街为中心。这条街道交通便利，西端有往返列车站，还有一个有轨电车停靠点位于大街的东端（西区第15大道），街道两旁布满了各类零售商店。另外一个邻里沿着西区第15大道分布，就在目前那些国民警卫队信誉企业（the National Guard and Goodwill Industries）所处的位置。

第一个区域是为分布于伊姆耐克斯公司所在地区的医药服务设施划定的商业区，这个区域被3条与铁路立体相交的街道所分割。第二个区域内主要分布的是位于北部的91码头和港口区的重工业企业，分割这个区域的是一条新建的、没有立交桥的道路，这条道路一直延伸到马格诺利亚邻里。第三个区域是位于91码头以西的一个轻工业区。最后一个阶段的建设将在达特森

(Datsun)公司离开这个地区或把他们的车辆停放在横跨北伯灵顿铁路的指定停车场之后才能进行。西区第15大道也要从上层跨过这条铁路，从而能够把这条道路由目前的过境通行道改建成为道路两旁植物繁茂的林荫大道。一个小型的"生态"高尔夫球场将建在原有的高尔夫球场上，场地的中心是用垃圾填埋法平整过的土地。在轻工业区的北端，大马哈鱼顺着溪流一直游入池塘中产卵，这个池塘中的水是从萨蒙湾（Salmon Bay）导入的淡水。橄榄球场从原来的德雷弗斯大街迁到了位于史密斯湾谷（Smith Cove）旁边的前海军基地的操场上。

邻里和医学园区（Medical Park）内的空地上规划了一个70英尺(约21m)宽的双向停车场，其中包括4种类型的建筑：有天井的公寓楼、单层的轻工业厂房、低层商业店铺上层办公或居住的两用房和联排住宅。

方案二

方案二中强调了加强城市工业基础的重要性，尤其是海洋工业。因此，方案中扩大了91码头以北的工业区的面积，还开辟了一大块适合大型重工业企业的方形平地。90和91两个码头将合并起来从而有足够的空间来形成一个可以同时停靠4艘轮船的新型集装箱码头。正在建设的铁路站场位于马格诺利亚桥以北，为了不破坏马格诺利亚地区的绿带，这座桥还被截去了一部分。如果列车车厢的装运能力能提高到想像的那样的话，集装箱码头在今后的20年内与火车运输逐步融合。提倡运用火车运输是因为其省时，还可把货运铁路、往返班车和高速公路整合在一起。因此，我们建议将集装箱码头与铁路而不是与公路运输联合起来。

我们提议在德雷弗斯大街建设一处高密度、布局紧凑的居住区，其中包括了将近750个新的公寓、联排住宅和居住－工作两用房，这些都集中在一个新的街区内，街区中还有许多连通的小巷，小巷两边车库上层也设计了附属单元。在德雷弗斯大街横跨铁路站场的地方有一个露天市场。

太平洋周边研究园（Pacific Rim Research Village）被规划在88码头区，尽管它不是传统意义上的研究或产业园区，但它可以把伊姆耐克斯公司所有的机构纳入密集的、网格状的、功能多样的建筑群中。园区内的埃利奥特湾散步道两旁都是商铺和咖啡馆，上层还有公寓住宅。这散步道的尽头是一座圆形剧场，还连接着从埃利奥特大道（Elliott Avenue）延伸过来的一条人行大道。如果圆形剧场和南面的杜瓦米什大楼（Duwamish Head）结合起来看，就构成了埃利奥特湾入口的标志。在重要的节日里，激光会从这两个标志物上发出照亮整个城市的夜空，形成了西雅图港的独特景观。

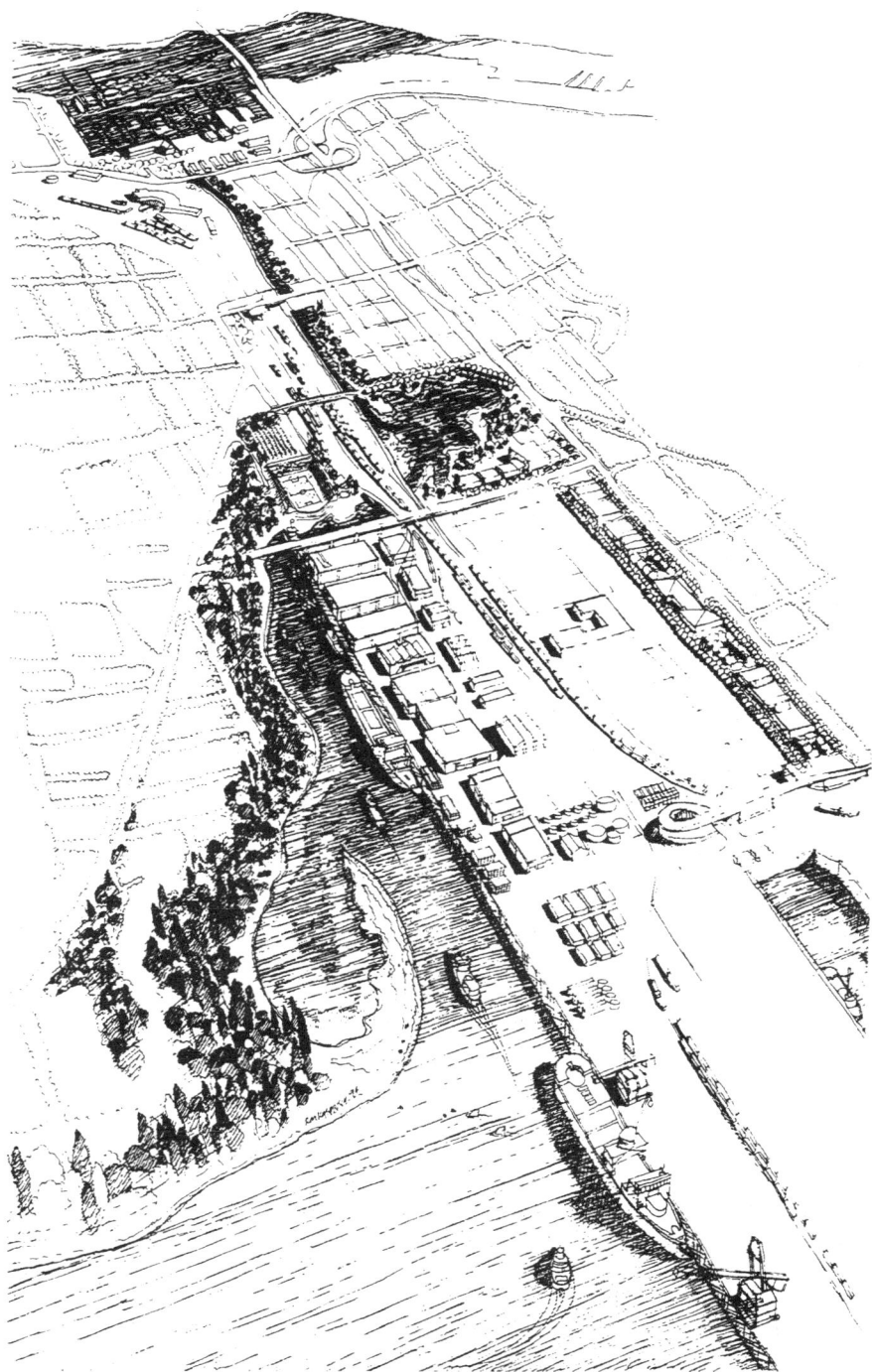

图 9.19

从 R·卡斯普里欣(Ron Kasprisin)绘制的这张鸟瞰图中我们可以看到，方案二中的"工业港湾"延伸到因特湾地区内的范围很大，形成了大马哈鱼回游的溪流的入口，并形成了一系列的可供大马哈鱼孵化的池塘与萨蒙湾相连。航道靠陆地的一侧可停靠各类船只，另一侧则是一个公园和一片随潮汐涨落而时隐时现的沼泽。

史密斯湾谷的原始风貌被保留了下来，成为了一些鱼类和禽鸟们的栖息乐园。一条小溪流和绿带向上延伸到"因特湾"———一个大池塘。"因特湾"面对着的是一座小学和水体净化工厂。溪流到了下游就逐渐变成了一个泥潭并最终到达渔夫港（Fisherman's Terminal）。

有轨电车从市中心区一直开到北伯灵顿火车站。我们还建议在这个区间建立一个自行车专用的道路系统。

方案三

和第二小组一样，这个组也想要强化这个地区的海洋工业和商业之职能。他们首先考虑的是把北伯灵顿火车站向东迁到第15大道的可能性。铁路最好从西区第15大道的下面通过。通过这样的迁移我们就可以在这个地区的西部集中一大块开发用地，同时也减轻了东部地区所受到的火车噪声的影响。这样的做法的效果是显而易见的，无论效果多么显著，这个小组还是决定制定一个可预见性比较低的方案。保留铁道线与铁路货运编组站现有的位置，把它们看作是河道，在两侧建设土坝以降低噪声对城市的影响。

这个方案要沿着第15大道修建一条有轨电车线，这就使得这条宽阔的林荫道拥有3条中心隔离带，每条隔离带上都排列着高大的树木。方案提议将马格诺利亚桥改建成为一座规模更大、通行能力更高的立交桥。立交桥弯曲的弧线比现在的直线排列更靠北，从而使91号码头地区能够留出更多的开发用地。港口北侧的用地被划分成笛卡儿坐标式的网格以方便工业企业的建设和生产运作，大的地块在中间而小的地块在东西两侧。比较小的地块适合那些转载和制造业的企业及相关的研究部门。方案还建议港口买下第88号码头的西部滨水地区作为一个海洋工业码头。伊姆耐克斯公司所在的地区将成为一个商业办公区，在埃利奥特大道的基尼尔公园（Kinnear Park）前面还有一片住宅区。

提议修建一条大马哈鱼的回游水道，这条水道始于88号和90号港口之间，向上通到萨蒙湾，其间通过一系列的带状水池和断断续续的溪流来弥补从萨蒙湾到埃利奥特湾之间的15～25英尺（约4.6～7.6m）的高差。铁路从桥下穿过了一个9洞的高尔夫球场，还在德雷弗斯和博托纳（Bertona）大街之间的地区内穿过了一所小学和一个橄榄球场。和其他小组一样，这个小组的方案中也在北部地区以德雷弗斯大街为中心规划了一个居住区。

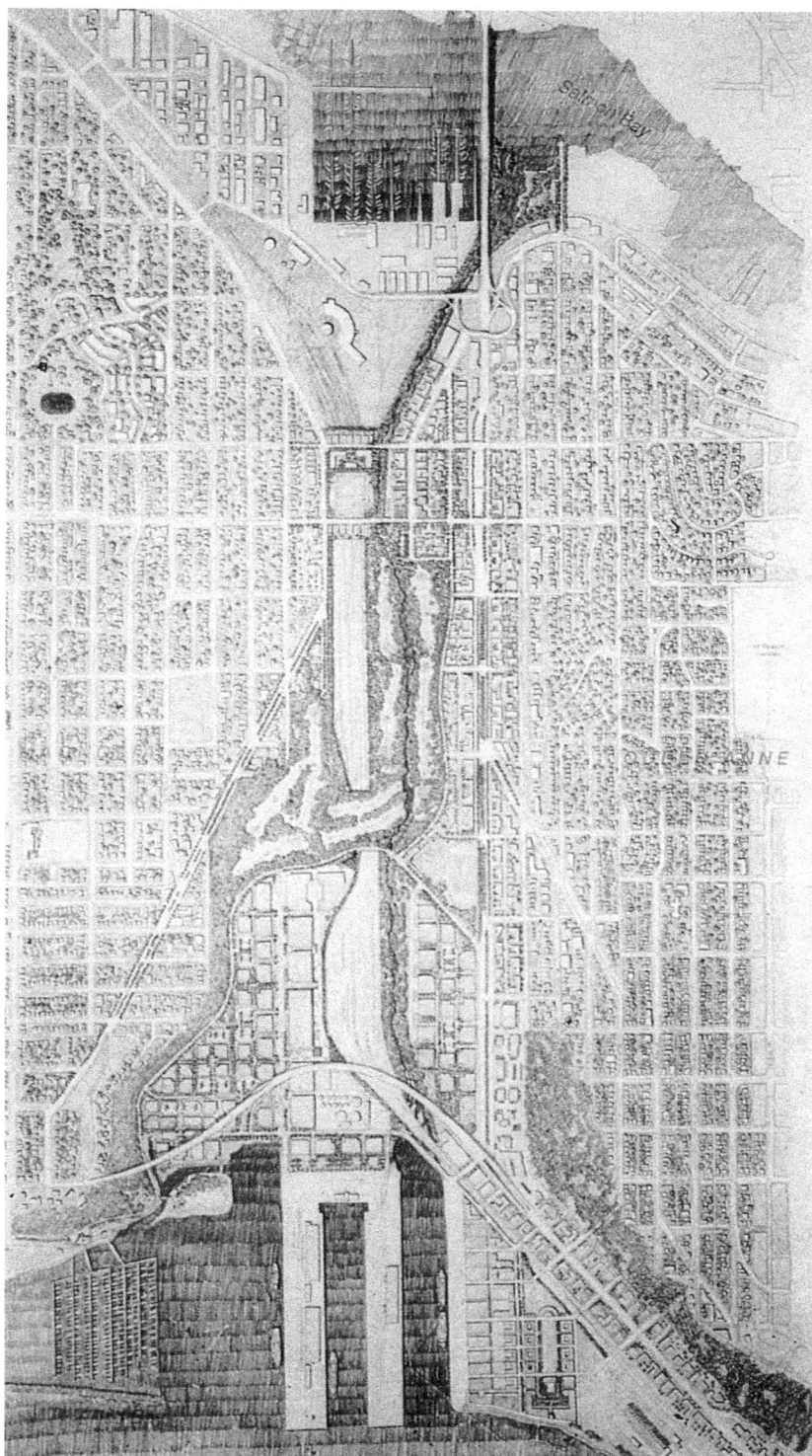

图 9.20

　　方案三，由劳里·奥林
(Laurie Olin)、洛伦佐·马特
奥利（Lorenzo Matteoli）和
乔治·罗尔夫（George Rolfe）
领导的小组设计。

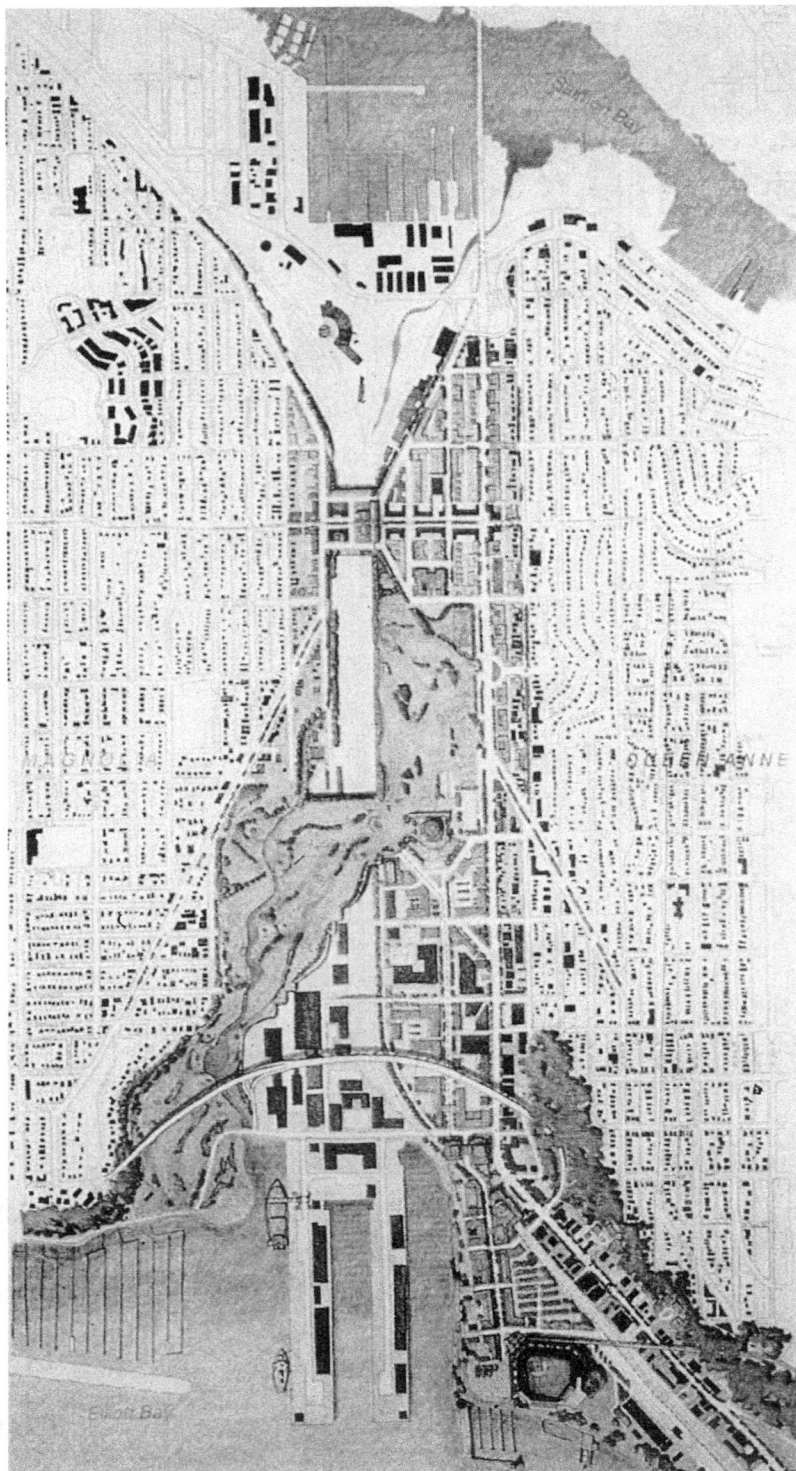

图9.21

方案四，由戴夫·塞勒斯
（Dave Sellers）、安妮·塔特
（Anne Tate）和里奇·翁特曼
（Rich Untermann）领导的小组
设计。

图 9.22

在重要的假日或节日庆典活动中，可以利用一个巨大的充气人像，例如"港口的力量之神"来烘托气氛。

方案四

这个小组在报告中强调了增加这个地区的就业机会和交通运输能力的重要性。他们不仅建议修建通勤往返列车、有轨电车和巴士，而且还规划了在这个区域内设立几个通往温哥华的"美铁"列车（Amtrak trains）停靠的站点。他们还提议建设一条缆车索道运行在马格诺利亚和圣安妮皇后两个邻里之间，并延长到88号码头的单轨铁路，还对几个主要的火车站进行了规划设计，其中的一个位于从埃利奥特大道到西区第15大道的转弯处，还有一个在德雷弗斯大街。新建一座通向马格诺利亚的立交桥，自行车专用道位于汽车道的下层。

一个18洞的高尔夫球场中的9个洞位于横跨北伯灵顿铁路大型平台上。一个以居住功能为主的城中村占据了德雷弗斯大街两侧的大部分地区。大街的中心有一条由绿树构成的隔离带一直延伸到位于铁道上方的观景平台处的联运车站。在88号码头地区还要兴建一座露天的水手球场（Ballpark for Mariners），还有伊姆耐克斯公司的总部就设在附近。埃利奥特大道位于商业铺面上层的"高岸住宅区（High Bank Housing）"位于基尼尔公园的斜坡之上。

因为他们提出了许多新的建设计划，所以这个方案中工业用地所占的比例比前三个方案中的要少得多。他们认为在未来的一段时间内各个码头的工业职能将逐渐降低而且被各种新的建筑所包围，例如弗雷斯大转轮和跨立河口两岸的巨型充气人像。

这个方案还强调了要在一些公共场所进行公共艺术展示,并提议举办一个 "标志性建筑" 设计比赛。公共的高尔夫球场和俱乐部将成为市民活动的一个主要场所,例如举办国庆日的野餐聚会,也是一个供市民游乐的植物园。一条大马哈鱼回游的小溪穿过高尔夫球场并最终到达了萨蒙湾。

方案五:设计工作室

第五个设计方案是由作者本人和来自丹麦皇家美术学院的访问学者博·格朗劳德(Bo Gronlund)组织的设计工作室完成的,这个团队的成员都是建筑学与城市设计专业的研究生。这项设计专项组的后续工作由6个人总共花了10个星期来完成,他们每周都利用3个下午的时间进行集中讨论。期间还举行了一次中期评审,有港口专员保罗·谢尔(Paul Schell)和其他客人到场进行了检查和指导。下面将要详细介绍的最终成果,已经呈交给了港口管理委员会和西雅图城的全体工作人员审阅。

第五个方案把焦点集中在了西雅图港的范围内,尽管设计者们的视角内还应该包含了北伯灵顿、西北部工业区、国民警卫队和88、89号码头以前所在的地区。参加工作室设计工作的成员都得益于在设计专项组时积累的经验,将前面四个方案中他们认为最好的想法集中起来。具体地看,他们保留了设计专项组一直主张的低层、高密度的开发模式,特别是住宅区的开发。他们合并了90和91号两个码头,用从河道中疏浚的淤泥把两个码头中间的水道填了起来,与第二小组提出的方案类似。这样就疏通了港湾,也让海岸线的形状更加接近以前的史密斯湾。这个新的港湾将扩大位于马格诺利亚河堤脚下的公园的滨水区域以及河岸两边的动植物栖息地。它还可以作为大马哈鱼向下游的入海口,这也是得到四个小组一致赞同的一个想法。和第二小组一样,这个工作室的方案中也建议拆除马格诺利亚桥(加菲尔德大街高架桥)以便建设一条能够连接地势较高的地区的东西向连接通道。这么做的前提条件是那座高架桥已经是年久失修,看起来就像一个带着许多隅撑的跛子,而且这座桥并没有连到马格诺利亚的中心区。方案五还采纳了第四小组对于内城火车站点的提议。巴士、有轨电车、往来火车和城际列车都停靠因特湾地区的可能性是方案五选择了比设计专项组的任何方案更高的开发强度和开发密度的主要原因。

除了在前四个方案中萃取的精华外,方案五还提出了许多新的建议。其中最引人注目的就是内港(Inner Harbor),一个很大的圆形潮汐盆地,盆地的边缘是一条宽阔的散步道。周围还有一家小旅馆、海运用品销售与服务中心、咖啡馆、商店和一座隔着河流入海口上的一座吊桥与市中心相望的宾馆。一条运河连接了这个散步道、90号码头的航道和东边的联合码头的前端。这条运河让内港的水位有所降低，给人们提供了更多的滨水空间和休闲娱乐场所。另外一项提议是用一条功能多样的主要街道而不是让行人望而却步的立交桥来连接马格诺利亚和圣安妮皇后这两个邻里。方案中还提议建造一条南北向的林荫大道，大道的一端通往因特湾大转盘（Interbay Circle）和火车站，另一端则通达一所中学。这条林荫大道跨越北伯灵顿铁路线的部分的宽度有限。因此，学校可以建在因特湾的其他地区，让林荫大道跨越铁路线的部分能够向北移至德雷弗斯大街，从而减小了铁路噪声的影响。

图 9.23

从这个地区的模型的东南方看过去。

提高密度

开发强度的提高也许是方案五最与众不同的地方。提高密度主要有以下五个原因：第一，能够更好地利用现有的铁道运输线路——正如前面所说的那样。第二，防止城市蔓延，城市正在疯狂地吞噬这个地区的乡村地区，给这个地区留下一个单一的、几十年都无法改变的社会和自然环境。将要容纳12000新居民和12000个就业岗位的这300英亩（约120hm²）土地能够阻止

4～5平方英里(约10～13km²)的城市蔓延区的产生 [假设居住密度为2单元／英亩(5单元/hm²)，商业建筑容积率为0.15，300平方英尺(约28m²)／雇员；仓储和工业用地在城市和郊区都采用相同的模式]。当我们所在的区域发生了像洛杉矶那样的城市蔓延现象时，我们的地方政府将会被拖垮，环境污染加剧，社区的凝聚力也将大大减弱。孤立、巨大规模的购物中心、办公园区和封闭式的居住小区是美国城镇传统的重要组成部分，被建成了一种大型、人们的行动完全依赖机动车的单一功能区域，这样的区域内部存在着许多社会孤立的问题和环境保护方面的压力。区域内的政府机构，包括城市和港口的政府，应当积极推进那些有利于城市发展和限制郊区蔓延的政策的实施。在因特湾地区，我们有机会来实践一种高密度、空间紧凑、适宜步行、存在大量工业用地和就业机会与居民数量相互协调的城市中心区。填充因特湾现有的已开发区域能够大大降低马格诺利亚山和圣安妮皇后山所面临的开发压力。

第三个需要加大开发强度的原因是这样可以证明花费较大的代价在铁道

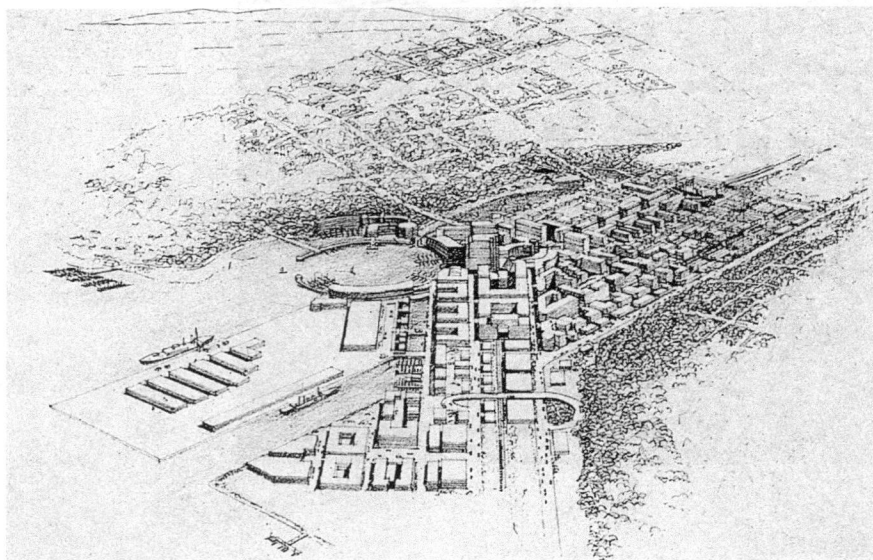

图9.24

远望马格诺利亚。那里的街道网格和埃利奥特大道跨越铁道线的平台随着铁道线的弯曲和地形的变化在因特湾大转盘的北边形成曲柄形。

线的上方进行建设是正确的，并为此获得资金的支持。降低噪声干扰是这个计划最成功的地方。四个小组中就有三个提出了要在大部分的铁道线上建设跨越式的平台，但没有一个小组能够预计将因特湾地区内的铁道线都覆盖在建设用地之下的所有成本费用。方案一覆盖了大部分铁路，但上面只是用来建设一些没有多大价值的停车场。就算只覆盖了很小的一部分，这样的停车场的收益都不足以弥补建设的成本。方案五在铁道线上方建设了一个与之相平行的线形覆盖平台，宽 250 英尺（约 76m）。平台的顶部比铁道线高 32 英尺(约 9.8m)，从而产生了 24～28 英尺（约 7.3～8.5m）的净空高度，足以在这个空间内铁道线以外的地方建设 3 层的停车场。如果在因特湾林荫大道两边建设更高的（5～7 层）和更密集的公寓楼，以及在埃利奥特大道和米勒大街（Miller Street）之间的街区外围建 5～7 层的办公楼，那么建设跨越铁道线平台的成本费用就会变得比较容易负担。的确，这个成本费用可以分摊在整个项目的资金成本中，再加上其他的改建和休闲设施的建设，例如运河、河流入海口、内港和公园。那些畅销的商业、居住和工业用地开发得越多，这个计划的可行性也就越高。

第四个原因是这个地区的地形——位于两座山之间的一个狭长、平坦的峡谷——这样的地形条件使得建设相对较高的建筑也不会遮挡位于地势较高处的景观视线。圣安妮皇后和马格诺利亚邻里都位于这个地区中地势较高的地方，前者最高点的海拔高度大约比因特湾的高 400 英尺(约 122m)，后者的最高点海拔高度也要比因特湾的高 300 英尺(约 92m)。山谷的峭壁在圣安妮皇后这一边比谷底的高度要高 150～200 英尺（46～61m），在马格诺利亚一侧的高度也有 100～150 英尺（约 31～46m）。这样的海拔高度让 7～15 层的房屋也无法遮挡人们远望埃利奥特湾、普吉特湾或奥林匹克山脉的视线。(显然，越接近谷底的建筑的视野范围越小，但这些建筑通常都在较远的北部地区，那里的视野本身就不太开阔。）因此，在方案五中两座 20 层的办公塔楼作为这个地区的象征和标志矗立在了核心地区。

从地势较高的地方看到因特湾的景观是非常重要的，各个邻里都热衷于保护这样的景观视线不被破坏。居民们非常自觉地保护这样的景观环境，将任何阻挡视线的事物都认为是有害的，就像他们对待那些会导致郊区邻里的生活品质下降的东西一样。具有讽刺意味的是，在因特湾地区建设两座办公塔楼和两座市政塔楼将会使得圣安妮皇后和马格诺利亚邻里内的视线更广，也使这两个地区在人们的眼中相对地呈现出一派郊区翠绿的景致。埃利奥特大道两侧就是能够证明这个地区的地形特别适合中、高层建筑开发的一个例子。在那里，靠着基尼尔公园 10～15 层的住宅塔楼上可以看到埃利奥特湾美妙的风光，而且也没有遮挡圣安妮皇后邻里的景观视线。如果塔楼的基底面积比较小，那么它在山腰上的投影也将达到最小。

第五个，也是最后一个要增大开发强度的理由是为港口、城市和社区的

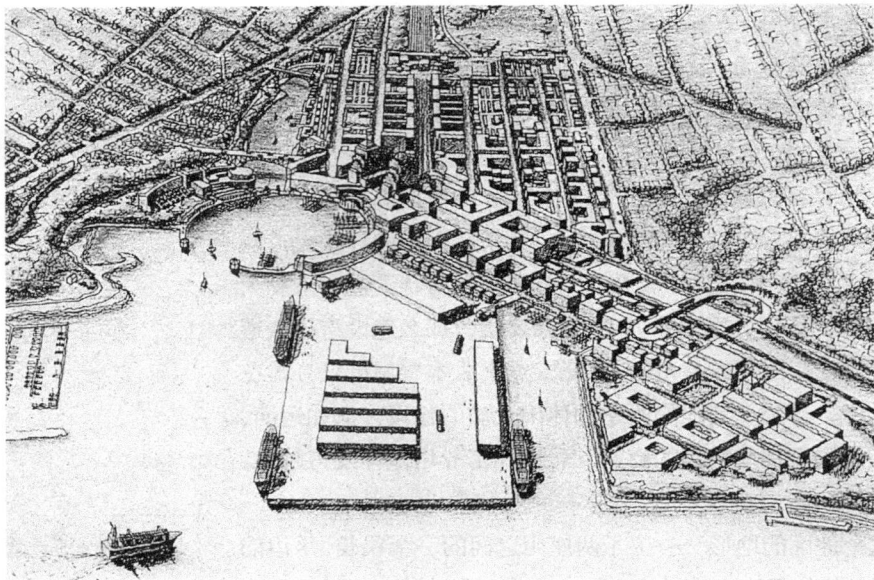

9.25

从位于两座山峰中间并不断向西雅图市中心方向发展的城镇中心向北望去。这块用废渣埋填法平整出来的土地在20世纪初就已经延伸到了埃利奥特湾里面。(Muh-Huh Lu)

图9.26

水边的散步道和综合办公楼。(J. Lewis)

发展提供尽可能多的选择。和设计专项组一样，这个设计工作室同样致力于做出一份具有能够起到说明作用的设计。结果是建议性的而不是最终的决定，主要是为了激发思想，让更多地人参与进来进行讨论、修改、综合或批评。设立设计工作室不失为在规划执行前对各种想法进行评价又一种相对经济的方法。

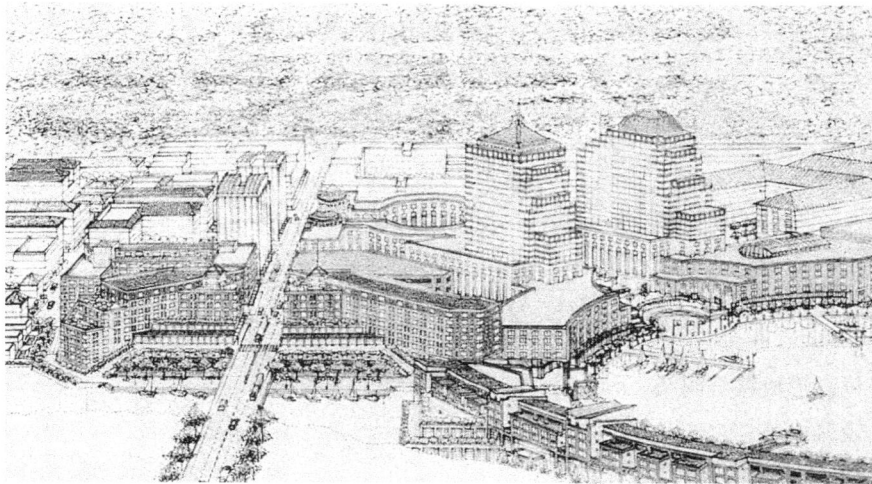

图 9.27

从马格诺利亚山上向东、顺着主要街道看下去，从入海口、内港到圣安妮皇后山。(Peerachati Songstit)

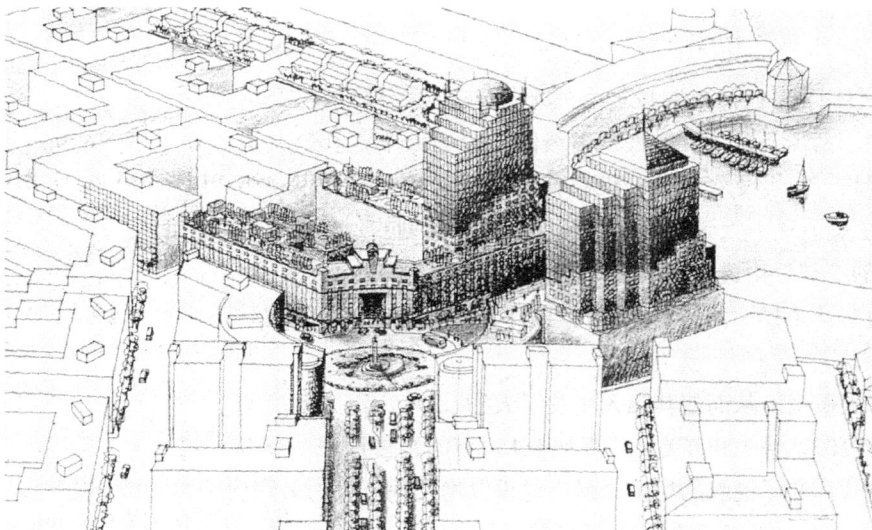

图 9.28

从火车站向南望去。(Muh-Huh Lu)

项目可行性

因特湾是一项巨大的、目标宏远的项目，在规模上甚至超过了西雅图康芒斯计划。然而推动这个项目的主体是公共部门而非一些有远见的普通市民。西雅图港、城市和其他公共或私营组织必须紧密地合作，他们必须分担在这个巨大的项目中隐含的各种权利和义务。

以下是这五个方案的执行时序：

第一阶段：
伊姆耐克斯地区开发
对 90 和 91 号码头之间的地区进行填充式开发
西北部中心区

第二阶段：
改变达特森的区位以形成联合码头
延长有轨电车／轻轨线路
第 15 大道／埃利奥特大道的再开发
道路从上方跨越铁道线的部分的开发和公共交通中心的建设

第三阶段：
办公和居住用地开发

各个方案都必须估计的各种公共设施和基础设施的近似数量已经得出。这其中包括街道、桥梁、疏浚、覆盖铁道线的部分道路工程和公共设施、土地分配和领空权。公共设施和基础设施新建和改建的全部费用初步估计为 3.5 亿到 4.5 亿美元——大致相当于西雅图康芒斯计划的公共设施的建设费用。这些费用的一部分由公共部门承担，另一部分则由私营团体负责。私人设施的建设费用总计为 10～15 亿美元，依据设计方案中设定的规模和质量决定。

港口通过出让和出租土地从而使其收入增长了大约 1.25 亿美元。政府的年度财产税收入估计可以达到 390 万美元，再加上 150 万的销售行业、B&O 和宾馆旅店行业的税收。有了税收的增加，财产税得以增长到了大约 1.5 亿美元。在这个项目中，公债的发行量约为 1.56 亿美元，与计划的 3.56 亿美元还有距离。但是随着西雅图港土地出让和出租得到的收入增加和区域交通运输管理局（Regional Transit Authority，简称 RTA）承诺负责交通转运站的建设费用（4500万美元），这样与预计费用的差距就只有3200万美元左右了。税收的增加、港口土地出让和出租所得的收入以及RTA和道路改善基金的资金支持，对于这个鼓舞人心的经济开发计划来说无疑是如虎添翼。这个项目能够得到的公共资金的支持约为3.35亿美元，这就预示着方案五在经济方面已有初步的可行性。资金的数目将随着假设和变量的变化而变化，还有复合运算的影响，因为复合运算能够把假设的错误扩大很多倍。因此，尽管结果令人期待，这个项目的经济分析还是必须在一个更长的期限、考虑更多的因素后进行。

	开发面积（平方英尺）	（m²）	容积率
方案一	2834000	263279	0.24
方案二	5784000	537334	0.47
方案三	2880000	267552	0.29
方案四	4030000	374387	0.41
方案五	12220000	1135238	0.98

结论

因特湾地区是一个适宜的、时机成熟的发展区域，是这个城市中最大也是开发最不完善的地区。在破坏和搬迁量最小的前提下要增加数千居民和就业机会，从而保护了大片的农田和野生动植物栖息地。在这个地区可以实现各种功能的协调混合，包括海洋工业、办公、零售、批发、研究、娱乐以及重要的住房。这就要求与公共运输线路、城际快速列车和货物运输线路的直接相连。这里可以为依赖水路、依赖铁路或者依赖水路和铁路的大型工业企业提供足够的土地。90和91号码头可以合并成为一个大型的进出口贸易码头，特别是对于鱼类和苹果的出口。这个地区的建设开发并没有阻挡和影响人们的视线，就像在这个城市中的其他地区一样。因为有了土地的统一的所有权、地形、为完全开发的现状和可喜的税收收入，这个项目的可行性大大提高了，成为了一个比西雅图康芒斯更有活力和更能够振奋人心的项目。这里将是西雅图城市开发的下一个焦点地区。的确，它将成为太平洋沿岸地区发展的一个新的可持续发展的范例。

第三部分　政　策

"西雅图是美国最后一个，也是最有希望创造出高品质的都市生活的一个城市。"

——诺姆·莱斯（Norm Rice），西雅图市市长

第十章　应当尽早解决的问题

——为区域发展提出的 7 项政策

> "政府和市场并不足以创造人类文明……还必须有一个健康、有力的市政部门——身在其中的各个社区可以通过联合得到繁荣发展。"

> ——参议员比尔·布拉德利（Bill Bradley）

本书的前面两个部分讨论了这个区域所面临的问题和机遇。第一部分主要说明了城市蔓延的巨大代价；批判的地方主义力量如何抵制趋同化和平庸化；具有代表性的建筑在城市建筑群中的重要性；以及这些问题如何在新城市主义的设计和规划模型中被反映出来。第二部分记录了设计专项组和设计工作室的工作，为普吉特湾地区绘制了一幅宏伟蓝图。虽然这项计划中不可能没有包含规划者的野心和抱负，但它与丹尼尔·伯纳姆（Daniel Burnham）在 1909 年制定的有着雄伟壮丽的发展轴线和金碧辉煌的高楼大厦的芝加哥总体规划是完全不同的。同样，这项计划与 20 世纪初形式主义的西雅图伪规划也不相同。它不是勒·柯布西耶 1920 年在巴黎提出的勇敢新世界，也不是赖特预言的美国的广亩城市，更不同于后来产生的迪斯尼童话世界或英国建筑电讯组织（Archigram）的未来主义。它也没有模仿 20 世纪 50、60 年代城市改造运动中的清除贫民窟、建设超大型住宅的计划。相反，这项计划是对关键地点的适当干预战略的开端，所谓的关键点是指面临的机遇较多或存在的问题较少或二者兼备的地方。它不是一项宏伟的、世纪末的（fin-de-siècle）总体规划，而是对 21 世纪初城市发展步骤的详细说明。

如果我们想在不对区域发展造成破坏的基础上求得发展，那么这本书中的所有规划和设计都必须得到进一步的完善和提高。在那些示范性的项目背后需要公私部门的通力协作，示范性项目包括：因特湾、雷西、西雅图康芒斯、沙点、穹隆之王和大学区。各个设计专项组都为地方提供了明智、可行又不失远见卓识的规划方案。因特湾发展的潜力更为巨大——在邻近市中心的地区内将容纳12000个住宅单元和12000个就业机会，阻止超过0.5平方英里（约1.3km²）的郊区蔓延并能够发挥公共交通的导向作用。

之前　　　　　之后　　　　　　　　　　　图10.1

　　要使这个地区和整个华盛顿州的发展能够达到预期的目标，像因特湾这样的项目我们还需要很多。启动这类计划的方式、方法很多，也很复杂，包括组织设计专项组，这是已经被证明了的最有效、最开放的社区规划方式。邻里和区域设计的实践在坚实的理论和设计基础上还需要采取尽可能多的这样公开的方法。

　　还有很重要的一点就是，我们需要通过公共政策的制定和实施来创造和维持有活力、可持续的社区。从本书中所提到的各种纷杂的想法和建议中，有以下7项政策必须得到尽快落实：

　　1. 制定出合理的开发时序。对现有的城市中心区和各级城镇进行填充式的开发和更新改造应当比新的郊区开发更有优先权。每一项对郊区的投资通常都意味着又有一项投资从城市中心区撤出。维持、改造和复兴现有的城镇应当成为各个地区、州和国家发展的头等大事。现有的社区，因为它们已经具备了完善的社会、自然和制度上的公共设施和基础设施，所以这些社区的开发应当优先于新的社区开发。尽管这已经超出了本书的讨论范围，但在现有的社区内维护或重建良好的12年制公共教育体系对于邻里的稳定和健康发展来说也许是最重要、最需要得到优先解决的事情。

　　严格执行华盛顿州发展管理法案。在所有的城镇周边保持明确的城市发展边界。充足的开敞空间、明确的农业用地边界和相互连接的滨水地区和野生动植物走廊在城市周边作为林荫道路和自然保护区应该被妥善地保护起来。行人

现有的社区，因为它们已经具备了完善的社会、自然和制度上的公共设施和基础设施，所以这些社区的开发应当优先于新的社区开发。

和自行车道路网络应当尽可能地与现有的人口密集区相连。在现有的城市建成区内实现城中村、行人主导的社区、TOD和TND等开发模式从而减少城市边缘地区的蔓延速度，留出更多的开敞空间。设计专项组和设计工作室的工作实践表明，在城镇中未完全开发的土地上进行新的开发项目比在现有的邻里社区内进行开发更容易得到大多数人的同意。因此，开发程度最低的地区应当优先得到发展，减少在比较成熟的社区内进行新的项目开发所导致的政治上的混乱。

图 10.2

汽车、汽车，还是汽车。也许它们依然是人们追求的对象，但在阻塞的街道和高速公路上驾驶它们却是一件乏味的事情。可惜我们在 20 世纪末汽车已经成为我们生活的主宰了的时候才明白了这个道理。

2. **使机动车的发展得到控制**。提高使用机动车的各种价格费用，减少机动车行驶里程（VMT），停止与机动车有关的各项补贴。采取新的、更严厉的税收和管理手段，提高机动车的市场价格使之能够与真实成本更为接近。"机动交通只是一种方式，它不应该享受任何的补贴。纳税人们能够在数十年内通过支付给运输部门的交通费来承担小汽车和蔓延的成本费用；现在惟一需要补贴的就是城市。"[1] 各项社会发展目标——例如郊区、艺术、公园、住宅——而不是实现这些目标的过程需要政府税收的支持。行人主导的社区模式对于一个普通的、崇尚消费的社会来说是非常重要的，它不断地证明了就算是被广泛认可了的社会或环境法则，在没有经济驱动或惩罚的情况下也不可能改变人们的行为方式。道德的力量并不足以解决问题。（反对越南战争和太阳能、环境保护运动证明了高尚的道德并没有取得胜利所需要的足够的力量。）

降低机动车行驶里程的主要的经济政策是提高汽油税。这就是一个立法机关在减缓城市蔓延、降低汽油消耗和减少交通阻塞与空气污染等方面所能发挥的作用了。还有一些刺激的经济措施，例如按所在地的交通拥挤状况定价和按汽车行驶里程定价的汽车保险，这样对于驾车越少的人越有利。而且，还有一项房屋贷款政策，就是那些小汽车的数目和使用都比较少的家庭可以得到税收抵免。贷方需要确认住在某个邻里内的家庭对小汽车的依赖程度比较小从而保证他们有足够的可支配收入用于偿还贷款。这项政策必须根据具体贷款的家庭所在的邻里的交通便利程度和距离工作地点的远近来执行。这项政策还可以扩展到给予节能住房、居住—工作两用房贷款优惠，因为这样的住房也能够大大减少家庭每月的开支。

在这些经济政策的基础上，其他的一些规章制度也能够发挥作用。要求这个地区和整个华盛顿州有一定比例的车辆为低排放或零排放的机动车。提高汽油的质量，放宽对往返班车和出租车的管制。

最后，还可以通过科技政策来刺激超级汽车（hypercars），站车（station cars），高速公路自动收费站等先进的交通工具的开发，还有像自行车、高尔夫球车（golf carts）、专用车（niche cars），厢式货车和小公共汽车（jitneys）的专用车（niche cars）。由阿莫里·洛文斯（Amory Lovins）倡导的超级汽车（Hypercar），是一种超轻型、高性能的电动车，用1加仑（约3.785L）的汽油可以行驶超过150英里(约240km)的路程。站车（Station car）是车站出租给通勤者们从公交车站开回家、去办公或购物的小型汽车。高速公路自动收费站会自动根据驾车者行驶的时间和距离来记录和收费。专用车（Niche vehicle）是比传统的汽车更轻巧、更干净、更便宜和更高效的交通工具，传统的汽车对于一般的家庭来说都太巨大。因为专用车（Niche vehicle）有可能通过满足被压制的或潜在的需求而提高了机动车行驶里程，还因为站车（station car）的使用可能会扩大蔓延的区域范围，因而这些交通工具都只是暂时的解决办法，直到我们能够把它们更好地与土地利用和交通模式结合起来。

3. **建设轨道交通**。应在整个区域的交通系统中尽快地执行。我们需要所有我们能够得到的帮助：更多的停车场、LINC货车（Local Initiative for

行人主导的社区模式对于一个普通的、崇尚消费的社会来说是非常重要的，它不断地证明了就算是被广泛认可了的社会或环境法则，在没有经济驱动或惩罚的情况下也不可能改变人们的行为方式。道德的力量并不足以解决问题。

Neighborhood Circulation，地方上为邻里物资流通提供的车辆)、小公共、区间巴士、巴士快车、公共汽车专用道、有轨电车、轻轨、往返列车、波特兰与温哥华之间的城际高速列车以及在内河或海峡两岸之间的轮渡等。1996年11月通过了选民投票的RTA的规划方案就是一项良好的、适当的开端。轻轨线路的开通将有助于减少交通阻塞，也是交通繁忙的路段在高峰时间输送大量人流的最好的方式。它还起到鼓励在机场和诺斯盖特之间的轻轨站点周边建设适宜步行、功能多样化的社区的作用，在建设的第一个阶段内轻轨线路就将延伸到诺斯盖特地区。第二阶段就将需要在人口密集的地带运用新的、密度更大的开发模式进行建设。更多的巴士快车，特别是具有直接入口斜坡台（access ramps）进入高乘载汽车（HOV）线路的巴士快车，也许正是低密度地区所需要的。

　　建筑的造价和第二阶段的建设费用都是很高的，但是一个不完善的系统的运行将会更高。但我们估算成本费的时候，我们不应该忘记机动车的总体真实成本有多高——每月平均的购买、维护、停泊、保险等费用要达到500美元，再加上占用道路、土地、桥梁的成本和警察、汽油补贴、交通阻塞、噪声、污染和高速公路瘫痪等社会成本。预计驾驶小汽车对驾车者和社会的

图10.3

　　位于法克特里亚（Factoria）附近的90号州际高速公路——一片令人厌恶的环境，虽然引起了人们的广泛关注，但铺设在公路上的沥青比人们对它的关心还要多。

总体货币和非货币成本将达到 1.05 美元／英里（约 0.66 美元 /km）。[2] 如果这项估算是准确的，那么这个区域每年在小汽车使用上的总成本就将达到 250 亿美元（这个包含 4 个镇县的区域每年的机动车行驶里程超过 230 亿英里约 37×10^9km）。还有一些其他的研究，这些研究的假设比较保守，没有充分估计小汽车使用的非货币成本，预计金、斯诺霍米什、皮尔斯和基察普 4 个县每年需要负担的汽车总成本为 140 亿美元左右。[3] 这两种研究都表明小汽车的使用已经成为了区域经济发展的一块大的、不断恶化的毒瘤。相比之下，运输线路的建设与维护费用就显得没有那么高了。

在投资建设铁路运输线的时候我们还必须意识到我们投资的远远不只是一个交通系统。我们将要投资的也是一种土地利用模式，它将把我们的区域塑造得更加有活力、更加可持续化，也将为更大范围内的居民们灌输一种区域意识和认同感。这些都是沥青和橡胶轮胎主宰的建设模式不可能做到的。铁路是一个地区的骨架。而巴士线路和 HOV 线路是区域的肌腱，邻里和城区是血肉。在理想的情况下我们不需要去对运输线路进行补贴，但是由于水路运输已经处于超负荷的状态，我们不得不用税金对巴士和铁道业进行补贴以使得它们的票价更具有竞争力。

最后，不要忘了步行，人们从到达交通站点到从公共交通工具中出来都需要步行，是最省钱、最健康、最清洁和最有乐趣的短距离出行方式。它也许是判断一个城市是否能够实现健康城市的目标的惟一标志。当人们在步行的时候，这就意味着许多其他的事情都在正确的轨道上进行了。

4. **制定规划**。对区域中的各个部分都要制定城市设计准则——把所有需要遵守的设计原则以清晰简明的方式编纂在一起。准则必须用简练的语言、生动的图表以方便建筑和城市规划的成果制作、区域建筑类型、材料和表现力的发展。市政当局还应当参照具体区域规划或分区规划来制定和实施邻里规划，作为现有的分区法则和城市总体规划的一种具体表现。各个州政府要求制定的城镇体系规划、城市设计准则和邻里规划三者构成了稳定、有效的规划体系的支柱。设计专项组，正如我们在第二部分中说明和附录 A 中详细分析的那样，对于三个支柱的制定，特别是邻里规划的制定将起到至关重要的作用。

应当鼓励市民积极参与城市设计准则和规划的制定和实施过程。市民参与是在实际工作中有利于防止蓄意阻挠规划执行的行为、集思广益和所有权分配，在道德上有利于民主和法制进程的重要因素。通常最好的、最有效的想法都来自市民。《适宜居民生活的规划》（Planning to Stay），威廉·莫里什（William Morrish）、凯瑟琳·布朗（Catherine Brown）著，是一本如何

铁路交通的成本是非常高的，但是不采取任何措施的成本会更高……我们投资的远远不只是一个交通系统。

组织居民参与他们所在的邻里的规划和设计制定与执行的优秀的参考书,设计专项组是一种组织市民参与的有效方式。

尽管这将超出本书的讨论范围,对于低密度开发的郊区和城市发展边界之外的乡村地区也应当制定类似的设计准则和规划,以便更好地让低密度开发地区在环境、社会和经济方面都实现健康、可持续的发展。

5. **建设老式公寓**。这看起来像是一件次要的事情,实际上是一种"三赢"(win-win-win)的需要首先考虑的计划。西雅图现有的法令允许独户住宅的业主在房屋内或连接着房屋建设附属居住单元,但是不允许与原来的房屋分离或建车库。像西雅图这样对华盛顿州的法律做了折衷处理的自治市,应当允许和鼓励建设车库公寓和其他与主屋分离的附属单元。附属单元也许是最经济的、能够在最短的时间内为居民们提供平价住房的惟一一种办法,整个区域内需要上万个这样的附属居住单元。诚然,许多年以来,这些附属单元都是低价住房的一个重要来源——这是整整一代西雅图的低收入居民孜孜以求的。还有许多在家庭人口很多的时候修建的大房子,现在政府不应该只是允许,更应该支持那些业主们把房子内的一部分房间分隔出来作为附属单元。这个区域内还有许多车库,这些车库的顶上或车库内的一部分空间完全可以用来建设附属的公寓。这种车库公寓,也叫做家庭办公室、工作室或青少年居所(teen lair),可以是很宽敞但私密性很强的。这个区域内特有的大批位于小巷两边的附属单元还能够起到治安监察的作用。通过这些办法可以提高这些私人住房的业主的收入,减轻本地居民在住房方面的负担。银行在他们的房屋抵押贷款中应该认识到这一部分的额外收入。

6. **正确的资金运作**。将政府在交通、能源、大气和水污染治理、住房、邻里和公共工程上的投入与地方上旨在建设紧凑、大众化、类型统一、适宜步行、自行车通行和交通导向的社区的土地利用、交通、开发相挂钩。督促各个地方制定各种政策法规,要求达到更平衡的交通出行模式,也就是说鼓励人们尽量多采用公交线路、自行车或步行出行从而可以降低机动车行驶里程。对能源和大气污染治理法案的执行更有利于这样的交通出行和土地利用模式。例如美国环保署(Environmental Protection Agency,简称EPA)认为这个地区和华盛顿州的污染物排放的减少可以归功于一些旨在达到联邦空气质量标准的城市政策的实施。这些政策有利于大都市区加强对交通线路密集的中心区域和交通干线及其周边地区的污染物排放管理。为各种示范性和指导性的项目实施提供必要的资金支持。而且,还未符合这些政策和原则要求的开发项目设立快速的审批通道。

7. **正确的管理引导**。扩大政府的管理职权范围,从整个区域到各个邻里。

这些管理与市政府在规划的制定和实施过程中逐渐成为一种武断的、蹩脚的管理机构相比，则更适合更有效。考虑到西雅图市分为几个自治市镇、市镇下面又分出许多人口规模在5000～10000人的邻里，所以政府应该正式地把一些权利下放到邻里当中。因为其中的住宅、学校、商店、社区中心、图书馆、消防站、教堂，邻里是社区建设的最佳的社会与空间组织形式。与此同时，还可以把权力上交给一个新的区域管理单位。把权力上交给县政府并不是最好的选择，因为县和自治市一样都是不能够适应时代发展变化了的行政单元。我们需要一个真正的行政区政府——符合行政区内的人口地区、交通运输线路和城市发展边界——也许是3～4个县的合并或者至少是在补充了大量人口之后的普吉特湾地区的管理委员会。这种管理委员会反映了像塔科马、西雅图那样的历史比较悠久、中心职能也比较强的地方，不仅仅是人口居住的中心，它们在文化、机构和提供就业机会等方面发挥着更大的作用。实际上，正式地确认这个区域政府或管理委员会的名称将有助于提高西雅图地区的国际知名度和影响力。可以在保留现有的城镇范围和名城的同时逐步地、谨慎地把决策权从市镇政府向上转移到新的区域实体、向下转移到邻里单元中去。

以上的7项政策的执行无论是在宏观还是在微观层次上都将对这个区域的社区建设产生积极的影响。其中的大部分将在区域的层次上得到贯彻执行，其他的则要求州政府的配合，还有像汽油税那样的政策，只有通过国家政府才能公平、有效地制定与执行。虽然它们要在现有的体制下逐步地被完成，但这些政策的共同作用将在政府帮助社区建设和解决实际问题的过程中产生十分重大的影响。

不执行这些政策的后果

就像我们在前言部分中所说到的那样，对于20世纪后半叶美国各个地区的大都市区的发展，社会各界的看法普遍存在着严重的分歧。尽管目前右派的势头日盛，但人们普遍认同了这样的观点，我们不能继续那种住在乡间巨大的房屋内、完全依靠小汽车的生活模式，因为那样会导致城市无节制地向外蔓延发展。尽管大部分的市民反对城市的蔓延发展，但是他们也无法忍受过于密集和管制过严的生活环境——这就留给了社会一个进退两难的问题。这种困境是政治上、也是道德上的问题，法规制定者、决策者、市民组织的领导人和全体市民都必须理解并参与到这其中来。不能把它都留给市政当权

图 10.4

弗莱士·戈登（Flash Gordon）的卡通和惊奇漫画公司（Marvel Comics）夸张和简化了20世纪50年代的人们对90年代的生活的想像，但它们也揭示了美国人长久以来的，有时候也是盲目的对技术的信仰。

者或市场的兴衰变化来解决。

栖身之所是一个普通家庭的最大的一项经济投资，而对于社会来说，房屋则是最大的一项经济投资。对建设环境的投资通常都是由市场来决定的。就像前面讨论过的那样，市场在外部性，例如环境和社会成本的评估和分配方面所能发挥的作用微乎其微。试图通过法律、税收政策和资金补助等办法来规范市场的做法通常都会让社区建设所面临的各种问题进一步恶化。另一方面，20世纪的最后20年中美国出现了大量的通过法规管理而实现的环境改造项目。这些成功的案例构成了一种莫大的讽刺。环境保护主义者们因为害怕自满和退缩而不愿意去了解这些改造项目的进展，而在政治上的保守派则不喜欢对于这种恐惧和人们要求加强环境立法的呼声做出承诺。如果我们不能打破这样的僵局，就会有一些潜在的危险的情况出现在我们面前：

● 随着机动车行驶的路线越来越长、使用频率越来越高、交通阻塞越来越严重，空气污染问题将进一步加剧，从而导致了温室气体含量增加、全球变暖以及其他的气候变化。更不用说人们的健康将会受到更严重的威胁，人类失去蓝天碧野。节能性更高的汽车，包括专用车（niche cars）、智能汽车（smart cars）和超级汽车（hypercars）能够减少的只是能源消耗和空气污染，但是对于减少交通阻塞和机动车行驶里程方面则没有什么作用。

- 随着地表径流和废弃物的增加水体污染的情况也会越来越严重（休斯敦的人均停车位已经达到了30个[4]）。原因是城市向外蔓延发展的过程中导致的鱼类和野生动植物数量的减少，还有对人类健康的威胁和户外休憩娱乐空间的丧失。

- 交通阻塞发生的频率会越来越高，这就需要进行大量的改善工作，包括设立往返计程车、收费公路、大幅度提高停车费和管制甚至是禁止机动车在某些时刻、某些地点行驶。而且，由于车祸导致的死伤人数也将进一步攀升。

- 能够提供给农业用地和野生动植物的开敞空间越来越少，相应地农业产量、湿地、野生动物栖息地和植物群的数量也会下降，其结果是动植物种类的减少和生态多样性的丧失，可持续发展的环境被破坏。

- 住房的价格将会非常昂贵，结果就会造成更多的无家可归者，只有少数人才能获得房屋所有权，进一步恶化建筑的建设、材料和工艺质量。

- 当建筑环境在面临越来越便宜的电子和其他科技产品的时候就在经济竞争上处于了一种劣势，在建筑材料方面将会出现更多的廉价的替代品，更多的娱乐方式（例如电视、录像、虚拟现实和电脑等），还有很多的人工的娱乐场所（例如迪斯尼购物中心和主题公园）。

- 当科学技术使每个人都能够在网络上购物、阅读、办理储蓄业务和通信的时候，人与人之间的隔离和公共领域内的犯罪都将会加剧，整个社会将会处于一种僵化的、荒凉的赫胥黎式的（Huxleyesque）的状态。[5]

- 地方感将会进一步消失，社会异化、市民暴动的情况也将会越来越严重，政府的各种措施，包括法律、法规制定和保护生态环境的措施都会更加严格。

- 当城市的发展和消费吞噬了诸如研究和教育方面所需的资金的时候，我们的国家在国际舞台上的竞争力就会减弱，随之而来的是人们精神生活和物质生活品质的降低和国家的国际地位的下降。

尽管这些情况不可能全部出现，但是它们无疑都是可能发生的。其中包含了许多难以度量的不确定因素。有的时候我们甚至不能够认同这些度量的行为，更不要说其中可能出现的数量或质量上的变化。相对于那些正处于快速工业化阶段的发展中国家来说，一些不确定因素有可能会降低我们的生活标准；另外的一些则会导致我们的物质生活水准在绝对量上的下降，特别是对于那些贫困的或弱势的人群来说。一些不确定因素存在于整个美国国内，而一些则在我们这个区域内表现得尤为突出。可惜的是一些更可怕的情况将会出现在像索马里、卢旺达这样的国家和地区内。

富裕与贫穷、经理与劳工、房屋所有者与房客之间长期存在的差别在生态法则下会变得更加巨大。一些社会上的有识之士已经告诫人们，法西斯主义与极权主义政治运动所导致的危险，环境和社会经济方面的各种问题都处在爆发的边缘——就像极端主义者经常以一种更严重的理由来组织各种活动和限制人权一样。这些预测或许只是杞人忧天，但是不可逆转的人口增长和全球人口爆炸就已经预示了政府的税收加重、管理力度加强，社会环境将更加不利于环境保护、经济进步和个人发展。在人权、特别是房屋财产所有权方面右派势力的崛起，最终都要考虑到这些不可避免的因素。

"事实是，以全世界的标准来衡量，美国政府对土地利用的管理限制是非常少的。"[6]当然这些问题在一段时间后都会得到改善，尽管那些房屋财产权的支持者们为了想要回到过去的那种人口少、环境压力小的年代的努力已经到了穷途末路。这些右派主义者应该认识到这样的一个事实，房屋土地所有者的权益是一种社会契约，并不是不可剥夺的、绝对的、自然的和上天赋予的特权。（如果说上帝将土地所有权给予了我们这个区域中的每一个人，那么收益者也应该是那些原来就居住在北美大陆的印第安人。）他们对降低法律制定的标准和补偿所有权持有者的要求在某些情况下是合理的。然而，如果说要涉及到所有关于降低所有权价值的政府行为，那么政府的管理权利就将受到极大的削弱。而且，那些对于政府的"所得"反对之声最为强烈的人们在面对他们从政府那里得到的"资助"的时候就会变得哑口无言了。如果我们要对房屋土地所有者的每一项损失都进行赔偿，那么也就应该对他们的每一笔收益征收税款。承诺零风险的土地所有权和对私有财产受到绝对的保护将最终导致社区和人类文明自身的崩溃和瓦解。

当我们已经意识到了这个星球的空间和资源的有限性的时候，我们就急需制定出新的居住和社区模式。虽然新的技术发明和科技进展的确能够帮助我们克服现有的和即将出现的许多问题，但是这些都无法使我们摆脱那些难以抉择的问题和等待着我们的各种困难。当然，美国人的创造性可能会对此有所帮助，但是在还有回旋余地的时候我们必需的是依靠集体的规则和政治意愿。如果我们不马上行动起来，我们所面临的就不仅仅是巨大的不确定因素，而是在千年末的时候要面对大量的危机和社会巨变在前所未有的范围内摧毁我们的国家，就像世界上某些不幸的地区已经发生的情况那样。

一些问题的解决办法隐藏在传统的居住、社区模式和生态环境中，过去我们忽视了这些模式；另外的一些办法来自于新的技术和想法。我们应该认真地保护每一个地方的各种地方特色，因为这是维系一个地区的原始纽带。地方是比国家或政府本身更基本的一个概念。只有亲缘关系才能产生出一种强劲的人类关系的纽带。[7]对于在哪里、如何建设地方和社区的问题我们不能再含糊其词、更不能在行动上继续拖延下去了。拖延的结果就会使我们的区域走上菲尼克斯和洛杉矶曾经走过的错误的发展道路，最终沦为雅加达和加尔各答那样不可挽回的境地。如果我们善于思考的话就会发现我们所在的地方的现状与这些城市相差的并不多，而且城市在今天发展变化的速度要比过去快得多。

区域建设和城市建设都是一种地方性的行为。尽管有许多方面还是要与国家甚至是全世界相关，但是我们必须时刻提醒自己必须在地方的基础上进行。本书试图以文字、图画和照片等方式来为在邻里和区域的尺度上进行地方建设出谋划策。我们的邻里和区域建设反映出这个地方的丰富自然与人文资源，还有来自社会各界的重视和关注。太平洋西北岸地区比世界上任何其他地方都更有希望实现可持续发展。

太平洋西北岸地区的重要性远远超过它的占地面积所占的全球面积的那一个百分点。日益增长的消费量、人口和技术力量让社会在全球意义上为居民提供了越来越多的发展机会。在世界各地的可持续化发展浪潮中太平洋西北岸地区走在了领先的位置。尽管这个地区的经济发展不能够与生态环境相互协调，这里的环境质量也不比其他发达国家的人口密集区的情况要好。在处理人类与自然的关系方面这个地区可以成为全世界的典范，这里是历史上最发达的人类文明之一的所在地，也是绿化程度最高的地方之一。而且全世界大多数人都在羡慕生活在北美地区的人们的生活水平，因此对于自身的生态环境建设制定出新的标准我们就更是责无旁贷了。[8]

就像在引言的结尾中我们曾经提到的，在最后一章中还要重复强调的是华盛顿州注定要经历快速的增长期——预测的270万的人口——从1994年到2020年。专家预测华盛顿州的人口增长速度在全美位居第4，仅次于加利福尼亚、得克萨斯和佛罗里达。据美国国家人口统计局估计，在未来只有得克萨斯和佛罗里达两个州在人口迁移方面会有净增的人口。也就是说，这两个人口和大城市数量都比较少的州的迁入的居民的数量要比其他州要多。即使不是绝大多数也是许多的新居民将分散在西雅图地区，这是一个潜在的可怕的信息。一些专家断言这个地区将成为整个国家发展最快的区域。尽管这些言论有些夸张，这种预测也未必准确，但可以肯定的是这个区域快速发展所产生的影响力度大、范围广。人们对于这些后果已经有了逐步的认识。预计一下增加270万的新居民需要多少开发项目：本书中提到的9个项目总共能够吸纳的新居民数量也就是在4.5～6.5万人之间。要吸纳270万新居民就需要500个这样的或同等规模的项目。我们必须使华盛顿州、特别是西雅图地区适当地减少新的居民迁入。所有能够造成持续蔓延和机动车依赖的因素都已经摆在了我们面前。正如《边缘城市》(Edge City) 一书的作者J·加罗 (Joel Garreau) 所说，如果要把城市蔓延区的边缘控制在我们的视野范围内，我们需要做的就是停在原地什么都别做。换句话说，如果我们想让汽车每年行驶的里程越来越长、交通阻塞越来越频繁、能源消耗日益增加、污染的情况不断恶化，那么我们所需要做的也只是坐下来旁观一切。

《独立宣言》(The Declaration of Independence) 中确立了我们有"生存、自由和追求幸福"的权利。宪法也赋予权力，我们可以居住在这个国家内任何我们想居住的地方。尽管这些权利有的时候是互相抵触的——当一个州需要吸纳的人口数量远远超过它的人口在整个国家中的比重的时候——这些权利依然都是不可剥夺的。我们不能阻止新的移民进入，除了接纳他们我们别无选择。问题是我们能否确保不降低本地居民现有的生活品质。的确，我们能不能找到一种办法在吸纳新的居民的同时又能提高我们的社区和个人生活的品质呢？我们必须想办法，包括本书中所提到的理论、设计方案和政策，去维持和提高我们的生活品质，尽管有的时候我们的绝对的生活环境质量下降了。

要让美国人把他们私人空间变为公共空间、把私人领地变为公共用地都是非常困难的。为了要形成一种良好的社区氛围要牺牲一些人的自由和财产所有权，因此这是一项难度很高的任务。财产所有权在道德和法律上的问题也许很快就会和人权问题、女权、同性恋等从宪法和伦理的根基上动摇了整个美国的问题一样，成为国家的敏感话题。要让人们放弃小汽车而选择其他的共享性更强的交通方式将是一件让人痛苦的事情。同样地，要改变人们的消费习惯和对政府津贴的依赖，而且，在区域的差异性和地方特质变得愈发珍贵的时候，要抵住经济的压力去建设更廉价的建筑同样不容易（设计专业人士和他们的客户要放弃一些个人的主见和更多的设计特点也实属不易），更公平的财富和机会分配的途径也有很多种。多样化和类别的问题在社会学和心理学上还存在许多不确定性；环境问题在政治上还会继续存在分歧。邻里将会抵制它们所应当分担的社会成本和责任，各个自治市也会抵制区域管理部门的管制。整体而言要改变传统、牺牲个人利益来为公共事业服务是最大的困难。如果要为我们的后代创造一个可持续发展的城市和社区环境，我们就必须竭尽全力地去解决这一系列的问题。这一切的努力都是值得的，因为我们别无选择。

鸣 谢

在10年的时间里有超过500个人参与了这项工作。所以这篇鸣谢的篇幅比普通的答谢辞要长得多。首先，有数以百计的华盛顿大学的学生参与到了本书中所提到的7个设计专项组和4个设计工作室的工作当中。还有超过50位的设计小组领导者，他们来自国内外不同的专业和不同的地方，多次来到了华盛顿大学参与我们的工作。而且，还有许多有勇气、有决心的人自愿资助我们的设计专项组。许多华盛顿大学的管理人员、教师和工作人员以各种各样的方式、在不同的实践中参与了我们的工作。我们还得到了市民大众和社区管理者的普遍支持。还有很多人参与本书的编撰工作，在过去的10年中对我的思路和价值观产生了重要的影响。最后，还有两位奠基人，芝加哥的格雷厄姆（Graham）和西雅图的纳拉莫尔（Narramore）对本书的完成提供了帮助。

显然我无法在这里对所有参与了设计专项组工作的人们致谢，但我还是要列举其中的一些人。两位设计小组的领导者，戴维·塞勒斯（David Sellers）和麦克·皮亚托克（Mike Pyatok），他们是非常杰出的设计专项组成员。戴维是一位天生的设计专项组领导人，他参与的6个设计专项组的工作通常都是充满乐趣和富有想像力的。麦克是华盛顿大学的一名教师，在他参与的每一个设计组中他都是最引人注目、工作效率最高的一位。本书中的许多设计专项组的设计图就是出自他的手笔。D·普罗利（Don Prowler）在他所参与的4个设计专项组中是最稳重、最有远见的一位。当选拔小组领导人的时候我第一个想到的人就是他。

我还要感谢彼得·卡尔索普（Peter Calthorpe）给予我的智力支持，他是我的专业伙伴和多年的好友。他敏捷的思维和清晰的表达能力经常让我们受到极大的启发。他是"行人主导的社区"理念的开创者和项目的负责人，这个理念不论是从个人还是从专业的角度来说都使我受益匪浅。对于本书从彼得的著作和我和他合著的《行人袖珍读本》一书中引用的许多图片和思想方法我也要表示由衷的感谢。和他一样，哈里森·弗雷克（Harrison Fraker）和丹·所罗门（Dan Solomon）也不止一次地参与了设计专项组的工作——与他们中的任何一个一起工作都是一件有益又有趣的事情。说到智力支持，K·

弗兰姆普敦（K.Frampton），曾数次被我邀请到学校里进行讲座和参与评审工作，对关于批判的地方主义那一章的写作给予了我很大的启发，还有 L·克里尔（Leon Krier），在类型学那一部分对我也产生了很大的影响。

R·卡斯普里欣（Ron Kasprisin），一名华盛顿大学的教师，在设计专项组中是一位特别优秀和多产的设计者和制图者。其他参与了设计小组的领导工作的教师还有：里奇·哈格（Rich Haag）、菲尔·雅各布森（Phil Jacobson）、伊莱恩·拉图雷勒（Elaine LaTourelle）、戴夫·米勒（Dave Miller）、乔治·罗尔夫（George Rolfe）、里奇·翁特曼（Rich Untermann）、安妮·弗恩兹-莫顿（Anne Vernez-Moudon）和戴夫·赖特（Dave Wright）。"摄影师建筑王朝"（architecture's dynasty of photographers）的全体同人——克里斯·斯托布（Chris Staub）、迪克·奥尔登（Dick Alden），特别是约翰·斯塔迈茨（John Stamets）——在繁忙的工作之余还为我们项目方案的幻灯片和模型的制作提供了热情的帮助。一些学生，维尔·格洛弗（Will Glover）、桑·翁（Son Vuong）和林·西蒙（Lynn Simon）负责了各个项目的后勤工作。

尤其值得一提的是特里娜·戴妮斯（Trina Deines），她对本书的初稿进行了周到细致的审核，甚至对于不是她负责的项目她都给予了我们无私的帮助。珍妮弗·迪伊（Jennifer Dee）也是本书的第一部分的审读者之一。从我10年前到西雅图开始，她们两位就以惊人的智慧和人格魅力从各个方面对我的世界观，甚至是行为产生了重大的影响。

谢谢你们，杰丽·芬洛（Jerry Finrow）院长，还有杜格·朱伯巴勒（Doug Zuberbuhler）和杰弗里·奥克斯纳（Jeffrey Ochsner）主席，谢谢你们的支持，特别是院长基金给予我们的帮助。没有你们从财政上和精神上的支持，也许这本书的书稿现在还在寻觅出版社。

还有许多需要感谢的华盛顿大学的教职员工。首先也是最需要感谢的是查拉·汉利（Ciara Hanley），在极其繁琐的打印信件、发布通告、计划工作中从不叫苦。多年来，项目负责人托尼·弗兰克林（Toni Franklin）和卡罗林·奥尔（Caroline Orr）为了帮助我们也牺牲了许多他们个人和建筑系许多教职员工的时间。路易斯·伊顿（Louise Eaton）撰写了索引部分。院长办公室的桑迪·豪泽（Sandy Houser）、埃里恩·门纳（Erin Menna）、林·弗金斯（Lyn Firkins）和莎拉·菲利普斯（Sarah Phillips）在设计专项组的各种事务性工作方面也提供了许多帮助。《大学周刊》（University Week）的内德拉·波特勒（Nedra Pautler）和马莉·拉文（Mary Levin）也为本书的发行做了许多出色的工作。

还有许多设计专项组的赞助者和项目委托人无法在这里一一列举。西雅图城的项目要感谢加里·劳伦斯（Gary Lawrence）和丹尼斯·亨特（Denice Hunt），他们还自愿资助了华盛顿大学的几个设计专项组，因此在这里我们需要特别对他们表示感谢。对于其他的资助人我们会在本书的其他地方一并致谢。

史蒂夫·克拉格特（Steve Clagett）和乔治·罗尔夫（George Rolfe）在因特湾的项目调查中给予了我们许多帮助。里奇·莫勒（Rich Mohler）是雷西设计工作室的领导者之一，他以自己的坚定的信念和清晰的思路帮助我们编写随后的项目手册。在沙点设计专项组、设计工作室和项目手册的编写工作中都是一位热心人。

还有一些人，没有他们的努力设计专项组就不可能顺利地完成工作或者我们的工作也不可能让整个地区甚至全国各地的人们了解。彼得·卡茨（Peter Katz）就是前一种人，而唐·康蒂（Don Canty）和克莱尔·恩洛（Clair Enlow）则是以后面的那一种方式对我们提供了帮助的人。在许多社区建设的参与者当中，汤姆·布耶尔斯（Tom Buyers）是一位尤其支持我们工作的、表达能力很强的评审人。在制图方面史蒂夫·马赛厄斯（Steve Matthias）经常主动地向我们伸出援助之手。

数百名其他的参与者和贡献者的名字将会在附录B中一一列举。对于一些参与者的名字在本书中被遗漏或者拼写错误的情况，在此表示深深的歉意。

我还要感谢福雷斯特·墨菲（Forrest Murphy）对本书早期的设计和编排所做的出色的工作，他还对我在写作时的思路整理和文字组织帮助很大。沙恩·鲁埃加门（Shane Ruegamer）是一位目光敏锐而且热心助人的校对者、研究人员、助理和文字编辑者，只有他才知道我为了使文字表达出我的思想而把书稿反复修改了多少次。鲍勃·霍斯伯勒（Bob Horsburgh）和赫谢尔·帕内斯（Herschel Parnes），他们是我在生活中和建筑学专业上的好朋友，也是理解力强、乐于助人的评论家，就像新出版的、优秀的《根据》（On the Ground）期刊的编辑和出版商安·索普（Ann Thorpe）一样。

对于华盛顿大学出版社，我要特别感谢几个人。首先是内奥米·帕斯卡尔（Naomi Pascal），没有她就不可能有这本书的出版。是她逐渐地使出版社的同事们认识到这是一本值得出版的书。马里琳·特鲁布拉德（Marilyn Trueblood）是一位热心、富有耐心和极具天分的编辑。正是鲍勃·哈钦斯（Bob Hutchins）的工作使得这本书里的图片能够和文字一样清晰可辨。

在这份感谢的名单中，最后一个我要特别感谢的人是我的妻子凯瑟琳（Kathleen），她一如既往地对设计专项组中的同事们的来访表示欢迎，并对于我时常过分专注于项目和一贯地集中精力思考问题而忽视了她和家中的各种事物给予了宽容和谅解。她非常地理解我的工作，经常能够以一个非设计专业人士的角度为我出一些好主意，还为我营造了一个安全、充满爱心的家庭环境。谢谢你，凯瑟琳。

写书的工作量实际上是非常庞大的就像一幢楼房对于建筑师一样——在这方面我的经验比写书要多。这两样工作通常都需要经历几年的时间，其中包含了大量的团队协作，需要多次的反复，不辞辛苦地注意各种细节，还要有在项目临近结束的时候改变计划的勇气和决心。这两项工作都无法给予即时的满足感，也没有任何的捷径可寻。但是它们还是有差别的。一本书，跟一幢楼房不同，它不需要一个拥有大量资金的委托人或者是发包商和大量的分包商，尽管它也需要有出版商和印刷厂的支持。对于写书也没有那么多苛刻的条令、法规和监工，尽管有的时候编辑也会这样，庆幸的是我没有遇到这样编辑。因为没有那么多的第二、第三方参与者，所以写作的自由度比设计工作的大得多。你可以充分展现自己的思想，一个作家比一名建筑师更单纯，因为建筑师需要听取不同的意见、按照别人的意志来行事。

另外的差别是空间上的。如果说建筑是三维的而城市规划是二维的，那么一本书就可以看作是一维的了——以正确的顺序排列起来的一长串文字和思想。因为建筑是三维的，设计者在头脑中可以将其视为一个整体。而你无法将一本书看作一个整体，其中的各个部分是线性的、合成的、有一定顺序的而非同步的。我们无法用轴测法或透视法来观察它，它只是一种很长的、连续的叙述。在我写这本书的过程中，我从未想过要把它合成一个整体。我还是不能肯定，那些阅读了这本书的手稿的朋友们帮助我进行了整合，还指出了一些明显遗漏和错误的地方。现在，是让广大的读者来萃取精华和发现错误的时候了。

D·凯尔博

1997 年 1 月

附录 A

一个设计专项组的建立

华盛顿大学的设计专项组始建于1985年，那时候我是建筑系的主任。因为想要邀请各个学术机构的设计专业教师来进行学术访问又苦于没有足够的经费，于是我想到了可以把一些客人暂时请来，为期一周。我的假设是如果他们觉得这次访问的意义非凡或者与其他访问学者的合作非常愉快的话，那么会愿意从紧凑的时间表中抽出时间、不在乎我们微薄的谢礼而来。这个假设已经被证明是正确的，在过去的10年中，我们系已经邀请到了一大批杰出的访问学者来到校园中。设计专项组随时间在不断地变化，但变化的幅度是轻微的。这是一种方法，从逆境中诞生，其效果大大好于我们的预期。

这里还存在一些问题。在设计专项组的建立之初，自愿合作的客户很少，经费也很紧张。近年来，一些参与设计专项组工作的学生在工作过程当中经常抱怨工作量过大、工作评价太低、受到了剥削等。设计专项组中的一些教师觉得这只是一种表面功夫；一些教师还抱怨设计专项组的工作分散了他们上课的精力；另外的一些人也许会嫉妒设计专项组所获得的广泛的社会关注和公众效应。尽管如此，它所取得的正面效应远远超过了负面效应。许多学生对于从中获得的实践经验都非常高兴，一些人还认为设计专项组的经历是他们的学术生涯最重要的部分。设计专项组的活动经费在这几年中也有了大幅度的增加，越来越多的社区组织和机构积极参与了我们的工作并自愿支付各自所需的费用。的确，现在很多社区组织都争先恐后地要成为这项设计组的工作研究对象。

华盛顿大学的设计专项组赢得了来自地区和全国各地许多的赞誉。其中的大多数来自于地方上的各种媒体，还有一些出现在国家的建筑学杂志中。设计专项组为一些地方提高了知名度并为接下来的建设项目起到了支持的作用，例如西雅图康芒斯、"穹隆之王"北部停车场的开发以及沙点海空军事基地转型改造等。还有一些设计专项组启动了全新的设计项目，例如在西雅图市中心配备公共洗手间和因特湾城市中心——这些项目中将会变为现实。大学区和温斯洛设计专项组和雷西设计工作室对正在实施当中的地方规划也起到了辅助、参谋、协调和宣传的作用。

目的

华盛顿大学的设计专项组旨在为现实中的问题从客户和赞助商的角度提出新颖、可行的解决方案。他们所涉及的问题无论是从社会、城市还是环境的角度来说都是具有非常重要的现实意义的城市设计问题。而且这些问题也是大家都十分关心的热点和社会各界都在争议的难点问题。有些时候设计专项组会将一些新的理论或政策在实际的项目中付诸实践；或者解决某一个特定的提取所出现的问题或者面临的机遇；还有一些时候也会应一些邻里的要求来做一些规划和设计。尽管其中包含了理论和教学的内容，但从本质上看设计专项组并不是一种教学实践。它是社区所包含的内容和服务。设计专项组的客户或赞助商通常是一个公共的办事处、组织或机构。因为建筑系是提供资源的一方，所以它能够提供给公共事务的服务必须与一个公立大学的身份相一致。

项目和地点的选择

每一个地点和项目都是经过慎重筛选的。它们的选择不能够轻率是因为每一个自愿的赞助人都有一定的区位和资金的限制。一些选择的标准是固定的：设计专项组要解决的必须是一些在尺度上和范围上都具有一定份量的问题以保证众多的设计者能够充分发挥他们的能力以及资源的有效利用，区位和主题的选择必须在环境保护和规划方面具有现实意义，赞助商必须是以非赢利性的目的来进行合作的。就算设计专项组要涉及一项实际的开发和／或急需的要求或是不可多得的机会，以上的原则依然成立。

迄今为止设计专项组涉及的项目包括为无家可归者兴建的住房、城市滨水地区的复兴工程、保护一个意大利式的小山村、郊区设计的新模式、位于市中心的公共洗手间、城市再开发、新城的开发、停车空间的设计、一个军事基地的转型、一个城中新城和一个大学区。这些都是城市设计而非建筑尺度的项目。建设用地的面积从 $50\sim250$ 英亩（约 $20\sim100hm^2$）不等。通常选择的都是未开发或开发力度不足的地区，那里无论是在建筑、社会还是政治方面的矛盾都比较少，尽管每一片地区都是某社区的组成部分，因此每片土地都必须要在社区的规划和规划实施中尽量地予以考虑。有一些地方并不需要社区发展的干预，但是更多的地区要依靠规划设计与之相邻的社区以及社区发展对它们的影响才能获得适当的发展。而且，相对空白的地区有利于专项设计组的成员们充分发挥他们的想像力和创造力。对于工作中所遇到的各种困难，设计专项组的成员们有充分的思想准备，但是在一个星期的时间内我们所能够解决的问题是非常有限的。

组织结构

华盛顿大学的设计专项组内部充满了各种竞争机制，每一个设计小组都要独立地制作设计方案。他们的工作并不是保密的，但各个小组之间并没有相互合作的关系。要让一个设计专项组或乡村及城市设计协作小组（RUDAT，Rural and Urban Design Assistance Team）的各个小组合作拿出一个统一的设计方案是不大可能的事情。通常一个设计专项组由4个设计小组构成，少的有3个，多的可以达到5个。3～4个小组的规模看起来工作效率最高。如果超过了4个小组，那么设计专项组的工作成果对于评审团和民众来说都过于冗长和繁杂了。少于3个可选择的方案通常都不足以概括所有潜在的解决方案。

设计小组的领导是设计专项组的工作能否获得成功的关键因素。选择工作勤奋、个性乐观、在城市设计方面天资聪颖又能够从始至终参与项目的小组负责人至关重要。各小组负责人之间的项目尊重有利于为设计专项组吸引来更多的专业人士加入这项长期、艰苦的工作。如果可能的话，我们需要尽量地能够请到在学生和社区中具有名望和号召力的专家，无论是当地的还是外地的客人。他们的名望能够减少在设计专项组成立之初小组成员之间用于争取职位和权利的时间。每个小组最好能够拥有两名负责人。这让能够大大减少负责人的压力并给予他们适当的休息时间。最近我们通常都指派3名负责人，增加了一名相关领域例如艺术或经济学方面的专家。外地的访问学者和本地区的设计专业人士的相互配合也十分重要，不论是当地的从事设计工作的从业者还是大学教师。这样的组合能够把外地人新鲜的、不同视角的观点和当地专业人士的相关知识和经验结合在一起。而且最好是能够让设计学不同领域的专家组合在一起，例如建筑师与景观设计师的搭档。确定小组负责人的组合的时候他们之间相互的私人关系也是必须要慎重考察的因素。他们的价值观可能是不同的，但是如果2～3个小组负责人都是固执己见或轻易妥协的脾气也会损害设计小组的运作。每一位小组负责人都必须有城市设计工作的经验，至少曾经参与过类似于华盛顿大学设计专项组经常涉及的项目类型。我们需要不同性别和民族的负责人搭档，特别是当小组成员也来自不同的种族或项目所涉及的邻里是各种民族、各种职业的混合体的时候。尽管设计专项组从本质上说并不是一种教学或学术实践活动，但是对于学生来说却是非常可贵的一次实习机会。小组负责人是学生的楷模，所以我们在选择负责人的时候也要考虑到这个问题。

小组的规模也是一个关键的因素。最理想的是8～12个人，包括2～3名小组负责人。实际的设计小组的人数为6～15人不等，但是人数较少的小组的工作效率会降低而人数较多的小组的管理将会成为令人头痛的问题。当然，设计小组的规模还要由小组成员的能力来决定。在华盛顿大学校园外工作的设计专项组的经验告诉我们，一个由学生组成的设计专项组的人数要大于由设计专业人士组成的设计专项组。一方面，一些学生会逐渐失去参与的兴趣而退出；另一方面一些学生，特别是本科生，他们的设计能力和技巧尚不足以跟上快速的项目进度。因此，在设计小组组建的时候还是需要相对较多的人。如果一个小组开始的时候有12～15个学生，那么就很有可能产生一个8～10个人的固定的小组核心，这才是一个理想的、有效率的人数规模。

小组成员的构成并不如想像中的重要。对于许多的城市设计项目而言，最理想的组合是6～8名建筑学系的学生，2～3名景观设计学的学生以及1～2名城市规划专业的学生。一些项目，例如西雅图康芒斯和沙点设计专项组，其中景观设计专业的学生所占的比例较大而获得了很大优势，因为项目中包括了大量的公园设计和改造。总的来说，学生应该被优先推荐到最后的设计工作室中去。快速、生动的绘画和渲染能力固然重要，但是设计和分析问题的技巧和敏感性更是必不可少。我们一定要保证那些最优秀的设计专业的学生被平均地分派到各个设计小组中。研究生当然要优于本科生，但是这两类学生的混合将取得更好的效果，特别是在研究生占主导地位的时候。

日程安排

每一年设计专项组的工作开始于春季学期的第一周，大约是在4月份的第一个星期。工作时间从周一到周五，但是在之前周日的晚上会有一个为各个小组负责人举行的晚餐会，让各个负责人可以相互认识并共同讨论制订一些设计专项组的章程。

周一的工作从全体成员乘坐汽车或步行参观规划区开始。午餐过后是一个简短的讨论会。项目汇报的时候会邀请各主办方、赞助商、各方面的专家、来自社区的代表和市政府的代表出席。报告会上每一个方案的陈述时间是5~10分钟。项目计划、基础图件、照片和规划设计文本会分别分发给各个设计小组，每个组都将在自己的会议室中开始工作的计划安排和集体讨论。

星期二、三、四的时间都用于分组工作。他们一般都在下午和晚上工作，一个星期内每天的工作时间都会不断延长。上午的工作是自愿的，特别是对于学生，因为那个时候他们通常都会有课。在周二或周三的晚上有访问学者的公开讲座。如果访问学者的名气很大，这些讲座通常都会吸引来许多的听众，有的时候甚至比设计专项组最后的项目评审会的参加人数还要多。每个星期三都要召开一次有各个设计小组负责人参加的会议，讨论诸如最终成果的图件规格、尺度和色彩或者是一些突发的问题。

周五一早，也就是7点，所有的图件都要被送到一个工作室里拍摄成照片。每个小组可以拍25张，包括一些大图的局部特写。用于演示的幻灯片的制作时间是下午2点到3点，然后分发给设计小组的负责人。面向公众的报告会定在下午4点，在一个大礼堂内，至少能够容纳300人出席。（一些是被邀请出席的嘉宾；还有看到宣传海报或从其他人那里听说了以后赶来的对该项目感兴趣的学生、教师和社区居民。）每个设计小组有20~25分钟的时间、运用幻灯片的图示来陈述自己的方案。通常，由1~2名小组负责人发言。最后的一个小组报告完毕之后是公开讨论和提问的时间。讨论的气氛想来都非常热烈。（如果一个项目没有明确的委托方，那么在公开讨论之前我们会请来一些专家对项目方案进行评判。）下午6点半左右听众们陆续离场。许多设计专项组的成员会留下来参加晚上的派对。

周六或周日，在一个星期的工作开始之前对城市的总体风貌进行参观游览有助于那些来自外地的学者们更多地了解这里的情况。而且星期六晚上在这里过夜可以大大减少他们的往返交通费用。

对于社区和在其他地方工作的设计专项组，给他们安排的工作日程相对较短，通常只有一个周末的时间。有些设计专项组的工作从周五的晚上开始，也有的是从周六早晨开始的。在这种情况下，公众参加的报告会通常会在接下来的那一个星期举行，让项目组有充裕的时间准备展示用的幻灯片。因为报告会的目的是向社区展示设计专项组的工作成果，所以报告会的时间最好是定在下午3点以后或晚上举行。

区位

华盛顿大学的设计专项组在校园里集中在一座建筑中。每一个小组都需要一个工作室，工作室内至少要有6~8张绘图桌和一张大桌子。在本书中没有详细介绍的"公共洗手间"设计专项组，他们工作的地方位于市中心派克地区市场的空地上。在这个设计专项组中，所有的设计小组都在同一个地方工作。一些小组的负责人比较喜欢这样的安排。这样能够促进各个小组之间的交流与沟通，但是由于相互汲取了对方的想法和经验，所以很可能最后各个设计方案会有一些相似。设计专项组内部的中期讨论会也会缩小各个设计小组的方案之间的差异，因为这样的会议也有利于他们相互借鉴对方的思想。

面向公众的项目成果报告会可以在校园里也可以在校园外举行，或许就在项目的所在地。"穹隆之王"设计专项组就是在这座大型建筑中召开了公众报告会。"公共洗手间"设计专项组的工作最终在市中心的一个教堂内完成，报告会结束后还有地方上为无家可归者发放的食物。

项目计划书

文字的计划书是必要的。通常委托方已经有了一份。有的时候这份计划书要由被聘用或志愿的专家顾问来完成，这就势必要延长完成整个项目所需要的时间和增加项目的经费预算。这种计划书可以写得很简略，就像"行人主导的社区"和"穹隆之王"设计专项组的计划书那样只有不到一页纸的长度。计划书的详细程度要依照委托方或赞助方的要求和意愿来决定，而他们的要求通常都是多变的。

出版和宣传

在公开的项目成果报告会的前1~2个星期我们会把一份宣传材料送到当地的新闻媒体手中。这份材料包括邀请他们参加周一举行的实地参观和简报以及周五项目成果的公众报告会。对于前者，新闻媒体的兴趣不大，他们更多地关注后者的情况。通常会有好几家报纸都刊登了报告会的新闻，还伴随有新闻图片。有的时候一些国家级的杂志也会对设计专项组的工作进行追踪报道。许多委托人都非常赞赏这样的宣传，尽管也有一些人不愿意在媒体上露面。随后还有一些关于设计专项组的工作成果的小册子被发放到各个新闻媒体和对此感兴趣的团体、个人手中。由负责人亲笔填写的周五报告会的邀请函只有经过精挑细选的专家才能够拿到。周五报告会的广告还会出现在学校讲座的宣传海报上。

工作成果

设计专项组会为委托方制作一整套彩色的图件。如果经费充足的话，随后还会印刷一些关于此项目成果的小册子。西雅图康芒斯、沙点、大学区和因特湾设计专项组都引发了这样的小册子。这些小册子是大小规格为11英寸×17英寸（约279mm×432mm）或8 $\frac{1}{2}$ 英寸×14英寸（约216mm×356mm）、长度为50～100页、其中有一些彩色插图的图册。设计专项组的工作完成之后编制的《行人袖珍读本》一书的出版商是一家国家级的出版社，目前已经再版发行了第4次。

后续的设计工作室

因为设计专项组的工作只在每一个学期的前一个星期进行，所以随后的设计工作室有足够的时间来解决设计专项组留下的各种问题。这种后续的研究可以以一个或多个设计小组的方案为基础，针对问题的某些方面或从不同的角度重新研究问题。在西雅图康芒斯、大学区和沙点军事基地这几个项目中，后续的设计工作室为这些项目的边缘地区作了更多、更详细的居住区设计方案。在因特湾的项目中，后续的设计工作室做出了完全不同于设计专项组的第五个方案。各个设计方案的金融和财政分析也包括在后续的设计工作室的工作内容里，这是至今为止最有价值和远见的一部分内容。

经费预算

各个项目的经费预算差别很大。第一个设计专项组只有3名负责人，经费也只有5000美元。1987年在意大利都灵的设计专项组的经费最多（50000美元），主要的原因是有许多远道而来的专家。在华盛顿大学，每一个项目的预算都在20000美元左右，具体的数字要依据访问学者的多寡而定。后续的设计工作室的工作通常需要增加5000～15000美元的费用，具体的费用由工作室的工作深度和广度而定。设计专项组的经费可以来自于同一个委托方或赞助商或者是二者的联合。华盛顿大学为项目提供的是专家教师、学生和管理，还有活动的场地。

最初，付给访问学者的钱是在基本费用的基础上再加1000美元。后来增加到了2000美元。相对于这些学者一般的收入和工作时间来说这样的酬劳是很低的了。设计小组的负责人必须在项目工作开始前就预先研究与项目有关的各种资料，连续4天工作10～15个小时，在第五天的时候向大家介绍有关的情况并在工作结束之后做出工作总结。如果这些项目负责人还要在工作的这一周内举办讲座，还需要付给他们一些补助。通常付给本地区的专家教授的酬劳为1000美元，因为他们的工作时间、消耗在旅途中的时间和为此可能被中断的公私事物都相对较少。

项目的经费预算中要包括付给工作人员的酬劳、外来学者的交通、住宿以及在工作期间的餐饮费用。有时候还要负责参加项目的学生的餐饮和工作结束后的派对的费用。有的时候还有在项目现场的餐点和其他费用，例如摄影。在设计专项组的整个工作过程中还需要雇佣学生助理来负责后勤保障的工作。办事员也是规划和后续工作阶段必不可少的工作人员。

时间较短的周末设计专项组所需要的经费预算就比较小。温斯洛设计专项组的经费预算不到10000美元，包括了准备、设备、宣传和工作人员的餐饮费用。所有的设计小组负责人都是志愿参加的建筑师或社区居民。北比肯希尔（North Beacon Hill）和雷尼尔大道（Rainier Avenue），由美国建筑师学会负责，所有的工作人员都是志愿参加的。

如果有学生和/或志愿者的加入，那么设计专项组的价值就要远远超出它的经费预算。一个大学的设计专项组的设计方案所需要的预算会比普通的专家顾问组多1～2倍。设计专项组内部的组成，设计小组之间的竞争与合作关系所产生的综合效应将远大于普通的教学实践。设计专项组通常能够创造出一般的专家顾问组所不能比拟的富有想像力和新意的设计方案。

社区的参与

对于设计专项组而言社区的参与是一个非常重要的因素。通常在周一的简报会我们都会邀请社区的代表，周五的报告会我们也会向所有的社区居民发出邀请。来自社区的专家志愿者可以参与设计专项组工作的全过程。让普通的市民参与设计小组的工作看起来是非常不明智的，然而在那些涉及到现有的邻里或社区的项目中，让其中的居民参与进来将给我们的工作提供极大的便利。在开发新的邻里或社区的项目中，社区的参与的重要性就没有这么突出了，尽管还是需要邻近的社区的配合与帮助。

大部分华盛顿大学的设计专项组的研究重点都是新开发的邻里和社区，这样就大大减少了由于社区参与而带来的各种问题。然而，在"穹隆之王"、大学区和"公共洗手间"项目中都涉及到了一些已经发展得十分完善的邻里、社区，从而就需要更多的社区居民参与到设计专项组的工作当中。温斯洛项目由于在实地工作所以参与的学生人数并不多，但是每个设计小组都成功地请到了3～4名来自当地社区的服务人员。北比肯希尔和雷尼尔大道设计专项组也有类似的成功经验。

我们可以将设计专项组的工作成果视为设计界送给社区的一种礼物——这种礼物并非完美也不是最终的解决方案，但却是最好的设计专家在他们所能够掌握的信息和时间容许的情况下所得到的成果。这种成果是建设性的，不是绝对的，也不是完全的。和任何一种观点一样，它可以被其他人修改、利用，甚至被完全抛弃或采纳。设计专项组是一种集中性的头脑风暴会议，不是要完成一项总体规划。它只是一个开始，而不是结束。

附录 B

参与人员名单

Unless otherwise noted, photographs and drawings are by the author or belong to the University of Washington College of Architecture and Urban Planning archives or slide library. Wherever possible, attribution is given in the text or captions to drawings and photographs from other sources.

In the spirit of teamwork that pervaded the design charrettes (and because I am not able to identity every contributor to a drawing or model), individual attribution is only occasionally given to team leaders for this work. In the case of design studios, individual students are credited in the caption of a drawing or photograph. What follows is a list of everyone who contributed to the charrettes and studios, which are listed in chronological order.

THE KINGDOME CHARRETTE, 1990

Team 1
Leaders:
Susan Boyle
Mike Pyatok

Students:
Kari Anne Bergersen
Benjamin Black
Jeannie Chow
Donna Colley
Scott Faulkner
Terry Findeisen
Rhonda Fuller
Liz Granryd
Justin Hill
Theresa Julius
Bill Kurtz
Pete Lorimer

Team 2
Leaders:
Dave Miller
Don Prowler

Students:
Lisa Barnes
Jim Beley
Slade Blanchard
Craig Corbin
Jeff Gutheil
Keith Hayes
Michael Hlastala
Brett Lamb
Ilkka Pauniaho
Cathi Scott
Lisa Scribante
David Seely

Team 3
Leaders:
Elaine LaTourelle
Dave Sellers

Students:
Dan Blake
Norton Ching
Elizabeth Clark
Gibby Dammann
James Grafton
Konrad Hee
Gregg Johnson
Dirk Kilgore
Ed Leonen
Steve Maekawa
Leila Ramac
Stephanie Schwab

Bernie O'Donnell
Bill Sowles

Team 4
Leaders:
Galen Minah
Stef Polyzoides

Students:
Susan Busch

Diana Wogulis

Theresa Dir
David Dykstra
Jill Goodejohn
Terri Hirt
Chris Keyser
Diane Kirby
Brian Maugh

Julie Wendt
Kendall Williams

Frank Nickels
Hirokazu Shimosaka
Gail Suzuki-Jones
Michael Wheeler
Andrew Williams
Robert Wright

Special thanks to: Steve Badanes, Tom Byers, Carol Darby, Allan Black, Jeff Harris, Denice Hunt, Greg Nickels, Jim Olson, Bill Reams, John Savo, Lynn Simon

THE NEW COMMUNITIES CHARRETTE, 1991

Team Leaders:
Mike Pyatok
Dave Sellers

Students:
Anna Bastin
Christopher Beza
Michael Braden
Gary Fuller
Wei-chan Hsu
Timothy Jewett
Brian Kaminski
Bruce Macon
Tibor Nagy
Patrick Nakamura
Aaron Schmidt
Brian Schumaker

Team Leaders:
Phil Jacobson
Ed Kagi

Students:
Kari Brown

Joseph Donnette-
    Sherman
Paul Eberharter
Melissa Evans
Jerome Fellrath
Stewart Gren
Larus Gudmunson
Eric Hong
Danielle Machotka
Tristin Pagenkopf
Jennifer Sim
Slava Simontov

Team Leaders:
Doug Kelbaugh
Stefanos Polyzoides

Students:
Marci Bryant
Cynthia Esselman
Holly Godard
Suraiya Khan
Peter Lian
Robin Murphy

Hyun Paek
Kathleen Shaefers
Paula Shill
Toshiaki Takanohashi
Ted Van Dyk
Elizabeth Wakeford

Team Leaders:
Harrison Fraker
Dan Solomon

Students:
Max Anderson
Scott Becker
Thomas Conway
Carreen Heegaard-Press
Douglas Ito
Molly LaPatra
Mary Lawor
Bunda Pongport
Caterina Provost
Robert Renouard
Rob Trimble
Judith Walker

Special thanks to: Stu Blocher, Carter Bravman, Bill Carey, Keith Dearborn, Julie Enderle-O'Neil, Peter Katz, Steve Matthias, Barbara Winn

THE LACEY STUDIO, 1992

Instructors:
Doug Kelbaugh
Rick Mohler

Students:
Amy Avnet

Susan Busch
Marcie Campbell-McHale
Cynthia Esselman
Alan Farkas
Tom Jordan
Olivier Landa

Sarah Meskin
Tamara Pankey
Robert Raasch
Amy Shulman
Gretchen Van Dusen
Louise Wright

Special thanks to: Loren Brandford, Ben Bonkowski, Tony Ford, Daniel Glenn, David Maurer, Susan Messengee, Sarah Phillips, Mike Piper

THE SEATTLE COMMONS CHARRETTE, 1992

Team Leaders:
Daniel Glenn
Elizabeth Moule
Mike Pyatok

Students:
Thea Bennett
Douglas Breer
Royal Dumo
Jun Galsim
Allan Farkas
Andrew Fauntleroy
Roger Hodges
Singh Intrachooto
Olivier Landa
Renee Roman
Mitch Romero
Kirsten Saterberg
Scott Schramke

Team Leaders:
Lee Copeland
Jack Dunn
Peter Staten

Students:
John Arnold

Dennis Arechevala
Greg Bishop
Michael Dorcy
Salone Habibuddin
Leah Hall
Linda Moran
Carol Olbert
Pinet Punyaratabandhu
David Sowinski
Jacque Smith
Khaisri
   Thyammaruangsri
Dana Walker

Team Leaders:
Doug Kelbaugh
Tony Walmsley
David Wright

Students:
Stephanie Adams
Christy Barrie
Barbara Brandt
Thomas Carver
Kim Clements
Colin Gilligan
Thomas Isarankura

Tom Jordan
Kirsi Leiman
Marcie McHale
Jennifer Meisner
Brian Neville
Tamara Pankey
Louise Wright

Team Leaders:
Linda Jewell
Ron Kasprisin
Anne Vernez-Moudon

Students:
David Barkelew
Brian Bennett
Margaret Berman
Ellen Cecil
Amy Hartwell
Kate Kulzer
Vincent Law
David Maurer
Mike Mora
Natalie Peters
Brian Ross
Amy Schulman
David Wilder

Special thanks to: Ben Bonkowski, Tom Byers, Elizabeth Connor, Eliza Davidson, Rich Haag, Joel Horn, Tom Jordan, Gary Lawrence, Chris Leyman, David Maurer, Paul Mortensen, Holly Miller, Dick Nelson, Mike Piper, Cynthia Richardson, Ellen Sollod, Helen Sommers, Tayloe Washburn, Gary Zarker

THE SAND POINT CHARRETTE AND STUDIO, 1993

Team Leaders:
Jorge Andrade
Daniel Glenn
Linda Jewell

Students:
Madzy Besselaar
Michael Cannon
Otto Condon
Gerson Garcia
Mary Little
Amata Luphaiboon
Brian McWatters
Patrick Nopp
Margo Peterson
John Stoeck
Sarah Tarr
Aaron Wegmann
Jens Wegner

Team Leaders:
Doug Kelbaugh
Stacy Moriarty
Mike Pyatok

Students:
Lisa Churchwell
Jeanne Denker
Barbara Freeman
Patrick Hewes
David Hunsberger
Mitch Kent
Catherine Maggio
Tom Paladino
Michael Read

David Saxen
Jim Sheldrup
Jacqui Smith
Paul Tognotti
Danh Vu

Team Leaders:
Cheryl Cronander
Rich Haag
Ron Kasprisin

Students:
Sai Chaleunphonph
Tom Eanes
Tim Gass
Roger Hodges
Bradshaw Hovey
Jean Joichi
Martha Koerner
Patty McHugh
C. Mungthamya
Simone Oliver
Harry Ray
Paul Roybal
Clarence Secright
Ranleigh Starling

Team Leaders:
Dave Sellers
Ellen Sollod
Rich Untermann

Students:
Christine Carr
Susan Clark

Drew Giblin
David Gilchrist
Matthew Lane
Jennifer Mundee
Forrest Murphy
Chip Nevins
Paul Ormseth
Jonathan Pettigrew
Deb Ritter
Ron Rochon
Matthew Sullivan
Mike Usen

DESIGN STUDIO
Instructors:
Daniel J. Glenn
Michael Pyatok

Students:
Christie Carr
Tom Eanes
Gerson Garcia
David Gilchrist
Jean Joichi
Matt Lane
Mata Luphaiboon
Jennifer Mundee
Chanitpreeya
    Mungthanya
Forrest Murphy
Paul Roybal
Jim Sheldrup
Ranleigh Starling

Special thanks to: Marty Curry, Daniel Glenn, Luther Green, Margherita Gudenzi, Denice Hunt, Christine Knowles, Gary Lawrence, Christopher Malarkey, Forrest Murphy, Karen Porterfield, George Scarola, Bonnie Snedeker, John Stamets, Keehn Thompson, Tallman Trask III, Bob Watts, Jeanette Williams

THE WINSLOW CHARRETTE, 1993

Design Profesionals:
Bruce Anderson
Gerardo Aguuayo
David Balas
Amy Beierle
Bart Berg
Jim Burford
Mick Davidson
Allan Ferrin
Jeff Foster
Jeff Garlid
Holly Godard
Becca Hanson
Bill Isley
Jerry Jay
Frank Karreman
Charles Kelley
Tom Kuniholm
Richard LaBotz
Roger Long
Peter O'Connor
J. Mack Pearl
David Roth
Andy Rovelstad
John Rudolph
David Swenson
Josie Varga
Paul Von Rosenstiel
Tom Von Schrader
Peter Watson
Sherry Wellborn
Miles Yanick

Priscilla Zimmerman

UW Student Volunteers:
Tom Eanes
Brendan Kelly
Kerry Morgan
Jennifer Mundee
Ken Pirie
Sandra Strieby

Citizen Participants:
Tom Ahearne
Bess Alpaugh
Brenda Bell
Dick Bowen
Bob Burkholder
Pauline Deschamps
Tom Haggar
Jessie Hey
Darlene Kordonowy
Wayne Loverich
Andy Mueller
Don Nakata
Liz Taylor
Ron Tweiten
Pat Wyman

Sponsors:
Bainbridge Bakers
Bainbridge Broadcasting
Bainbridge Public Library

Custom Printing
The Far East Cafe
Island Exposures
Pegasus Coffee
Picnics Plus
Pizza Factory
Safeway
Saint Cecelia's
That's-A-Some Pizza
Thriftway
Town and Country

Public Relations:
Jeff Brein
Laurel Caplan
John Hough
John Ratterman

City Staff:
Jane Allan
Jenny Shemwell

Facilitator:
Doug Kelbaugh

Graphic Designer:
Rachel Ruud

Artist/Architect:
Andy Rovelstad

THE INTERBAY 2020 CHARRETTE AND STUDIO, 1994

Team 1
Leaders:
Stephanie Bothwell
Andres Duany
Denice Hunt

Students:
Tim Andersen
John Burke
Chuan-Tsung Cheng
Teresa Hsin
Jarrod Lewis
Michael Naylor
Prakit Phanuratana
Jorge Planas
Mark Sharp
Aubrey Summers

Team 2
Leaders:
Bo Gronlund
Ron Kasprisin
Doug Kelbaugh

Students:
Mauricio Castro
Colleen Dooley
Richard Davis

Rob Doyle
Tzu-Jyh Lee
Uli Lemke
Janet Longnecker
Takeshi Okada
Peerachati Songstit

Team 3
Leaders:
Lorenzo Matteoli
Laurie Olin
George Rolfe

Students:
I-Chen Chao
Ann Dunphy
Theodros Gebremichael
Catherine Johnson
Lara Normand
David Peterson
Deborah Ritter
Thomas Rooks
Cheryl Smith
Rachel Stevenson

Team 4
Leaders:
Dave Sellers

Anne Tate
Rich Untermann

Students:
Virginia Brumback
Nixon Golla
Dan Hazzard
Jennifer Hing
Yao-Hsin Hsieh
Muh-Huh Lu
Paul Moon
Adriana Veras
Bryan Woodruff

DESIGN STUDIO
(SCHEME 5)
Instructors:
Bo Gronlund
Doug Kelbaugh

Students:
I-Chen Chao
Chuan-Tsung Cheng
Jarrod Lewis
Muh-Huh Lu
Prakit Phananuratana
Peerachati Songstit

Special Thanks to: Terry Adams, Dan Carlson, Keith Christian, Steve Clagett, Alex de Guzman, Dave Forseth, Eric Friedli, Ciara Hanley, Fritz Hedges, Paul Hess, Denice Hunt, Ann Kastel, Peter Katz, Ying LaPierre, Gary Lawrence, Jarrod Lewis, John McAllister, Betty Jane Narver, Alan Potter, Charlie Sheldon, Paul Schell, Paul Sommers, John Stamets.

UNIVERSITY DISTRICT CHARRETTE AND STUDIO, 1995

Team 1
Leaders:
Lee Copeland
Don Prowler
Mary-Ann Ray

Students:
John Curtis
Harris Davernas
Prentis Hale
Adrian Higson
Ian Leader
Emma Platt
Alissa Rupp
David Sarti
Nina Sia
Tara Siegel
Phillip Twilley
Community Rep:
John Deeter

Team 2
Leaders:
Peter Hasselman
Cynthia Richardson
Gordon Walker

Students:
Janet Dovey
Tamara Dyer
Damian Fifeld
Mette Greenshields
Douglas Ito
Walter Martinez
Thomsa Maul
Andrew Miller

Daniel Ruiz
Tracy Shriver
Terri Smith
Paul Stefanski
Albert Torrico
Emma Trumon
Community Rep:
Sue Fleming

Team 3
Leaders:
Yoshi Ii
Mike Pyatok
Ken Schwartz

Students:
Rachel Berney
Dace Campbell
Matt Giles
Peter Goodall
Tom Hall
Robert Hutchison
Kenneth Last
Joyce Maund
William Nash
Kevin Tabari
Elizabeth Tobey
Community Rep:
Tim Rood

Team 4
Leaders:
Doug Kelbaugh
Michael Shaw
Jill Stoner

Students:
Daniel Gray
Thomas Hemba
Renee Jankuski
Brendan Kelly
Robert Kiker
Mark McCarter
Sarah Mitchell
Ann Okada
Simon Rennie
Lydia Ruddy
Scot Starr
Maya Wahyudharma
Woody Woodward
Delphine Yip
Community Rep:
Christine Cassidy

DESIGN STUDIO
Instructor:
Doug Kelbaugh

Students:
Matthew Giles
Prentis Hale
Michelle Kandi
Kenneth Last
Ian Leader
John McNicholas
Andrew Miller
Daniel Ruiz
Alissa Rupp
Theresa Smith
Paul Stefanski
Elizabeth Tobey
Michele Wang

Special Thanks to: Bob Cross, Sue Fleming, Fred Hart, Christine Knowles, Rick Krochalis, Nedra Paulter, Cynthia Richardson, Tim Rood, Lydia Ruddy, Michael Shaw, Scott Soules, Tallman Trask III, Patty Whisler

注 释

NOTES TO INTRODUCTION

Chapter epigraph. This was related to me by Rich Haag, FASLA, Professor of Landscape Architecture at the University of Washington, who heard it from his father, who heard it from a tenant farmer.

1. Wendell Berry, "Global Management," *The Ecologist*, July-Aug., 1992, p. 180.

2. Bart Giamatti, *Take Time for Paradise*, Princeton University Press, Princeton, NJ, 1966, pp. 51-52.

3. Judith Martin, "The New Urbanism Meets the Market," Lincoln Institute of Land Policy Seminar on "The Influences of New Urbanism," Cambridge, MA, Dec. 1995, p. 5.

4. Paul Hawken, *The Ecology of Commerce*, Harper Business, New York, NY, 1993, p. xv.

5. Robert Searns, "What's in a Name? The Concept of Greenways," and William Moorish, "Beautiful Infrastructure," *On the Ground*, Winter/Spring 1995, pp. 9, 15-18.

6. "Global Report on Human Settlements: An Urbanizing World," as reported in *The Seattle Times*, Nov. 6, 1995, p. A7.

7. Jane Jacobs, *Systems of Survival*, Vintage Books, Random House, New York, 1992.

8. John C. Ryan, *State of the Northwest*, Northwest Environment Watch, Seattle, WA, 1994, p. 1 of attached flyer.

9. *Seattle Times*, Sept. 14, 1995, p. 22.

10. Jane Jacobs, *The Economy of Cities*, Random House, New York, 1969.

NOTES TO CHAPTER 1

1. Robert Fishman, "Space, Time and Sprawl," *The Periphery*, Architectural Design, London, 1994, p. 45.

2. Ira Bachrach, "The World of Product Names," lecture, Chicago, Nov. 1993.

3. *Modern Odysseys: Heroic Journeys We Make Everyday*, METRO Rail Transit Artist Project, Seattle, 1992.

4. Peter Calthorpe and Henry Richmond, *Changing America: Blueprints for the New Administration*, New Market Press, 1992, p. 699.

5. Elmer W. Johnson, *Avoiding the Collision of Cities and Cars*, American Academy of Arts and Sciences, 1993, p. 3.

6. Genevieve Giuliano, "The Weakening of the Land Use/Transportation Connection," *On the Ground*, Summer 1995, p. 12.

7. McGinnis and Foege, "Actual Causes of Death in the United States," *Journal of the American Medical Association*, Nov. 10, 1993.

8. Alan Durning, *The City and the Car*, Northwest Environment Watch, distributed

305

by Sasquatch Books, Seattle, 1996, p. 24.

9. Kevin Kasowski, "Suburban Sprawl: Land Use and Economic Costs," *On the Ground*, Fall, 1994, p. 5.

10. John C. Ryan, "Greenhouse Gases on the Rise in the Northwest," *NEW Indicator*, Northwest Environment Watch, Seattle, Aug., 1995, pp. 3-4.

11. See Guiliano, "The Weakening," p. 2 (several of the statistics in this paragraph come from E. W. Johnson's *Avoiding the Collision of Cities and Cars*).

12. *Modern Odysseys*, METRO Rail Transit Artist Project, 1992.

13. Michael John Pittas, "The City after the Info Age," *Loeb Fellowship Forum*, Harvard University Graduate School of Design, Spring/Summer 1995, p. 3.

14. Yi-Fu Tuan, *Topophilia*, Prentice-Hall, Englewood Cliffs, NJ, 1974, p. 226.

15. Anthony Downs, "Creating More Affordable Housing," *Journal of Housing*, July-Aug. 1992, vol. 49, p. 179.

16. Ibid.

17. Cited in a lecture on neighborhood revitalization by Oscar Newman at the Federal Office Building in Seattle, July 7, 1994.

18. Timothy Egan, "Closed-off Communities Multiply, Spur Concerns," *Seattle Times*, Sept. 3, 1995, pp. A1 and A12.

19. Delton W. Young, "Suburban Disconnect—Human Needs Overlooked When Growth Is Unplanned," *Seattle Post-Intelligencer*, Nov. 12, 1995, p. E1.

20. *Vision/Reality*, Office of Community Planning and Development, U.S. Department of Housing and Urban Development, 1449-CPD, March 1994, p. 36.

21. Camille Paglia, *Vamps and Tramps*, Vintage Books, New York, 1994, p. 27.

22. Peter Calthorpe, *The Next American Metropolis*, Princeton Architectural Press, New York, 1993, p. 18.

23. Peter Katz, "Housing vs. Neighborhoods," *On the Ground*, vol. 2, no. 1, 1996, p. 15.

24. Philip Langdon, "The Urbanist's Reward," *Progressive Architecture*, Aug. 1995, p. 84.

NOTES TO CHAPTER 2

Chapter epigraph: Victor Papenek, *The Green Imperative*, Thames and Hudson, New York, 1995, p. 139.

1. John C. Ryan, *State of the Northwest*, Northwest Environment Watch, Seattle, 1994, pp. 10-11.

2. Ibid., pp. 13, 45, 47, 65.

3. Jeffrey Ochsner, "The Missing Paradigm," *Column 5*, 1991, pp. 4-11.

4. Jeffrey Ochsner, ed., *Shaping Seattle Architecture: A Guide to the Architects*, University of Washington Press, Seattle and London, 1994, pp. xli-xlii.

5. Colin Rowe, *The Architecture of Good Intentions*, Academy Editions, London, 1994, p. 42.

6. Alan Plattus, personal communication, May 23, 1995.

7. Vincent Scully, Charles Moore Gold Medal Presentations, Feb. 6, 1991, Washington D.C. (as quoted in Stewart Brand, *How Buildings Learn*, Viking Penguin, 1994).

8. Brand, *How Buildings Learn*, p. 88.

9. Margali Sarfalti Larson, *Beyond the Post Modern Facade*, University of California Press, Berkeley, CA, 1993, p. 181.

10. Alex Krieger, "The Eye as an Instrument (Again) of Urban Design," *Progressive Architecture*, Feb. 1992, p. 102.

11. Kenneth Frampton, "Critical Regionalism," *The Anti-Aesthetic,* ed. by Hal Foster, Bay Press, Port Townsend, WA, 1983, p. 17.

12. Ibid.

13. Jacques Barzun, *The Columbia History of the World*, Harper and Row, New York, 1992, p. 1165.

14. Nicholas Humphrey, "Natural Aesthetics," *Architecture for People,* Cassel Ltd., London, 1980, p. 159.

15. Brand, *How Buildings Learn,* p. 113.

16. Alan Balfour, "Education—the Architectural Association," *Journal of the Indian Institute of Architects,* Oct. 1994, p. 51.

17. Peter Eisenman, "Confronting the Double Zeitgeist," *Architecture*, Oct. 1994, p. 51.

18. Larson, *Beyond the Post Modern Facade*, p. 252.

NOTES TO CHAPTER 3

Chapter epigraph: Leon Krier, "The Reconstruction of Vernacular Building and Classical Architecture," *Architectural Design,* London, Sept. 13, 1984, p. 63.

1. Allan Bloom, *Love and Friendship*, Simon and Schuster, New York, 1993, p. 211

2. Jacques Barzun in *The Columbia History of the World*, Harper and Row, New York, 1972, p. 1159.

3. John Passmore, "The End of Philosophy," *Australasian Journal of Philosophy*, vol. 74, no. 1, March 1996, pp. 1-19.

4. Mark Gelernter, "Teaching Design Innovation through Design Tradition," *Proceedings,* 1988 ACSA Annual Meeting, Miami, 1988.

5. Bryan Appleyard, *Richard Rogers: A Biography*, Faber and Faber, London, 1986, p. 65.

6. Rafael Moneo, "On Typology," *Oppositions,* Summer 1978, no. 13, p. 32.

7. Anthony King, *The Bungalow*, Oxford University Press, New York, 1995.

8. Leon Krier, *Architectural Design,* p. 61.

NOTES TO CHAPTER 4

Chapter epigraph: Alex Krieger, "The Eye as an Instrument (Again) of Urban Design," *Progressive Architecture*, Feb. 1992, p. 102.

1. F. A. Hayek, *The Fatal Conceit: The Errors of Socialism*, University of Chicago Press, Chicago, 1991.

2. Wendell Berry, "Conservation Is Good Work," *The American Journal,* Winter 1992, p. 33.

3. Jane Jacobs, *Systems of Survival*, Random House, New York, 1993.

4. Charter, Congress for the New Urbanism IV, Charleston, SC, May 1996.

5. John Kaliski, "The New Urbanism: Vocational Excellence Versus Design Paradox" (draft), Lincoln Institute of Land Policy seminar on "The Influences of New Urbanism," Cambridge, MA, Dec. 1995.

6. Genevieve Giuliano, "The Weakening Land Use/Transportation Connection," *On the Ground*, Summer 1995, pp. 12-14.

NOTES TO CHAPTER 5

The Kingdome Charrette

1. Jeffrey Ochsner, ed., *Shaping Seattle Architecture: A Historic Guide to the Architects*, University of Washington Press, Seattle and London, 1994, p. xxxviii.

2. Murray Morgan, *Skid Road, An Informal Portrait of Seattle*, University of Washington Press, Seattle, 1982 (originally published in 1951).

3. David Hewitt, Jim Daly, Jim Olson, Gordon Walker, Dick Hobbs, David Fukui, Dan Calvin, Barnett Schorr, and Jeremy Miller.

The Seattle Commons Charrette

4. "The Day the Commons Died: A Lose-Lose-Lose Decision," *Seattle Weekly*, May 29, 1996, p. 4.

NOTES TO CHAPTER 6

The University District Charrette and Studio

1. N. John Habraken, "Cultivating the Field: About an Attitude When Making Architecture," *Places*, Winter 1994, p. 19.

2. This section is based on edited excerpts from *The Ave.*, an unpublished planning study conducted by the University of Washington's Department of Urban Design and Planning, Spring Studio, 1994.

3. The balance of this chapter is excerpted from *Where Town Meets Gown: Visions for the University District*, ed. by Doug Kelbaugh, University of Washington Department of Architecture, 1995.

NOTES TO CHAPTER 7

Chapter epigraph: Barbara L. Allen, "Ranch-Style House in America: A Cultural and Environmental Discourse," *Journal of Architectural Education*, Feb. 1996, p. 164.

The Lacey Studio

1. Robert Geddes, "Jefferson's Suburban Model," *Progressive Architecture*, May 1989, p. 9.

2. This subchapter is based on writings by Rick Mohler and Doug Kelbaugh in *Designing for Density,* University of Washington Department of Architecture, 1992, pp. 90-127.

3. Philip Langdon, "The Urbanist's Reward," *Progressive Architecture*, Aug. 1995, p. 88.

NOTES TO CHAPTER 9

The New Communities

1. Ian McHarg, *Design with Nature*, The Natural History Press, Garden City, New York, 1969.

NOTES TO CHAPTER 10

Chapter epigraph: Bill Bradley, speech to National Press Club, Feb. 1995.

1. Alan Durning, *The Car and the City*, Northwest Environment Watch, distributed by Sasquatch Books, Seattle, 1996, p. 62.

2. Ibid., pp. 48-49.

3. Transportation Pricing Task Force, Puget Sound Regional Council, final draft, Oct. 10, 1996.

4. Victoria Eisen and Deborah Hopkins, "Advancing Niche Vehicles and Infrastructure Design," *On the Ground*, Summer 1995, p. 27.

5. Glenn Pascall, "Team Spirit, The New Economy," *Seattle Weekly*, Nov. 8, 1995, p. 16.

6. Neal Peirce, "Among Voters, 'Takings' Laws Don't Pass Muster," *Seattle Times*, Jan. 7, 1996, p. A5.

7. Gary Synder, "Readings," Elliott Bay Bookstore, Seattle, Dec. 13, 1995.

8. John C. Ryan, *State of the Northwest*, Northwest Environment Watch, Seattle, WA, 1994, p. 5.

参考文献

SUGGESTED READING

Alexander, Christopher. *A Pattern Language*. New York: Oxford University Press, 1977.

Berry, Wendell. *The Unsettling of America: Culture and Agriculture*. San Francisco: Sierra Club Books, 1986.

Brand, Stewart. *How Buildings Learn*, New York, Viking Penguin, 1986.

Calthorpe, Peter. *The Next American Metropolis: Ecology, Community and the American Dream*. New York: Princeton Architectural Press, 1993.

Duany, Andres, and Elizabeth Plater-Zyberk, with Alex Kreiger, ed. *Town and Town-Making Principles*. New York: Rizzoli, 1991.

Durning, Alan. *The Car and the City*. Seattle, WA: Northwest Environment Watch, distributed by Sasquatch Books, 1996.

Hawken, Paul. *Ecology of Commerce: A Declaration of Sustainability*. New York: Harper Collins Publishers, Inc., 1993.

Jackson, Kenneth T. *The Crabgrass Frontier: Suburbanization of the United States*. New York: Oxford University Press, 1985.

Jacobs, Jane. *The Death and Life of Great American Cities*. New York: Vintage Books, 1961.

———. *The Economy of Cities*. New York, NY: Random House, 1969.

———. *Systems of Survival: A Dialog on the Moral Foundations of Commerce and Politics*. New York: Random House, 1992.

Johnson, Elmer W. *Avoiding the Collision of Cities and Cars*. American Academy of Arts and Sciences, 1993.

Katz, Peter. *New Urbanism: Towards an Architecture of Community*. New York: Mc Graw Hill, Inc., 1994.

Kelbaugh, Doug, ed. *The Pedestrian Pocket Book: A New Suburban Design Strategy*. New York: Princeton Architectural Press, 1989.

Kunstler, James H. *The Geography of Nowhere: The Rise and Decline of America's Man-Made Landscape*. New York: Simon and Schuster, 1993.

Larson, Margali Sarfatti. *Behind the Post Modern Facade*. Berkeley: University of California Press, 1993.

Morrish, William R., and Catherine R. Brown. *Planning to Stay*. Minneapolis: Milkweed Editions, 1994.

Norberg-Schulz, Christian. *Genius Loci: Towards a Phenomenology of Architecture*. New York: Rizzoli, 1980.

Nyberg, Folke. "Logo-Architecture and the Architecture of Logos," *Column 5*, vol. 8, pp. 2-9, University of Washington, 1994.

Porphyrios, Demetri. *Leon Krier; Houses, Palaces, Cities.* London: AD Editions, 1984.

Rowe, Colin. *The Architecture of Good Intentions.* London: Academy, 1994.

Ryan, John C. *State of the Northwest.* Seattle: Northwest Environmental Watch, 1994.

Sale, Roger. *Seattle, Past to Present.* Seattle: University of Washington Press, 1976.

Solomon, Daniel. *Rebuilding.* New York: Princeton Architectural Press, 1992.

Van der Ryn, Sim, and Stuart Cowan, *Ecological Design.* Washington, D.C., and Covelo, CA: Island Press, 1996.

Vision/Reality. Washington, D.C.: U.S. Dept. of Housing and Urban Development, Office of Community Planning and Development, 1994.

ADDITIONAL READING

Appleyard, Donald. *Livable Streets.* Berkeley: University of California Press, 1981.

Borgmann, Albert. *Crossing the Postmodern Divide.* Chicago: The University of Chicago Press, 1992.

Fishmann, Robert K. *Bourgeois Utopias: The Rise and Fall of Suburbia.* New York: Basic Books, 1987.

Frieden, Bernard, and Lynn B. Sagalyn. *Downtown, Inc.: How America Rebuilds Cities.* Cambridge, MA: The MIT Press, 1992.

Jacobs, Allan B. *Great Streets.* Cambridge, MA: MIT Press, 1993.

Kelbaugh, Douglas. *Housing Affordability and Density: Regulatory Reform and Design Recommendations.* Seattle: Washington State Dept. of Community Development, Department of Architecture, College of Architecture and Urban Planning, University of Washington, 1992.

———. *Designing for Density: Ideas for More Compact Housing and Communities.* Supplement One of *Housing Affordability and Density.*

———. *Envisioning an Urban Village: The Seattle Commons Design Charrette.* Supplement Two of *Housing Affordability and Density.*

———. *Interbay 2020: Terminal 91 and Beyond.* Seattle: Dept. of Architecture, College of Architecture and Urban Planning, University of Washington, 1994.

———. *Reinvesting the Peace Dividend: Visions of Sand Point.* Seattle: Department of Architecture, College of Architecture and Urban Planning, University of Washington, 1993.

———. *Where Town Meets Gown.* Seattle: Dept. of Architecture, College of Architecture and Urban Planning, University of Washington, 1995.

Langdon, Philip. *A Better Place to Live: Reshaping the American Suburb.* New York: Harper Collins, 1995.

Lynch, Kevin. *The Image of the City.* Cambridge, MA: MIT Press, 1960.

MacDonald, Norbert. *Distant Neighbors: A Comparative History of Seattle and Vancouver.* Lincoln: University of Nebraska Press, 1987.

MAKERS Architecture and Urban Design. *Residential Development Handbook for Snohomish County Communities.* Prepared for Snohomish County Tomorrow, Everett, Washington, March 1992.

Mohney, David, and Keller Easterling, ed. *Seaside: Making a Town in America.* New York: Princeton Architectural Press, 1991.

Morgan, Murray. *Skid Road*. Seattle: University of Washington Press, 1982. (Originally published in 1951.)

Moudon, Anne Vernez. *Built for Change: Neighborhood Architecture in San Francisco*. Cambridge, MA: MIT Press, 1986.

Ochsner, Jeffrey, ed. *Shaping Seattle Architecture: A Historical Guide to Architects*. Seattle and London: University of Washington Press, 1994.

Peirce, Neal. "The Peirce Report," A *Seattle Times* Special, reprinted from October 1-8, 1989.

Puget Sound Council of Governments/Puget Sound Regional Council. *Vision 2020: Growth and Transportation Strategy for the Central Puget Sound Region*. Seattle, Washington, October 1990.

Puget Sound Regional Council. "Vision 2020: Multicounty Planning Policies for King, Kitsap, Pierce and Snohomish Counties," Seattle, Washington, March 1993.

San Diego Metropolitan Transit Development Board. *Designing for Transit: A Manual for Integrating Public Transportation and Land Development in the San Diego Metropolitan Area*, July 1993.

SNO-TRAN's Public Transportation Plan Technical Advisory Committee. *SNO-TRAN's Guide to Land Use and Public Transportation*, vol. 1, 1989.

Sucher, David. *City Comforts: How to Build an Urban Village*. Seattle, WA: City Comforts Press, 1995.

Tuan, Yi-Fu. *Topophilia: A Study of Environmental Perception, Attitudes and Values*. Englewood Cliffs, NJ: Prentice-Hall Inc., 1974.

Washington Growth Management Acts of 1990 and 1991 (Chapter 17, Laws of 1990, First Extraordinary Session) and (Laws of 1991, First Extraordinary Session). Olympia, Washington, 1990 and 1991.